国防科技图书出版基金

基于均匀金属微滴喷射的 3D 打印技术

Micro Metal Droplet Based 3D Printing Technology

齐乐华 罗 俊 著

国防工业出版社
·北京·

图书在版编目(CIP)数据

基于均匀金属微滴喷射的3D打印技术／齐乐华，
罗俊著. —北京：国防工业出版社，2019.4
ISBN 978-7-118-11776-9

Ⅰ.①基… Ⅱ.①齐… ②罗… Ⅲ.①立体印刷-印
刷术 Ⅳ.①TS853

中国版本图书馆 CIP 数据核字(2019)第 015235 号

※

*国防工业出版社*出版发行

（北京市海淀区紫竹院南路 23 号　邮政编码 100048）
国防工业出版社印刷厂印刷
新华书店经售

*

开本 710×1000　1/16　印张 16¾　字数 292 千字
2019 年 4 月第 1 版第 1 次印刷　印数 1—2000 册　定价 108.00 元

（本书如有印装错误，我社负责调换）

国防书店：(010)88540777　　发行邮购：(010)88540776
发行传真：(010)88540755　　发行业务：(010)88540717

致 读 者

本书由中央军委装备发展部**国防科技图书出版基金**资助出版。

为了促进国防科技和武器装备发展，加强社会主义物质文明和精神文明建设，培养优秀科技人才，确保国防科技优秀图书的出版，原国防科工委于 1988 年初决定每年拨出专款，设立国防科技图书出版基金，成立评审委员会，扶持、审定出版国防科技优秀图书。这是一项具有深远意义的创举。

国防科技图书出版基金资助的对象是：

1. 在国防科学技术领域中，学术水平高，内容有创见，在学科上居领先地位的基础科学理论图书；在工程技术理论方面有突破的应用科学专著。

2. 学术思想新颖，内容具体、实用，对国防科技和武器装备发展具有较大推动作用的专著；密切结合国防现代化和武器装备现代化需要的高新技术内容的专著。

3. 有重要发展前景和有重大开拓使用价值，密切结合国防现代化和武器装备现代化需要的新工艺、新材料内容的专著。

4. 填补目前我国科技领域空白并具有军事应用前景的薄弱学科和边缘学科的科技图书。

国防科技图书出版基金评审委员会在中央军委装备发展部的领导下开展工作，负责掌握出版基金的使用方向，评审受理的图书选题，决定资助的图书选题和资助金额，以及决定中断或取消资助等。经评审给予资助的图书，由中央军委装备发展部国防工业出版社出版发行。

国防科技和武器装备发展已经取得了举世瞩目的成就。国防科技图书承担着记载和弘扬这些成就，积累和传播科技知识的使命。开展好评审工作，使有限的基金发挥出巨大的效能，需要不断摸索、认真总结和及时改进，更需要国防科技和武器装备建设战线广大科技工作者、专家、教授、以及社会各界朋友的热情支持。

让我们携起手来，为祖国昌盛、科技腾飞、出版繁荣而共同奋斗！

国防科技图书出版基金

评审委员会

国防科技图书出版基金
第七届评审委员会组成人员

序

　　基于均匀金属微滴喷射的增材制造(3D 打印)技术是在数字化喷印基础上发展起来的一种新技术,它是以均匀金属熔滴为基本成形单元,依据零件形状特征逐点、逐层"堆积"而实现三维结构的快速打印技术。这种技术具有无需专用原材料和昂贵专有设备以及成本低等优势,有望在航空、航天、微电子及民用领域的微小复杂金属件、微小非均质件、微小功能器件及微电子器件快速制造中得到应用,是一种颇具发展前景的 3D 打印技术。然而,金属微滴喷射、沉积及成形过程涉及流体动力学、冶金凝固学、材料、控制等科学领域,包括金属微滴喷射多场耦合与过程控制、沉积铺展传热与精准定位、快速凝固与三维成形控制等诸多理论和技术问题,本书是对均匀金属微滴喷射理论与工艺应用的系统总结。

　　均匀金属液滴喷射 3D 打印技术的研究在国际上起步较早。从 20 世纪 90 年代开始,美国麻省理工学院、加州大学欧文分院、美国东北大学、日本大阪大学、加拿大多伦多大学、荷兰屯特大学等先后对均匀金属微滴喷射及 3D 打印技术开展了理论和试验研究。国内对金属微滴喷射及沉积成形技术的研究始于 21 世纪初期,西北工业大学、哈尔滨工业大学等开始对金属微滴近净成形工艺进行探索,近年来,西安交通大学、大连理工大学、北京工业大学、华中科技大学等陆续对均匀金属微滴喷射及其成形技术展开研究。但国内外关于均匀金属液滴喷射技术报道均散见于期刊和其他专著中的部分章节,至今未有系统论述均匀金属微滴喷射及 3D 打印成形理论与应用的书籍出版。急需有一部全面揭示均匀金属微滴喷射、沉积及成形内在规律并能指导实际应用的学术专著,以促进金属件均匀液滴 3D 打印技术发展,为降低金属 3D 打印生产成本、扩大该技术的应用领域奠定基础。

　　齐乐华教授研究团队对均匀金属液滴喷射及其 3D 打印技术理论与应用进行了 10 余年的潜心研究,提出了波形脉冲作用下多尺度微滴可控喷射新思路,突破了多材质均匀微滴按需喷射、均匀微滴按需成形控制等关键技术,开发了多台套适用不同应用领域的金属微熔滴喷射及沉积制造试验平台,并指导多名博士和硕士对均匀金属微滴喷射及沉积的共性规律进行了深入系统的研究,在国内外重要期刊上发表了 80 多篇高水平论文,授权 10 余项发明专利,取得了诸多研究成果。

本书是著者在多项国家"863"重点项目、国防基础科研、国家自然基金和省部级基金资助下,对均匀微滴喷射 3D 打印成形相关理论与技术问题进行长期深入系统研究的成果结晶,本书系统、全面地论述了均匀金属液滴喷射及其 3D 打印技术的相关理论和应用情况,包括金属微滴喷射、飞行与沉积铺展过程所涉及的基础理论,涉及工艺参数对沉积微滴形状、成形轨迹和成形件内部组织及力学性能的影响机制等。本书是目前国内第一部系统描述基于均匀金属液滴喷射 3D 打印技术的学术专著,具有重要的学术价值。

　　本书理论联系实际,针对性强,内容丰富新颖,对相关领域的科学研究人员、工程技术人员及相关专业的教师、学生均具指导意义。

2018 年 10 月 30 日

王华明,中国工程院院士、北京航空航天大学教授。

前　言

3D 打印技术被誉为第三次工业革命的重大标志,并已在国防、民用等领域展现出广阔的应用前景。基于均匀金属微滴喷射的 3D 打印技术是近年来提出的一种增材制造新技术,它是利用喷墨打印和"离散-堆积"原理,通过精确控制均匀金属微滴的定点喷射及逐步沉积成形,达到复杂件的低成本制造目的。它可用于微小金属件、非均质件、微小功能器件、微小功能器件的快速制备以及航空、航天、武器装备和微电子封装等领域,而且其由于无须昂贵设备,具有低成本、柔性化、原材料来源广泛等特点,在国防科技和民用领域也具有广泛的发展前景。

金属微滴喷射与打印技术包括均匀金属微滴的形成、喷射、沉积凝固以及 3D 成形等过程,并涉及非线性流固耦合、非线性动力学、金属的传热与凝固、多场耦合与过程控制等诸多科学技术问题,理论和应用研究难度较大。尽管相关技术和理论已有诸多报道,但作为一项刚起步不久的新技术,目前尚无一部系统论述均匀金属微滴成形原理与技术、揭示其内在规律以及指导实际应用的学术专著出版。

本书全面系统地介绍了高温条件下,微小金属微滴产生、飞行与沉积成形过程所涉及的科学问题及关键技术,建立了金属微滴喷射、飞行以及堆积成形过程的理论模型,揭示了各试验参数对均匀金属微滴喷射过程及制件最终性能的影响机制。书中还介绍了作者设计开发的多台具有自主知识产权的均匀金属微滴 3D 打印成形设备,阐述了均匀金属微滴受控喷射、打印成形、金属微滴融合、协调控制等突破性关键技术及多项基于均匀金属微滴的微小金属零件/非均质件成形的自主开发工艺。本书所阐述的基础理论和工艺技术问题在微小武器装备、微小复杂金属件、多材质件、智能器件等 3D 打印成形方面有重要的参考价值,在军事国防领域也具有广泛的应用前景。

本书是作者在国家"863"重点项目、国家自然科学基金、全国百篇优秀博士论文作者基金等多项课题资助下,对均匀金属微滴 3D 打印成形装备、均匀金属微滴喷射技术、微小复杂金属件打印理论与成形技术等方面潜心研究的理论与应用成果。该书以著者及其所指导研究生的学术成果为主要内容,并融入了国内外在均匀金属微滴 3D 打印成形技术方面的最新研究进展。著者所指导的博士生蒋小珊、黄华、肖渊、晁艳普和硕士生徐林峰、李莉等在均匀微滴可控喷射装置及其控制系统开发方面做出了重要贡献,本专著的完成与著者所指导所有研究生的贡献是分不开的。西北工业大学机电学院、现代设计与集成制造教育部重点实验室为有关研究提供了良好的设施与条件。在此一并表示衷心感谢。

本书出版还得到了国防科技图书出版基金的资助,在此一并表示诚挚谢意!

由于著者水平有限,书中难免有不妥之处,敬请读者批评指正。

著者

2019 年 1 月 30 日

目　　录

Contents

Chapter 7　Uniform aluminum droplet ejection and deposition and their controlling techniques 186

Chapter 8　Microstructure evolution of uniform aluminum droplets during 3D printing 212

第1章 绪 论

3D 打印(也称为增材制造)技术是采用材料逐层累加的方法来实现实体零件的技术,近年来在军事、民用以及高科技领域得到较广泛应用。3D 打印技术使用的原材料有塑料、陶瓷浆料、金属材料等,其中金属材料 3D 打印可直接成形出力学性能满足工程需求的复杂金属零件,极具应用价值。现阶段,降低设备、成形材料及成形过程成本,提高成形精度,改善力学性能,是金属零件 3D 打印领域科技工作者所关注的焦点。基于均匀金属微滴喷射 3D 打印技术是近年发展起来的一种新型 3D 打印技术,其通过喷射均匀金属微熔滴,进行逐点、逐层打印,以成形出复杂三维实体金属零件。与其他 3D 打印技术相比,该技术在设备成本、原材料来源、成形精度等方面独具特色,其主要特点:①设备成本低。均匀金属微滴喷射无需激光、离子束等大功率昂贵能量源,仅采用感应加热器、普通喷射装置和惰性气体保护环境即可实现,运行成本较低。②对原材料无特殊要求,材料来源广泛。打印材料可直接在坩埚内熔化,市场供应态材料均可使用,无需特殊的粉材和丝材,来源广泛且价格低。③打印件成分均匀。尺寸高度均匀的微滴沉积时冷却凝固历程接近,得到的内部组织相近,故较易成形出均匀的内部组织。④可以成形非均质(多材料)件。依据不同材料微滴即可根据零件的使用要求打印出不同材质的零件。⑤易实现微小制件或薄壁结构件成形。金属微滴尺寸可小至 $100\mu m$ 量级,控制此类微滴的按需打印,可成形出亚厘米级尺度的制件或薄壁结构件。另外,微滴沉积过程在低氧(小于等于 $10\mu L/L$)环境中进行,有利于提高成形制件质量、改善其力学性能。

1.1 均匀金属微滴喷射技术的分类及特点

根据均匀金属微滴产生的不同原理,均匀微滴喷射技术分为连续均匀微滴喷射技术和微滴按需喷射技术[1]。连续均匀微滴喷射技术是指利用微小扰动将由小孔中喷出的射流离散,形成连续的均匀微滴流的技术,微滴按需喷射技术是指利用脉冲压力依据需要将液体从微小喷嘴中喷出,形成单颗微滴的技术。

1.1.1 连续均匀微滴喷射技术

连续均匀微滴喷射技术是基于瑞利(Rayleigh)层流射流不稳定理论而提出的,即对以一定喷射速度的层流射流施加个一定频率的微小扰动,便可使其断裂为尺寸、间距均匀的金属微滴流[2,3](图 1.1)。金属材料在坩埚内部熔化后,在恒定气压作用下从微小喷嘴喷出形成层流射流。同时,与压电陶瓷连接金属传振杆将压电陶瓷产生的微小机械振动传递到金属熔液和射流表面,进而形成射流表面微小扰动。此扰动沿射流轴线方向逐渐增加,迫使金属射流断裂为尺寸、间隔均匀的金属微滴流。在喷嘴下方设置充电电极和偏转电极,先使微滴通过集肤效应带上一定的静电荷,然后通过偏转电场将带不同电量的微滴偏转不同距离以实现微滴的连续沉积。

连续均匀微滴喷射技术的主要特点是产生的均匀微滴速率非常快(每秒可达上万颗微滴),直接成形时,快速堆积的金属熔滴流会形成尺寸较大的熔池,使得零件形状精度不易保证。故在利用均匀微滴流打印零件时,常采用选择性充电偏转控制微滴流的沉积过程[4],以制备等直径金属颗粒,打印金属微滴点阵和成形金属坯料或形状简单的零件等。

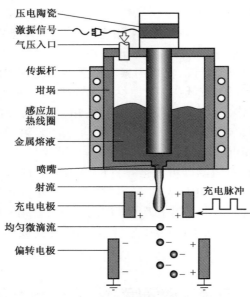

图 1.1　连续均匀微滴喷射技术原理图[5]

1.1.2　微滴按需喷射技术

微滴按需喷射技术的工作原理:金属材料在坩埚内熔化后,通过气压、传振杆机械振动及坩埚振动等形式对金属熔液施加一个瞬时压力脉冲,迫使坩埚内部的金属液体从微小喷嘴以单颗微滴喷出,不施加脉冲压力时微滴则不喷出,若喷射参数(如压力脉冲频率、幅值、喷孔直径等)不变,则重复喷射金属微滴的初始速度、温度和尺寸均相同。

微滴按需喷射技术的特点是可控性好,通过控制压力脉冲启停及运动平台的移动实现均匀微滴的按需喷射和沉积(根据打印需要开启或停止微滴喷射),有利于控制成形件的尺寸和精度,可用于成形薄壁或尺寸微小的金属制件。另外,微滴按需喷射过程可控,将方便地在金属微滴打印过程中柔性嵌入异质材料单元,将零件的力学性能与特殊功能进行一体化集成。但是,微滴按需喷射的频率比连续喷射低,一般为 1~2000Hz,故生产效率低。

根据脉冲压力加载方式,微滴按需喷射技术分为气压脉冲驱动式、压电脉冲驱动式、应力波驱动式等,下面分别进行介绍。

1. 气压脉冲驱动式按需喷射技术

气压脉冲驱动式按需喷射技术原理如图 1.2 所示,坩埚上部与电磁阀连接的 T 形接头一端通过高速电磁阀与气源连接,其余两端分别连接坩埚(气压入口)和外部环境(泄气口)。当金属材料在坩埚内部熔化后,通过控制高速电磁阀快速打开与关闭来控制均匀微滴的按需喷射:电磁阀打开时,气压进入坩埚内部,使得坩埚内部压力迅速增加;电磁阀关闭后,坩埚内部气压通过泄气口迅速泄压,此过程在坩埚内部形成瞬时气压脉冲,利用此气压脉冲使金属熔液从坩埚下部喷嘴喷出,形成金属微滴。

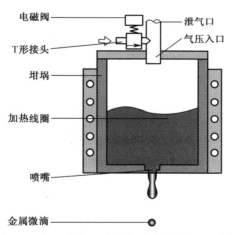

图 1.2 气压脉冲驱动式按需喷射技术原理[6]

气压脉冲驱动式按需喷射技术特点是喷射装置简单,故坩埚不需要复杂的内部致动器件,较易实现高熔点金属或化学性质活泼的金属材料喷射。但由于气压脉冲的波动较为缓慢,气压脉冲驱动式微滴喷射技术喷射出的微滴直径较大,初始速度较慢,使得金属微滴打印效率较低,尺寸精度也难以提高。该技术一般用于制备高熔点金属材料或性质活泼金属颗粒,也可用作金属微滴沉积碰撞动力学行为和热力学行为的研究。

2. 压电脉冲驱动式按需喷射技术

压电脉冲驱动式按需喷射是利用压电陶瓷的瞬间振动迫使金属熔液喷出,形成金属微滴的技术。根据压电陶瓷振动方式及所处位置,可分为径向压电脉冲驱动式(图 1.3)[7]和轴向压电脉冲驱动式[8]两种按需喷射技术。

径向压电脉冲驱动式按需喷射技术原理:金属材料在坩埚内部熔化后,气压作用下充满坩埚下方连接的玻璃管,玻璃管外部套接耐高温压电陶瓷管,通过压电陶瓷的瞬时振动,使玻璃管产生微小径向收缩,迫使金属熔液从玻璃管下端喷嘴中喷出,形成单颗金属微滴[7,9,15]。径向压电脉冲驱动式按需喷射技术的特点是管状压电陶瓷体积较小,可以实现高频振动,能实现金属微滴的高效打印。但由于压电陶瓷管直接置于加热器内部,故此压电陶瓷管需具有较高的居里温度,且严格控制坩埚温度,此类喷头工作温度为 300~400℃,可用于喷射铅锡合金等焊料微滴,以制备均匀球格阵列(BGA)焊球,实现微电子器件立体封装和均匀焊点阵列的快速制备等。

轴向压电脉冲驱动式按需喷射技术原理:轴向变形的压电陶瓷置于坩埚上部的冷却水套中,通过传振杆将压电陶瓷振动脉冲传入坩埚内接近喷嘴处的金属熔液中,迫使熔液从微小喷嘴中喷出,形成金属微滴。轴向压电脉冲驱动式按需喷射技术的特点是通过传振杆隔离压电陶瓷与高温金属熔液,工作在 1200℃ 以上,可喷射铜、金、银等熔点较高的金属微滴,用于打印电路、金属零件等。

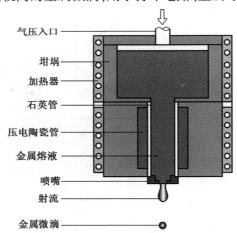

气压入口

坩埚

加热器

石英管

压电陶瓷管

金属熔液

喷嘴

射流

金属微滴

图 1.3　径向压电脉冲驱动式按需喷射技术原理

3. 应力波驱动式按需喷射技术

应力波驱动式按需喷射技术原理如图 1.4 所示[10],电磁线圈通电后,冲击杆向下移动撞击传振杆,使传振杆上端产生一脉冲应力波,瞬间撞击产生的压缩应力波传播速度极快,当传递至传振杆底端时,使得喷嘴附近的金属熔液产生高频波动,并以极快的速度喷射出体积较小的金属微滴。采用此方法,可以喷射出小于喷嘴直径的金属微滴。但由于冲击杆和传振杆之间通过碰撞产生应力波,在冲击之处会产生变形,使后续产生的应力波波形发生变化,使得喷射重复性较差。该技术主要用于产生小于喷嘴直径的金属微滴,使得微滴尺寸不受喷嘴直径限制,可用于微结构打印的场合。

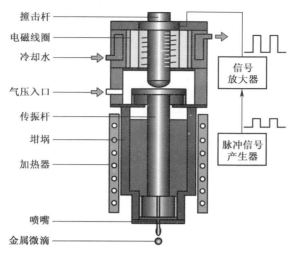

图 1.4　应力波驱动式按需喷射技术原理[12]

综上所述,连续均匀微滴喷射技术具有微滴喷射速率高、飞行速度快、冷却速率快等优点,在成形尺寸较大、形状简单的零件上具有优势。微滴按需喷射技术具有喷射过程可控、微滴尺寸与飞行速度等具有好的重复性等特点,易于控制。但由于需要在金属熔液内部产生脉冲压力,装置结构较为复杂。连续均匀微滴喷射技术与微滴按需喷射技术的主要特征见表 1.1。

表 1.1　连续均匀微滴喷射技术与微滴按需喷射技术的主要特征[1,11,12]

分类	驱动模式	喷射速率/(颗/s)	微滴喷射速度/(m/s)	效率	温度/℃	应用场合
连续均匀微滴喷射技术	压电微扰动离散层流射流	5000~44000	10~20	高	约1000	均匀颗粒制备零件成形
微滴按需喷射技术	气压脉冲驱动	0~50	0.1~1	低	约1200	电子封装零件成形
	径向振动式压电驱动	0~2000			约340	电子封装
	轴向振动式压电驱动	0~50			约1200	零件成形
	应力波驱动	0~50			约1200	微小颗粒制备

1.2　均匀金属微滴喷射技术发展概况与趋势

1.2.1　均匀金属微滴喷射技术发展概况

均匀金属微滴按需喷射技术最早由 IBM 公司在 1972 年提出[13],1989 年北美飞利浦公司获批了第一项关于液体金属射流喷射技术的专利[14]。其后,在 20 世纪八九十年代,美国 MicroFab 公司开发出均匀焊料微滴按需喷射打印设备[15],成功实现商业运作。该公司开发的喷射沉积设备及打印件如图 1.5 所示,主要用于微小电子电路的焊点打印、微电路快速打印、微光学器件的钎焊封装[16]等。

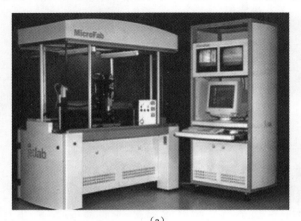

图 1.5 美国 MicroFab 公司开发打印设备和打印制件

(a)Jetlab 打印设备;(b)打印的焊点阵列;(c)MEMS 器件立体封装。

同一时期,麻省理工学院液滴制造(Droplet Based Manufacture)实验室也提出了连续均匀微滴喷射技术,开发出金属微滴喷射装置(图 1.6)及其控制方法[17],并围绕微小均匀金属(锡、铝等)熔滴的喷射以及微滴沉积碰撞过程的基础理论等问题开展研究[18,19]。

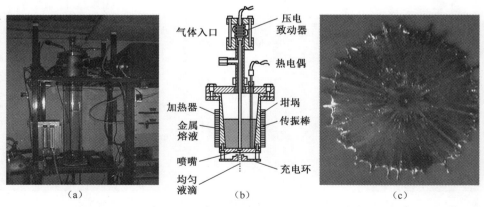

图 1.6 麻省理工学院开发的金属微滴喷射装置与微滴沉积结果

(a)麻省理工学院金属微滴喷射装置照片;(b)喷头结构示意图;(c)铺展的金属微滴。

1990 年,美国加州大学欧文分校、美国东北大学、美国橡树岭国家实验室对连续均匀微滴喷射技术的基本理论问题以及其商业化途径进行了系统研究[18],涉及均匀金属微滴的喷射行为、微滴飞行过程热力学行为、沉积件微观组织及力学性能等方面,研究材料包括铅锡合金、铜、铝及其合金等。

美国加州大学欧文分校液滴动力与净成形实验室 Orme 教授团队对金属微滴产生与控制、微滴充电与偏转、均匀金属颗粒制备、铝制件净成形等方面进行了研究。该实验室开发的均匀金属喷射成形试验装置(图 1.7(a)),均匀金属微滴喷射装置位于低氧环境中,坩埚与喷嘴采用具有 TiC 镀层的钛合金制成。采用该装置喷射沉积出长度约为 11cm 的铝合金薄壁管件(图 1.7(b));并采用均匀金属微滴充电偏转定位技术实现了 BGA 焊点和字母标志的打印(图 1.7(c))[20]。该实验室还对沉积铝件的力学性能进行了研究,结果表明其力学性能较原坯料有显著提高,拉伸强度提高 30%左右,屈服强度提高 31%左右。

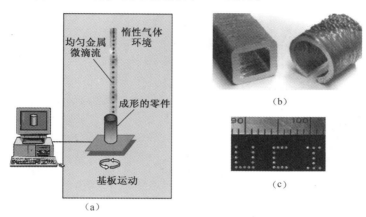

图 1.7　美国加州大学欧文分校的均匀金属微滴喷射装置与成形件

(a)铝微滴喷射试验装置;(b)成形的铝合金管件;(c)沉积的点阵。

美国东北大学先进材料制造实验室 Teiichi Andob 教授团队开发了用于铁合金[21]、镁合金[22]等高熔点金属材料的微滴喷射试验系统,建立了金属微滴飞行凝固过程的异质形核模型,并对其喷射行为及飞行过程微滴异质形核机理、快速凝固行为等进行了研究(图 1.8)。

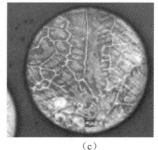

图 1.8　美国东北大学开发的 UDS 装置相关试验结果

(a)试验装置;(b)喷射的金属射流;(c)金属熔滴的微观组织形貌。

连续均匀微滴喷射技术因均匀微滴的喷射沉积速率较快,成形过程控制难度较大,即使采用充电偏转控制技术,也较难实现对金属熔滴的精确控制。自 2000

年以来,研究者开始探索采用气体脉冲、压电脉冲等驱动方式的按需喷射技术来实现金属微滴的喷射沉积控制。日本大阪大学、加拿大多伦多大学、韩国机械与材料研究院、荷兰屯特大学等单位相继开发了均匀金属微滴按需喷射装置相关技术:

日本大阪大学连接与焊接研究所[23]开发了气压脉冲驱动式按需喷射装置(图1.9(a)),可喷射直径接近毫米级铝微滴,并成积出铝合金件(图1.9(b)),还利用铝微滴在金属粉床上的自蔓延燃烧,实现了铝钛金属间化合物件的成形(图1.9(c))。

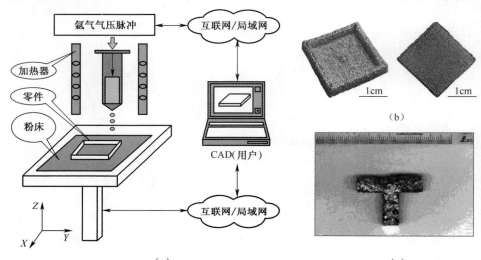

图 1.9　铝微滴气压脉冲驱动式按需喷射成形技术

(a)喷射装置示意图;(b)沉积的铝制件;(c)沉积的铝镍金属间化合物件。

加拿大多伦多大学[23]开发的气压脉冲驱动式金属微滴按需喷射试验装置如图1.10(a)所示。它是利用瞬间气压波动的作用,使熔融锡或铅合金喷射形成直

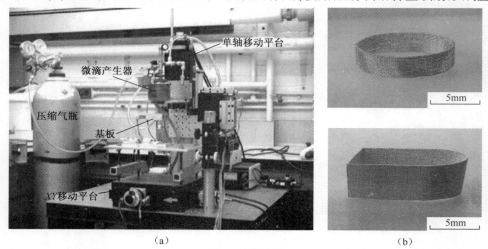

图 1.10　多伦多大学开发的金属熔滴喷射装置及成形的制件

(a)成形系统照片;(b)成形零件照片。

径为 100～300μm 的金属微滴,通过逐层堆积来实现毫米级微小制件的打印(图1.10(b))。

美国北卡罗来纳大学开发了室温液体金属 3D 打印技术[25],其原理是在室温大气环境下,喷射低熔点室温液体金属微滴进行打印(图 1.11(a)),并利用室温液体金属氧化作用实现金属微滴的结合,进而成形出立体形状(图 1.11(b))。

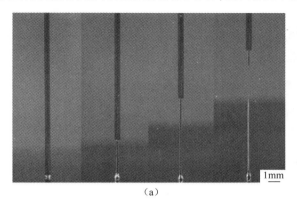

(a)　　　　　　　　　　　　　　　　　(b)

图 1.11　液体金属打印过程与成形的金属结构

(a)金属微滴的打印过程;(b)采用室温液体金属打印成的立体结构。

韩国机械与材料研究院提出压电陶瓷驱动金属微滴按需喷射技术[26],其原理是利用传振杆将压电陶瓷轴向振动脉冲传递到喷嘴附近的熔液中,迫使金属微滴从喷嘴中喷出(图 1.12(a))。图 1.12(b)为利用该技术打印的铅锡合金柱。

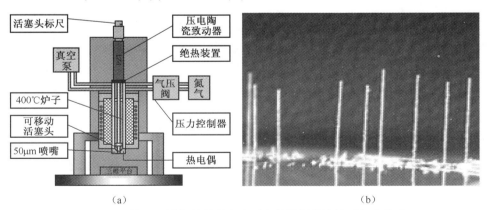

(a)　　　　　　　　　　　　　　　　　(b)

图 1.12　韩国机械与材料研究院开发的焊料微滴按需打印技术

(a)焊料微滴打印装置;(b)打印形成的小柱件。

日本东北大学开发了脉冲微孔喷射技术[27,28],此技术同样采用传振杆将压电陶瓷晶堆产生的轴向振动脉冲传入金属熔液中,迫使熔液从微小喷嘴喷出以形成均匀金属微滴,采用此方法可实现铁、铜等金属微滴的可控喷射,产生的均匀铁基玻璃金属颗粒如图 1.13 所示。

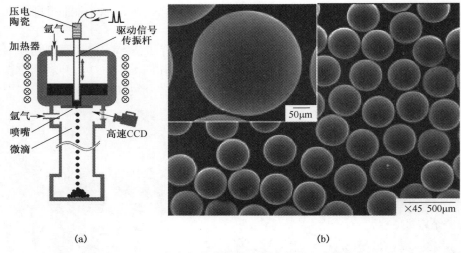

(a)   (b)

图 1.13   日本东北大学开发的脉冲小孔法喷射技术

(a)原理示意图;(b)采用此方法制备的铁基合金颗粒。

    荷兰特温特大学[29]开发了压电陶瓷驱动金属微滴喷射技术,该技术通过压电陶瓷换能器将压电陶瓷振动以压缩波形式传递到喷嘴处,驱动喷嘴处熔液喷出形成金属微滴,采用此技术实现了 $100\mu m$ 量级的金微滴可控喷射与打印(图 1.14)。

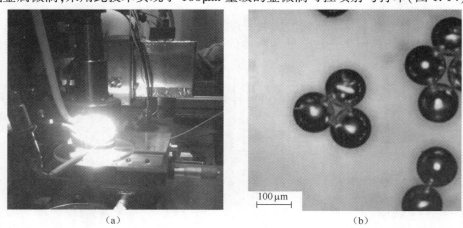

(a)   (b)

图 1.14   荷兰屯特大学开发的高熔点金属微滴喷射装置与喷射的均匀金颗粒

(a)压电脉冲驱动按需喷射装置;(b)喷射的均匀金颗粒。

    国内对均匀金属微滴喷射 3D 打印技术的系统研究始于 2002 年,第一个专利"非均质功能器件快速成形微制造方法"由本书作者团队提出。其他主要研究单位有哈尔滨工业大学、北京有色金属研究院、天津大学、华中科技大学、大连理工大学和西安交通大学等。目前研究的技术主要有连续均匀金属微滴喷射技术、压电脉冲驱动式按需喷射技术、气压脉冲驱动式按需喷射技术等。

    哈尔滨工业大学开发了连续均匀金属微滴喷射装置[30],可以喷射连续均匀的金属微滴流,通过对均匀金属微滴流进行充电偏转可以控制微滴流沉积过程,从而成形出简单的铅锡合金圆环。

北京有色金属研究院[31]、天津大学[32]对连续均匀金属微滴喷射技术进行了研究,探讨了试验参数对焊料颗粒均匀性及微观组织的影响,实现了均匀焊料颗粒的制备。

华中科技大学[33]开发了气动膜片驱动焊料微滴喷射技术,通过气压脉冲驱动金属膜片变形,然后压迫金属熔体从喷嘴喷出形成微小微滴,采用该技术实现了铅锡合金和高黏聚合物微滴喷射,打印出均匀焊料点阵与微小透镜。

大连理工大学[34]开发了脉冲小孔喷射装置,与日本大阪大学的脉冲小孔喷射装置工作原理类似,利用传振杆将压电陶瓷的瞬间脉冲传递到喷嘴附近金属熔液中,驱动熔液从小孔中喷射形成均匀金属微滴,其采用此技术打印成形出了简单铅锡合金管件。

西安交通大学开发了气压脉冲驱动式金属微滴按需喷射装置[35],实现了铅锡合金、铝合金微滴的按需喷射,采用铅锡合金打印出悬垂嵌套电力金具试验件[36]。

西北工业大学本团队自 2002 年起,对均匀金属微滴喷射技术和相关理论进行了较为系统的研究,将在随后各章加以详细介绍。

综上所述,均匀金属微滴喷射技术近年来已得到长足发展,其分类特点和应用领域如表 1.2 所列。

表 1.2 均匀金属微滴喷射成形技术国内外研究情况[12]

国家	研究机构	分类	驱动方式	材料	应用领域
中国	西北工业大学	连续	气压加压电脉冲驱动	铅锡合金	金属零件成形、均匀颗粒制备
		按需	气压脉冲驱动	铅锡合金、铝合金	金属零件成形
			轴向压电脉冲驱动	铅锡合金、铝合金	电子封装、电路打印
			应力波驱动	铅锡合金	金属颗粒喷射
	华中科技大学	按需	气压脉冲驱动	铅锡合金	焊点点阵打印
	哈尔滨工业大学	连续	气压加压电脉冲	铅锡合金	均匀颗粒、金属零件成形
	北京有色金属研究院	连续	气压加压电脉冲驱动	铅锡合金	均匀金属颗粒制备
	天津大学	连续	气压加压电脉冲驱动	铅锡合金	均匀金属颗粒制备

（续）

国家	研究机构	分类	驱动方式	材料	应用领域
美国	加州大学欧文分校	连续	气压加压电脉冲驱动	铅锡合金、铝合金	金属零件打印、均匀焊球制备
	麻省理工学院	连续	气压加压电脉冲驱动	铅锡合金、锌合金、铜合金、铝合金	喷射机理、充电偏转机理、焊点制备
		按需	径向压电脉冲驱动	铅锡合金	电路打印、焊点制备
	东北大学	连续	气压加压电脉冲驱动	镁合金、铜合金、铁基金属玻璃	微滴凝固行为
	MicroFab 公司	按需	径向压电脉冲驱动	铅锡合金	电路打印、电子封装制备
加拿大	多伦多大学	按需	气压脉冲驱动	锡合金、铝合金	金属零件成形、微滴喷射及沉积碰撞行为
日本	大阪大学	按需	轴向压电脉冲驱动	铜合金、铁基金属玻璃	均匀颗粒制备
			气压脉冲驱动	铝合金	金属件和金属间化合物件制备
韩国	韩国机械与材料研究院	按需	轴向压电脉冲驱动	铅锡合金	微滴喷射

1.2.2 均匀金属微滴喷射 3D 打印技术的发展趋势

基于均匀金属微滴喷射的 3D 打印技术具有喷射材料范围广、无约束自由成形和无需昂贵专用设备等优点，是一种极具发展潜力的增材制造技术。目前，该技术在电子线路打印、非均质材料及其制件制造、结构功能一体化制造以及航空、航天等高科技技术领域具有重要的应用前景。但是，对于铝合金、铜合金等熔点相对较高金属的应用尚处于实验室研究阶段，欲使该技术发挥其应有作用，尚需在以下四个方面开展深入研究。

1. 面向不同应用需求的高精度喷射装置及沉积装备开发

不同的应用领域需喷射及沉积不同金属材料,不同金属材料的熔点、表面张力、密度、黏度等物性参数各异,需针对喷射材料研究专用的喷射装置和喷射控制方法,并面向应用需求开发出专门的微滴沉积装备。

2. 面向太空微重力环境的均匀金属微滴 3D 打印技术

太空探索活动对金属件现场 3D 打印有着迫切需求,均匀金属微滴喷射具有不需特制原材料和专用设备等优点,十分适用于太空微重力环境制造。太空微重力金属零件微滴 3D 打印装备及技术研发,需建立空间环境微滴喷射地面物理模拟装置,明确微重力条件下微滴喷射/沉积行为及微观组织演化等科学问题,并突破小功率微域高温喷射、空间环境打印轨迹及温度场控制等关键技术。

3. 非均质/梯度功能材料及其制件增材制造技术

控制多材料金属微滴精确定点沉积,可实现制件材料分布的定制,是非均质/梯度功能材料及其制件快速制造的有效途径。通过研发多喷头联动沉积系统,开发多材质材料/零件模型处理软件和打印轨迹规划算法,突破多材料微滴精准沉积控制技术,可建立用户需求驱动的材料与性能设计制造一体化增材制造新技术。

4. 与其他技术相结合的结构功能一体化制造技术

均匀金属微滴喷射结合超材料结构设计、微域换热等其他技术,可实现零件的结构功能一体化制造。结合轻质点阵超材料结构设计,均匀金属微滴喷射可打印出负泊松比结构、零温度膨胀等功能结构件。结合热能交换技术,可实现结构承载性能与传热、散热等热管理功能的集成。

参 考 文 献

[1] Hutchings I M. Ink-jet printing in micro-manufacturing: Opportunities and limitations[C]. International Conferences on Multi-Material Micro Manufacture, 4M/International Conferences on Micro Manufacturing, 2009:47-57.

[2] Orme M, Liu Q, Fischer J. Mono-disperse aluminum droplet generation and deposition for net-form manufacturing of structural components[C]. Eighth International Conference on Liquid Atomization and Spray Systems. Pasadena, 2000:200-207.

[3] Orme M, Willis K, Nguyen T V. Droplet patterns from capillary stream breakup[J]. Physics of Fluids A: Fluid Dynamics, 1993,5(1):80-90.

[4] Orme M, Courter J, Liu Q, et al. Electrostatic charging and deflection of nonconventional droplet streams formed from capillary stream breakup[J]. Physics of Fluids, 2000,12(9):2224-2235.

[5] Luo J, Qi L, Zhou J, et al. Study on stable delivery of charged uniform droplets for freeform fabrication of metal parts[J]. Science China Technological Sciences, 2011,54(7):1833-1840.

[6] Luo J, Qi L H, Zhou J M, et al. Modeling and characterization of metal droplets generation by using a pneumatic drop-on-demand generator[J]. Journal of Materials Processing Technology, 2012,

212(3):718-726.

[7] Hayes D J,Wallace D B,Cox W R. MicroJet printing of solder and polymers for multi-chip modules and chip-scale packages[J]. Proceedings of SPIE – The International Society for Optical Engineering,1999,3830:242-247.

[8] Takagi K,Masuda S,Suzuki H,et al. Preparation of monosized copper micro particles by pulsated orifice ejection method[J]. Materials Transactions,2006,47(5):1380-1385.

[9] Shah V G,Hayes D J. Fabrication of passive elements using ink-jet technology[J]. Printed Circuit Fabrication,2002,25(9):32-38.

[10] Luo J,Qi L,Tao Y,et al. Impact-driven ejection of micro metal droplets on-demand[J]. International Journal of Machine Tools and Manufacture,2016,106:67-74.

[11] Liu Q,Orme M. High precision solder droplet printing technology and the state-of-the-art[J]. Journal of Materials Processing Technology,2001,115(3):271-283.

[12] 齐乐华,钟宋义,罗俊. 基于均匀金属微滴喷射的 3D 打印技术[J]. 中国科学:信息科学,2015,45(2):212-223.

[13] Northrup W F,Sonsini A J. Pulse jet solder deposition[J]. IBM Technical Disclosure Bulletin,1972,14(8):2354-2355.

[14] Hieber H. Method of applying small drop-shaped quantities of melted solder from a nozzle to surfaces to be wetted and device for carrying out the method:U.S. Patent 4,828,886[P]. 1989-05-09.

[15] Wallace D B,Hayes D J. Solder jet technology update[J]. International Journal of Microcircuits and Electronic Packaging,1997,21(1):73-77.

[16] Nallani A K,Chen T,Hayes D J,et al. A method for improved VCSEL packaging using MEMS and ink-jet technologies[J]. Journal of Lightwave Technology,2006,24(3):1504-1512.

[17] Passow C H. A study of spray forming using uniform droplet sprays[D]. Massachusetts:Massachusetts Institute of Technology,1992:44.

[18] Ridge O. Uniform droplets benefit advanced particulates[J]. Metal Powder Report,1999,54(3):30-34.

[19] Shin J H. Feasibility study of rapid prototyping using the uniform droplet spray process[D]. Massachusetts:Massachusetts Institute of Technology,1998:44.

[20] Orme M,Liu Q,Smith R. Molten aluminum micro-droplet formation and deposition for advanced manufacturing applications[J]. Aluminum Transactions Journal,2000,3(1):95-103.

[21] Bialiauskaya V,Ando T. Nucleation kinetics of continuously cooling Fe-17 at.%B droplets produced by controlled capillary jet breakup[J]. Journal of Materials Processing Technology,2010,210(3):487-496.

[22] Fukuda H. Droplet-based processing of magnesium alloys for the production of high-performance bulk materials[D]. Boston:Northeastern University,2009:23.

[23] Matsuura K,Kudoh M,Oh J H,et al. Development of freeform fabrication of intermetallic compounds[J]. Scripta Materialia,2001,44(3):539-544.

[24] Fang M,Chandra S,Park C B. Experiments on remelting and solidification of molten metal droplets deposited in vertical columns[J]. Journal of Manufacturing Science and Engineering,2007,129(2):311.

［25］ Ladd C,So J H,Muth J,et al. 3D printing of free standing liquid metal microstructures［J］. Advanced Materials,2013,25(36):5081-5085.

［26］ Lee T,Kang T G,Yang J S,et al. Gap adjustable molten metal DoD inkjet system with cone-shaped piston head［J］. Journal of Manufacturing Science and Engineering,2008,130(3):876-877.

［27］ Miura A,Dong W,Fukue M,et al. Preparation of Fe-based monodisperse spherical particles with fully glassy phase［J］. Journal of Alloys and Compounds,2011,509(18):5581-5586.

［28］ Takagi K,Seno K,Kawasaki A. Fabrication of a three-dimensional terahertz photonic crystal using monosized spherical particles［J］. Applied Physics Letters,2004,85(17):3681-3683.

［29］ Houben R. Equipment for printing of high viscosityl liquids and molten metals［D］. Enschede:Universiteit of Twente,2012:10-34.

［30］ Yao Y,Gao S,Cui C. Rapid prototyping based on uniform droplet spraying［J］. Journal of Materials Processing Technology,2004,146(3):389-395.

［31］ 何礼君,张少明,张曙光,等. 金属射流受激断裂的实验研究［J］. 稀有金属,2004,28(1):117-121.

［32］ 吴萍,Teiichi Ando,Hiroki Fukuda,等. Sn-Pb 合金微粒的制备和微结构［J］. 材料研究学报,2003(01):92-96.

［33］ Xie D,Zhang H,Shu X,et al. Multi-materials drop-on-demand inkjet technology based on pneumatic diaphragm actuator［J］. Science China Technological Sciences,2010,53(6):1605-1611.

［34］ 付一凡. 脉冲微孔喷射法均匀球形微米级粒子的制备及其影响因素研究［D］. 大连:大连理工大学,2013:1-20.

［35］ Du J,Wei Z. Numerical analysis of pileup process in metal microdroplet deposition manufacture［J］. International Journal of Thermal Sciences,2015,96:35-44.

［36］ 李素丽,魏正英,杜军,等. 基于金属 3D 打印技术成形嵌套零件工艺研究［J］. 材料科学与工艺,2016,24(6):1-7.

第2章 均匀金属微滴喷射及沉积基础理论

均匀金属微滴在喷射沉积过程中,会经历金属射流断裂、微滴形成、微滴飞行及与基板或先沉积微滴的碰撞、冷却与凝固等物理过程,涉及复杂金属液体流动与传热行为,了解与此相关的基础理论对控制金属微滴尺寸及打印精度至关重要。本章重点介绍金属微滴由喷射、飞行直至沉积过程中所涉及的系列基础理论,包括连续均匀微滴喷射理论及微滴充电偏转机理,气压脉冲、压电脉冲和应力波驱动式金属微滴按需喷射理论,金属微滴飞行过程中动力学与热力学耦合行为以及金属微滴沉积碰撞流热耦合行为,为均匀金属微滴3D打印提供理论指导。

2.1 均匀金属微滴连续喷射理论及微滴充电偏转机理

2.1.1 均匀金属微滴连续喷射理论(射流瑞利不稳定理论)

众所周知,将水龙头打开至某一位置时,以一定速度流下的水射流会断裂成微滴。1873年,比利时物理学家约瑟夫[1]最早利用实验描述了这种现象。在19世纪中后期,英国物理学家瑞利[2]对该现象进行数学分析,建立了射流瑞利不稳定理论。随后,韦伯等[3]考虑射流黏度和环境介质作用的影响,又建立了黏性射流不稳定理论。金属射流与水等非金属射流有着类似的流体动力学行为,因而射流瑞利不稳定理论也适用于金属射流。本节对经典瑞利不稳定理论进行介绍,探讨射流喷射过程中喷射压力、喷嘴孔径、扰动频率、射流材料物性等参数之间的关系,以指导均匀金属微滴喷射参数匹配和均匀金属微滴初始参数计算。

在一定压力作用下从喷嘴喷出的液体可形成层流射流,其内部质点沿着与射流平行的流线方向做平滑运动,此射流在外界扰动频率作用下可断裂成为微滴(图2.1)。假设射流是不可压液体,密度为 ρ_1,表面张力为 σ,喷嘴半径为 R_n,以射流轴线为对称轴建立圆柱坐标系,原点取在喷嘴中心,射流方向为 z 轴方向。当对射流施加正弦扰动时,射流仍会保持轴对称,但射流内部会产生压力波动。在压力波动与射流表面张力联合作用下,射流半径会发生变化,产生图2.1所示的静脉曲张形态,其半径为

$$r_j = r_0 + \eta e^{\beta t + ikz} \tag{2.1}$$

式中: r_0 为射流初始半径; η 为微弱扰动; β 为扰动增长速率; t 为射流运行时间; k 为波数, $k = 2\pi/\lambda$ 。

根据韦伯黏性射流不稳定理论,可得射流表面扰动增长速率方程为

$$\left(\beta/\sqrt{\sigma/(\rho_1 d_j^3)}\right)^2 + 12\text{Oh} \cdot k^2 \cdot \left(\beta/\sqrt{\sigma/(\rho_1 d_j^3)}\right) - 4(1-k^2)k^2 = 2k^3 \frac{K_0(k)}{K_1(k)} We_g^2$$

$$(2.2)$$

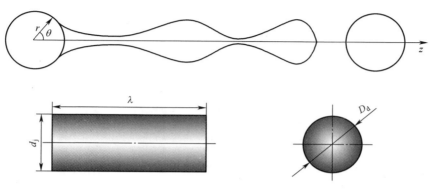

图 2.1　层流射流断裂模型

式中:Oh 数为度量黏性力与惯性力和表面张力的相互关系的无量纲数, $\text{Oh} = \mu_1/\sqrt{\rho_1 d_j \sigma}$; We_g 为环境韦伯数, $We_g = \rho_g d_j u_j^2/\sigma$; K_0 、 K_1 分别为第一类零阶和一阶修正贝塞尔 Bessel 函数; d_j 为射流直径。

本研究中的环境介质为氮气,当射流速度小于 4m/s 时, $We_g < 0.1$,此时产生最大扰动增长速率 $\beta_{\max}$ 的波数 k 变化小于 5%,环境气体对射流的影响可以忽略。因此,忽略式(2.2)右边可得

$$\beta = \left(\sqrt{(36\ \text{Oh}^2 - 4)k^4 + 4k^2} - 6\text{Oh} \cdot k^2\right)\sqrt{\sigma/(\rho_1 d_j^3)} \qquad (2.3)$$

由式(2.3)可知,扰动增长速率 β 与射流 Oh 数(射流性质,如表面张力、黏度、直径等)和波数 k 有关,使扰动增长速率 β 无量纲化,有

$$\beta^* = \beta/\sqrt{\sigma/(\rho_j d_j^3)} \qquad (2.4)$$

则 β^* 的变化如图 2.2 所示。由图 2.2 可知,在 Oh 一定的情况下,随着 k 的逐渐增大, β^* 先逐渐增加,到达局部最大值 $\beta_{\max}^*$ 后再逐渐减小。随着 Oh 的减小, $\beta_{\max}^*$ 逐渐增大。射流断裂成均匀微滴时,扰动增长速度达到最大值,对式(2.3)求最大值得到最优波数和最大扰动增长速率分别为

$$k_{\text{opt}} = \frac{1}{\sqrt{2(1+3\text{Oh})}} \qquad (2.5)$$

$$\beta_{\max} = \frac{\sqrt{\sigma/(\rho_1 d_j^3)}}{1+3\text{Oh}} \qquad (2.6)$$

均匀金属微滴喷射过程中,射流速度是预测最优频率的关键参数,也是计算微滴断裂长度、微滴直径等重要初始参数的必要前提,故需对射流速度进行建模计算。

射流速度预测有两种方法:一种为基于流体力学的解析方法;另一种为基于有限元的数值计算方法。亚利桑那州立大学的 Tseng[4] 等采用伯努利方程建立了射流速度预测解析模型,先将坩埚与喷嘴的内部结构简化为具有若干阶梯面的收缩管状模型[5](图 2.3)。

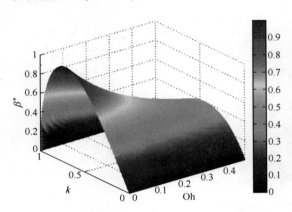

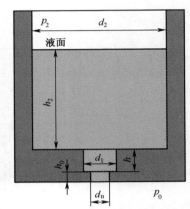

图 2.2　无量纲扰动增长速率 $\beta *$ 的变化　　　图 2.3　收缩阶梯面状的坩埚及喷嘴模型

射流喷射时,流体伯努利方程可表示为

$$\frac{P_2}{\rho g} + \frac{\alpha_2 u_2{}^2}{2g} + h_0 + h_1 + h_2 = \frac{P_0}{\rho g} + \frac{\alpha_0 u_n{}^2}{2g} + h_f + h_m \qquad (2.7)$$

式中:u_2 为坩埚内液面流动速度;α_0、α_2 为动能修正系数;h_0、h_1、h_2 分别为喷嘴厚度、台阶厚度及台阶面到液面的距离;h_m 为管口突然缩小引起的局部损失;h_f 为流体从液面到喷嘴出口的沿程损失,两种能量损失可根据流体力学中相关理论知识计算;P_2、P_0 分别为绝对喷射压力与大气压;u_n 为喷嘴内流体速度。对式(2.7)进行求解,可得

$$u_n = \frac{-A_2 + \sqrt{A_2{}^2 + 4A_1A_3}}{2A_1} \qquad (2.8)$$

式中

$$A_1 = \frac{\rho_1}{2}\left(\alpha_0 + \xi_2 + \xi_1 \frac{d_0^4}{d_1^4}\right)$$

$$A_2 = 32\mu_1 d_n^2\left(\frac{h_0}{d_n^4} + \frac{h_1}{d_1^4} + \frac{h_2}{d_2^4}\right)$$

$$A_3 = \Delta P + \rho_1 g(h_0 + h_1 + h_2) \qquad (2.9)$$

$$\left(\xi_1 = 0.5\left(1 - \frac{d_1^2}{d_2^2}\right), \quad \xi_2 = 0.5\left(1 - \frac{d_n^2}{d_1^2}\right)\right)$$

其中:α_0 取 1.05;ξ_1 与 ξ_2 的值可根据坩埚的实际情况确定,通常取 0.48~0.5;d_n、d_1、d_2 分别为喷嘴直径、台阶处直径及坩埚直径;ΔP 为内外压力差。

喷嘴直径较射流直径略大,根据质量守恒定律,射流速度较喷嘴内部流体速度略快,通常对喷嘴内部流体速度略加修正以近似射流速度,$u_j = u_n / 0.95$。

随后,利用瑞利不稳定理论预测均匀微滴初始参数,包括射流断裂长度、断裂时间、微滴直径等。射流断裂成微滴时,式(2.1)为零,射流断裂时间为

$$t = \frac{\ln(r_0/\eta)}{\beta_{\max}} = \ln(r_0/\eta)\frac{1+3\mathrm{Oh}}{\sqrt{\sigma/(\rho_1 d_j^3)}} \qquad (2.10)$$

最优扰动频率下,射流断裂长度为

$$L_{j-\mathrm{opt}} = v_j t \qquad (2.11)$$

将式(2.10)代入式(2.11)后化简,可得射流断裂长度为

$$L_{j-\mathrm{opt}} = d_j \ln\left(\frac{r_0}{\eta}\right)\sqrt{We}\,(1+3\mathrm{Oh}) \qquad (2.12)$$

式中:We 为射流流体韦伯数, $We = \rho_1 d_j u_j^2/\sigma$ 。

根据质量守恒定律,断裂射流圆柱质量 M_j 等于微滴的质量 M_d,即

$$M_j = \rho_1 V_j = \rho_1 \frac{\pi d_j^2 \lambda}{4} = \rho_d \frac{\pi D_d^3}{6} = M_d \qquad (2.13)$$

式中:V_j 为射流体积;D_d 为液滴直径;ρ_d 为凝固后液滴密度。

波长 λ 与激振频率 f 关系为

$$\lambda = u_j/f \qquad (2.14)$$

求解式(2.13)与式(2.14)可得到微滴直径为

$$D_d = d_j \sqrt[3]{\frac{3\rho_n u_j}{2\rho_d f d_j}} \qquad (2.15)$$

由式(2.5)、式(2.14)和式(2.15)计算得到最优化激振频率为

$$f_{\mathrm{opt}} = \frac{u_j}{\pi d_j \sqrt{2(1+3\mathrm{Oh})}} \qquad (2.16)$$

采用式(2.15)和式(2.16)即可计算出一定喷嘴及压力条件下,射流断裂为均匀微滴的断裂时间、断裂长度、均匀液滴直径和最优化激振频率等参数。但射流不稳定理论不能反映射流断裂成微滴过程中流场、压力场的变化,采用以上解析方法只能粗略地估计上述参数,其结果与真实值存在一定误差,还需辅以实验和数值仿真方法进行详细分析。

2.1.2　均匀微滴的充电与偏转机理

由于随机扰动和空气阻尼作用,连续产生的均匀微滴会在喷射过程相互融合,通过给均匀微滴带上同种电荷,可利用同性电荷相斥原理防止微滴融合。另外,将带电均匀微滴穿过与其运动轨迹相垂直的静电场,可利用洛伦兹力将微滴偏移一定的距离,这是控制高速飞行的均匀微滴沉积位置的一种有效方法。

1. 均匀微滴充电原理及充电电量预测模型

均匀微滴充电原理:未断裂射流通过静电感应带上一定静电荷,射流断裂为微滴后,断裂部分所带电荷留于其表面,从而实现微滴带电。为实现上述原理,需在金属射流断裂点构建感应静电场,通常使用空心圆形或平行板电极作为电场正极,射流作为电场负极,使射流在电极内部断裂,以带上一定电荷。

由于射流断裂呈静脉曲张形态,形貌比较复杂,较难建立精确解析模型以预测微滴充电电量。此处介绍一种瞬态显微图像与静电场有限元分析相结合方法,以精确预测微滴带电电量[6]。该方法通过高速显微摄像拍摄射流表面瞬间形貌,依据射流微观形貌建立微滴充电物理模型,并采用数值方法计算射流断裂过程中微滴充电电量,以获得精确的预测结果。

图 2.4(a)为采用频闪拍摄方法得到的水射流断裂形貌,喷嘴直径为 150μm,喷射压力为 26 kPa,依据瑞利不稳定理论计算得到的射流断裂最优扰动频率为5.8 kHz。图 2.4(b)为简化的射流表面轮廓,形成微滴的射流部分(长度为 L_{jet})可以简化为一个高为 a、底半径为 b 的锥体与一个半径为 R' 大球冠组成几何体(充电部分)。根据瑞利不稳定理论,均匀微滴流形成后,半径为 R 的微滴相互间距相同,为一个扰动波长 λ。Se 为电极参数,如果充电电极为圆环充电电极,Se 则表示充电电极半径;若为平行板充电电极,Se 则表示电极间距一半。

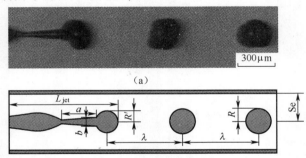

(a)

(b)

图 2.4　水射流形态以及微滴充电物理模型

(a)未断裂射流及均匀微滴照片;(b)简化射流与微滴表面轮廓得到的均匀微滴充电物理模型。

建立射流物理模型后,可采用有限元法求解射流、微滴、电极间的静电场分布,即求解此空间中的静电势泊松方程:

$$\nabla^2 \varphi = 0 \tag{2.17}$$

式中:φ 为充电电极内的电势。

边界条件为射流、微滴以及电极的电位:

$$\varphi \,|_{S_i} = U_i \tag{2.18}$$

式中:S_i 为描述 i 个微滴表面形貌或电极内表面形貌的曲面几何方程;U_i 为表面 S_i 的电压。

由式(2.17)可得到电势分布函数 φ,对其求梯度可得到静电场场强 $\boldsymbol{E} = -\nabla\varphi$,进而可计算出多导体系的静电场能量:

$$W_E = \frac{1}{2} \int_V \varepsilon E^2 \mathrm{d}V = \frac{1}{2} \int_V \varepsilon \ \nabla^2 \varphi \mathrm{d}V \qquad (2.19)$$

式中：ε 为介电常数。

电场能量与电容和电压之间的关系为

$$W_E = \frac{1}{2} U^T C U \qquad (2.20)$$

式中：C 中元素 C_{ij} 表示微滴（或电极）i 与 j 之间的部分电容矩阵，U 为微滴表面电位矩阵。

联立式（2.19）、式（2.20）可推导出多导体系中导体之间部分电容矩阵 C。建立 n 颗微滴的充电模型，可得到表述各颗微滴充电电容的矩阵。

在初始充电条件下，由式（2.19）、式（2.20）可得导电体系的电容矩阵，再根据所施加的电压便可计算出微滴的带电量：

$$Q = CU \qquad (2.21)$$

式中：Q 为微滴电荷矩阵；U 为相对电位矩阵。

初始充电条件包括电极电位边界条件和微滴电荷边界条件。

当第一颗微滴产生时，实际边界条件只有电极电位条件 U_1，模型如图 2.5 所示，其电场能量可为

$$W_E = \frac{1}{2} C_{11}^g U_1^2 \qquad (2.22)$$

式中：W_E 为静电场的能量；U_1 为微滴或电极相对电位。

微滴所带电荷 Q_1 可根据式（2.21）由有限元方法计算得到。

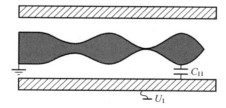

图 2.5　第一颗微滴产生时等效电路模型

当第二颗微滴产生时，模型如图 2.6 所示，实际边界条件包括电极电位 U_2，第一颗微滴带电电量 Q_1，此时电场能量为

$$W_E = \frac{1}{2} C_{11}^g U_1^2 + \frac{1}{2} C_{22}^g U_2^2 + \frac{1}{2} C_{12}^g U_2 U_1 \qquad (2.23)$$

求解式（2.19）和式（2.23），得到导体系统的集总电容和工作电容分别为 C_{11}、C_{22}、C_{12}；此时未产生的微滴与已产生的微滴与电位之间的关系可用式（2.21）计算，即

$$\begin{cases} Q_1 = C_{11} U_1 + C_{12}(U_1 - U_2) \\ Q_2 = C_{12}(U_2 - U_1) + C_{22} U_2 \end{cases} \qquad (2.24)$$

由于充电电压 U_2 已知,利用式(2.24),便可得到 Q_2。

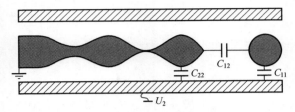

图 2.6　第二颗微滴产生时等效电路模型

重复上述推导过程,当第 i 个微滴产生时,实际边界条件包括电位边界条件 U_i,同时还包括各充电微滴的电荷边界条件 $Q_1, Q_2, \cdots, Q_{i-1}$。随着充电微滴远离射流断裂点,其对正形成微滴的静电场作用逐渐减弱,最终可以忽略不计,计算时取此影响量小于最终充电电量 1% 时的微滴充电量,作为连续微滴流平均带电电量 $Q_{均}$,其计算流程如图 2.7 所示[7]。

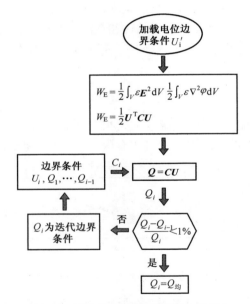

图 2.7　微滴充电电量预测算法流程图

2. 带电微滴流横向不稳定行为

在均匀微滴形成时,微滴相对射流轴线存在一个极小的随机位置扰动,这种随机位置扰动会使充电微滴之间产生一个促使其偏离轴线的横向分力,从而使得其所受的静电排斥力不再沿轴线方向。随着微滴沉积距离的增加,充电微滴偏离轴线的位移持续增大[8],最终影响金属微滴的打印精度。

图 2.8(a)为连续均匀水微滴的瞬时照片,照片显示均匀微滴具有相对速度,有融合趋势(图 2.8(a)中最上方的大微滴是由两颗微滴融合而成)。当对此微滴

流充上一定的电荷时,充电微滴之间的静电排斥力会抑制微滴融合的趋势,使原本趋于融合的微滴相互散开,形成均匀分布的微滴流(图 2.8(b))。所示当微滴沉积距离较远时,射流发散现象明显,图 2.8(c)显示微滴呈"Z"字形排列,由于微滴初始位置在空间中分布是随机的,可以推断发散微滴在空间呈螺旋状排列。

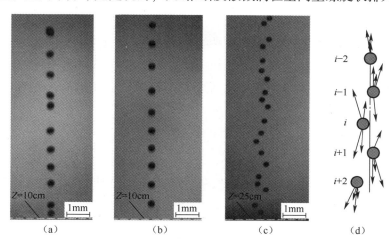

图 2.8　均匀微滴流充电发散行为

(a)未充电均匀微滴流;(b)充电均匀微滴流;(c)发散的充电微滴流;

(d)均匀微滴产生时随机位置偏差及静电排斥示意图。

(注:喷嘴直径为 150μm;扰动频率为 3.89kHz;喷射压力为 45.6kPa。)

微滴流初始随机位置扰动主要是喷嘴出口粗糙度、杂质、射流蒸发或氧化等因素而形成。假设微滴初始位置由正弦分布与随机分布叠加(正弦分布表征初始扰动中周期变化的成分,并假设其变化周期与射流扰动周期相同;随机分布表征初始位置的随机性),根据瑞利射流不稳定性理论,均匀微滴形成时的间距为一个最优扰动波长 λ_{opt},故充电微滴可以 λ_{opt} 为间隔进行计算,每颗微滴进入计算的初始位置可用下式表示:

$$\begin{cases} x_{\text{int}\_n} = \zeta(D_d\sin(2\pi f_{opt}t) + D_d N_1) \\ y_{\text{int}\_n} = \zeta(D_d\sin(2\pi f_{opt}t) + D_d N_2) \\ z_{\text{int}\_n} = L_{break} \end{cases} \tag{2.25}$$

式中:x_n、y_n 分别为第 n 颗微滴的初始位置坐标;ζ 为试验参数,取为 10^{-6};t 为计算微滴飞行的时间。N_1、N_2 为 $0\sim1$ 之间的随机数;L_{break} 为射流断裂长度,可由式(2.11)计算得到。

充电微滴在喷射过程中有如下三种受力:

(1)微滴之间静电排斥为:

$$\boldsymbol{F}_{ele} = \frac{1}{4\pi\varepsilon_0}\frac{Q_d^2}{|\boldsymbol{r}|}\frac{\boldsymbol{r}}{|\boldsymbol{r}|} \tag{2.26}$$

式中:$\boldsymbol{r}$ 为两颗微滴之间的距离矢量;$|\boldsymbol{r}|$ 为间距矢量的大小。它们分别表示为

$$r = (x_i - x_j)\mathbf{i} + (y_i - y_j)\mathbf{j} + (z_i - z_j)\mathbf{k} \qquad (2.27)$$

$$|r| = \sqrt{(x_i - x_j)^2 + (y_i - y_j)^2 + (z_i - z_j)^2} \qquad (2.28)$$

（2）飞行微滴的空气阻力：

$$\boldsymbol{F}_{\text{drag}} = \frac{\rho_g}{2} C_d \pi \ (D_d/2)^2 \ |\boldsymbol{u}_d| \boldsymbol{u}_d \qquad (2.29)$$

式中：$\boldsymbol{u}_d$ 为微滴速度矢量；$|u_d|$ 为速度的大小。它们分别表示为

$$\boldsymbol{u} = u_x \mathbf{i} + u_y \mathbf{j} + u_z \boldsymbol{k} \qquad (2.30)$$

$$|\boldsymbol{u}| = \sqrt{u_x^2 + u_y^2 + u_z^2} \qquad (2.31)$$

（3）微滴重力：

$$\boldsymbol{F}_{\text{grav}} = \frac{\pi}{6} D_d^3 \rho_l \boldsymbol{g} \qquad (2.32)$$

根据以上分析,可建立微滴受邻近 $2n$ 颗微滴的静电力作用下的飞行过程受力方程：

$$m_d \left(\frac{\partial u_{xi}}{\partial t}\mathbf{i} + \frac{\partial u_{yi}}{\partial t}\mathbf{j} + \frac{\partial u_{zi}}{\partial t}\mathbf{k} \right) = \sum_{\substack{j=i-n \\ j \neq i}}^{j=i+n} \boldsymbol{F}_{\text{ele}} + \boldsymbol{F}_{\text{drag}} + \boldsymbol{F}_{\text{grav}} \qquad (2.33)$$

$$\frac{dx}{dt} = u_x, \frac{dy}{dt} = u_y, \frac{dz}{dt} = u_z \qquad (2.34)$$

联立式(2.33)和式(2.34),采用改进欧拉公式,对上述一阶微分方程组用定步长法进行全区间积分,可计算得到微滴在静电排斥力作用下的飞行轨迹,由此实现对发散区域进行预测。

3. 带电微滴静电场偏转飞行模型

在静电场中飞行的带电金属微滴可受到洛伦兹力的作用而偏移。利用该物理现象,可对充电微滴进行分离和飞行轨迹控制,本节主要探讨充电微滴在静电力作用下,其偏转轨迹的计算模型。

金属微滴具有一定的密度和尺寸,在金属微滴充电偏转过程中,需充分考虑金属微滴重力、相互间的静电排斥力、空气阻力、静电场偏转力等对微滴偏转距离的影响。均匀金属微滴在偏转电场中飞行时的受力情况如图2.9所示,由于金属微滴之间的静电力随着其间距离的增大而减小,此处仅考虑与计算微滴临近的6颗充电微滴对其静电力的影响,当微滴飞出偏转电场后,金属微滴不再受电场偏转力的影响。

在偏转电场中,电场偏转力方向与静电电场方向相同,带电微滴所受的静电场偏转力为

$$\boldsymbol{F}_{\text{E}} = \boldsymbol{E} Q_d' \qquad (2.35)$$

式中：Q_d' 为考虑偏转电场对微滴充电电量的影响的修正微滴充电电量,一般为 $(1.1 \sim 1.2) Q_d$。

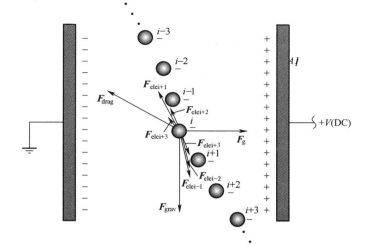

图 2.9 微滴在静电场中的受力图

建立微滴受邻近 $2n$ 颗微滴静电力作用下的受力方程为

$$m_d \left(\frac{\partial u_{xi}}{\partial t}\mathbf{i} + \frac{\partial u_{yi}}{\partial t}\mathbf{j} + \frac{\partial u_{zi}}{\partial t}\mathbf{k} \right) = \sum_{\substack{j=i-n \\ j\neq i}}^{j=i+n} \mathbf{F}_{ele} + \mathbf{F}_{drag} + \mathbf{F}_{grav} + \mathbf{F}_E \tag{2.36}$$

$$\frac{dx}{dt} = u_x, \frac{dy}{dt} = u_y, \frac{dz}{dt} = u_z \tag{2.37}$$

联立式(2.36)和(2.37),用定步长法进行全区间积分即可求得微滴偏转的飞行轨迹。当微滴飞离偏转电场后,去掉静电偏转力项,便可计算偏转电场外部的飞行轨迹。

2.2 金属微滴按需喷射技术

2.2.1 气压脉冲驱动式按需喷射理论

在 1.2.1 节初步介绍了气压按需喷射工作原理,其喷射装置原理如图 2.10(a)所示。坩埚内部空腔部分与"T"形接头构成一顶部有开口的封闭腔,通过进气管上安装的电磁阀的快速开合,给封闭腔内输入一个压力脉冲,由此在喷射装置腔体内部形成气压振荡以便微滴喷出,此振荡为亥姆霍兹共鸣现象[9]。为便于分析,可将坩埚和"T"形接头简化为一个顶部有开口的亥姆霍兹共鸣腔模型(图 2.10(b))。

在此模型中,假设坩埚的内空腔体积为 V_p,顶部为一横截面为 A_p,直径为 $2r_p$、长度为 L_p 的泄气管与大气相通。当压缩气体进入细管,迫使泄气管中的空气向内移动(位移为 x),此时腔体中的体积减小 $\Delta V_p = x\pi r_p^2$,空腔内气体压强的变化为 ΔP。

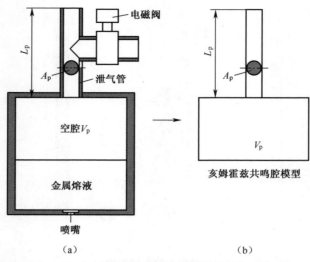

图 2.10　气压脉冲驱动式按需喷射等效物理模型

(a)喷射装置结构示意图;(b)等效物理模型。

由绝热方程

$$V_p \Delta P + \Upsilon P \Delta V_p = 0 \tag{2.38}$$

则

$$\Delta P = -\gamma P \frac{\Delta V_p}{V_p} = -\gamma P \frac{\pi r_p^2}{V_p} x \tag{2.39}$$

式中:γ 为常数,且有:

$$\gamma = c^2 \rho_g / P \tag{2.40}$$

管内气体受力为

$$F = \Delta P A_p p = P \gamma A_p^2 x / V_p \tag{2.41}$$

系统的弹性系数为

$$S_p = \rho_g c^2 A_p^2 / V_p \tag{2.42}$$

根据声学原理,横截面积为 A_p 的圆管对声波的阻尼为

$$R_r = \rho_g c k^2 A_p^2 / (2\pi) \tag{2.43}$$

式中:k 为波数,$k = 2\pi/\lambda$。

泄气管中气体的质量为

$$M_p = \rho_g A l' \tag{2.44}$$

式中:l' 为考虑进气口突变的修正泄气管长度, $l' = L_p + 0.8\sqrt{A_p}$。

泄气管中的空气在脉冲压力 F 作用下,压力变化的微分方程可近似用二阶弹簧质量阻尼系统表示,即

$$M_p \frac{d^2 x}{dt} + R_r \frac{dx}{dt} + Sx = F \tag{2.45}$$

当电磁阀通断一次时,会引起坩埚内空腔压力的振荡,腔体内液体在振荡压力作用下从腔体底部的喷嘴中喷出。此时空腔内压力的振荡频率为

$$f_p = \frac{\omega_n}{2\pi} = \frac{1}{2\pi}\sqrt{\frac{S_p}{M_p}} = \frac{1}{2\pi}\sqrt{\frac{\rho_g c^2 A_p{}^2/V_p}{\rho_g A_p l'}} = \frac{c}{2\pi}\sqrt{\frac{A_p}{l'V_p}} \qquad (2.46)$$

由该频率可近似推导坩埚内部压力的波动脉宽,进而可求得预测压力波动的作用时间。

为深入分析压力波动下金属微滴的喷射过程,可以先测量气压脉冲波形,再依据此波形对气压脉冲作用下金属微滴喷射过程进行建模分析,下面举例说明。采用动态压力传感器采集的坩埚内压力变化曲线如图 2.11 所示(图中 P_s 为在 t_s 时射流应能克服喷嘴出口处表面张力的最低压力),压力幅值线性上升,在 t_p 时间达到峰值 P_p,之后开始衰减至负压,又逐渐变为零。

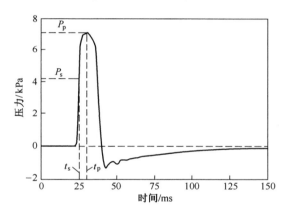

图 2.11　典型压力变化曲线

(注:供气压力为 65kPa,脉冲宽度为 0.66ms,喷嘴直径为 200μm。)

将喷嘴简化为半径为 d_n、长度为 L_n 的圆柱模型(图 2.12)。在脉冲压力作用下,喷嘴内流体流动可近似为不可压等温牛顿流体流动,即流体流动中密度、黏度和温度不变。喷射过程的假设条件:①径向方向压力梯度变化和重力影响较小,可忽略流体的径向流动;②喷嘴内射流无环流(θ 方向无流动);③流体黏度较小,忽略金属流体黏度对其运动的影响。

速度场 $\boldsymbol{u} = (u_r, u_\theta, u_z)$。

流体质量守恒方程和动量守恒方程可简化如下

连续方程为
$$\frac{\partial u_z}{\partial z} = 0 \qquad (2.47)$$

式中:u_z 流体 z 向速度。

z 向动量方程为
$$\frac{\partial u_z}{\partial t} = -\frac{1}{\rho_l}\frac{\partial P}{\partial z} \qquad (2.48)$$

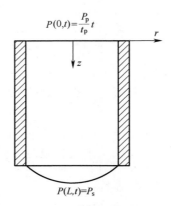

图 2.12　喷嘴横截面示意图

在金属微滴喷射过程中,t 从 t_s 变化为 t_p 时,脉冲压力从 P_s 上升到 P_p(峰值压力),对应产生一颗微滴。将坩埚内压力上升近似为线性递增函数(图 2.12 入口压力条件所示),可求出 t 时刻,流体从喷嘴喷出长度为

$$L_j(t) = \int u(t)\,\mathrm{d}t \Rightarrow s(t) = \frac{1}{\rho_1 L_n} \frac{P_p}{t_p} \left(\frac{t^3}{6} - t_s \frac{t^2}{2} + \frac{t_s^2}{2} t \right) + c_3 \qquad (2.49)$$

式中:L_n 为喷嘴厚度。

t_s 时刻,射流开始喷射,$s(t_s) = 0$。t_p 时刻,射流达到最大长度为

$$L_{jmax} = L_j(t_p) = \frac{1}{6\rho_1 L_n} \frac{P_p}{t_p} (t_p - t_s)^3 \qquad (2.50)$$

假设此刻射流断裂,且断裂后的液体在表面张力作用下形成微滴,此微滴直径可利用下式进行计算:

$$\pi \left(\frac{d_j}{2} \right)^2 L_{jmax} = \frac{4}{3} \pi \left(\frac{D_d}{2} \right)^3 \qquad (2.51)$$

采用上述方程,可以预估金属微滴直径、射流断裂最大长度和射流运动的最大速度等参数。

2.2.2　压电脉冲驱动式按需喷射理论

压电陶瓷管的径向收缩可压迫其内部的玻璃管随之振动,以产生脉冲压力将其内部流体从喷嘴喷出形成微滴,装置的示意图如图 2.13(a)所示,其原理参见(图 1.3)。Bogy[10] 研究了压力波在玻璃管内部液体中的传递和反射,其指出,前进的压力波在液体中遇到自由液面会发生变相反射,即由压缩波变为拉伸波(反之亦然);当压力波在壁面时会发生直接反射,即压力波幅值和性质都不变化,直接返回。

依据上述理论,径向压电喷头中,玻璃管尾部为自由液面,喷嘴端可视为封闭壁面,玻璃管内压力波传递过程如图 2.13(b)~(g)所示:图(b)时刻,一直处于压缩状态的压电陶瓷扩张,在流体内部产生拉伸波;此拉伸波分别向玻璃管两边传递(图(c)时刻);图(d)时刻时压力波玻璃管尾端(自由液面端),拉伸波变为压缩波返回;在喷嘴端(封闭壁面),拉伸波原路返回。图(e)时刻时,脉冲信号重新加载,压电陶瓷收缩,在玻璃管内部形成压缩波,此压缩波与尾端返回的压缩波叠加,形成一个局部高压(图(f)),然后传递至喷嘴端,促使当金属熔液从喷嘴喷出形成微小金属熔滴(图(g))。

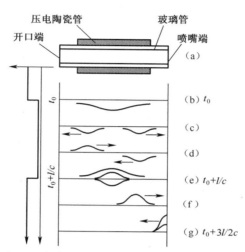

图 2.13　径向压电脉冲驱动式按需喷射装置腔内压力波传递示意图[10]

为实现图 2.13(e)时候压缩应力波叠加,压电陶瓷管需位于玻璃管中间部分。同时,管式压电陶瓷的响应须在纳秒级别,以实现压力的快速加载。在满足上述条件时,加载于压电陶瓷管上的压力脉宽 τ 与压力波在金属熔液中传播的速度 c 和玻璃管长度 l_{glass} 的匹配关系为

$$\tau = l_{glass}/c \qquad (2.52)$$

2.2.3　应力波驱动式按需喷射模型

撞击杆碰撞可产生应力波,此应力波可驱动流体从微小喷嘴喷出以产生微滴,其原理参见图 1.4,此过程可分为两步:首先,撞击杆与传振杆相互碰撞形成固体内应力波;其次,该应力波在传振杆底部末端传递给流体,并驱动流体喷射形成微滴(图 2.14)。其过程如下:

(1) 直径相同、长度较短的撞击杆与传振杆碰撞(图 2.14(a)),并在两杆的碰撞端有限薄层内产生压应力(图 2.14(b))。

(2) 两杆中压应力以声速沿两杆轴向传递,一定时间后,形成压缩应力波(图2.14(c))。

(3) 当压缩应力波到达碰撞杆或传振杆另一自由端时,压缩波反射为拉伸波。由于撞击杆较短,故其内压缩波先反射为拉伸波并快速返回到碰撞处,此时,撞击

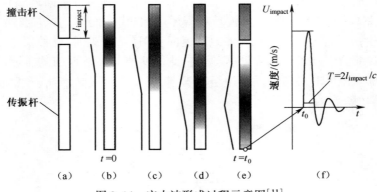

图 2.14　应力波形成过程示意图[11]

杆与传振杆分离,碰撞过程结束(图 2.14(d))。

（4）传振杆内部压缩波传递到下部自由端面,并在端面发生发射,同时将应力波传递到流体中,进而迫使金属液体由喷嘴喷出,形成金属微滴。

根据上述分析,驱动微滴喷射的应力波幅值由两杆碰撞时能量大小决定,应力波宽度 τ 由应力波在碰撞杆内一次来回的时间确定:

$$\tau = 2\,l_{\text{impact}}/c \tag{2.53}$$

式中:l_{impact} 为撞击杆的长度。

施加于喷嘴的压力波可采用有阻尼正弦振动描述(图 2.14(f)):

$$Z(t) = U_{impact}\sin(\pi t/\tau) \tag{2.54}$$

式中:U_{impact} 为撞击杆撞击速度幅值。

2.3　均匀金属微滴飞行过程动力学及热力学理论

在微小金属微滴下落过程中,微滴受重力和空气拖拽力的共同作用,其飞行速度会发生变化。同时,高温金属微滴与保护气体之间会发生对流和辐射换热,使其热能急剧降低。这一过程受金属微滴尺寸、初始速度和初始温度等参数以及环境保护气体物性的影响。故明确均匀金属微滴飞行的物理过程,可预测微滴打印最终形态,为金属微滴 3D 打印工艺参数选择提供重要依据,本节对此加以讨论。

2.3.1　金属微滴飞行过程动力学过程

为分析金属微滴飞行下落过程中的运动学过程,假设:①微滴恒为球形,即忽略其表面波动行为;②微滴初始速度铅直向下;③环境气体静止;④忽略微滴自旋运动;⑤考虑环境气体密度相比金属密度很小,忽略熔滴附加质量力和 Basset 力[12-14]。

基于上述假设,微滴在飞行过程中受到重力、气体拖拽力等的共同作用,满足以下简化的牛顿运动方程:

$$\frac{\mathrm{d}u_\mathrm{d}}{\mathrm{d}t} = \boldsymbol{g} - \frac{3C_\mathrm{drag}(u_\mathrm{d})\rho_\mathrm{g}u_\mathrm{d}^2}{4D_\mathrm{d}\rho_\mathrm{l}} \tag{2.55}$$

式中：C_drag 为拖拽力系数；u_d 为微滴速度。

在金属微滴沉积成形条件下，拖拽力系数仅与无量纲的雷诺数 Re_g（$Re_\mathrm{g} = \rho_\mathrm{g}u_\mathrm{d}D_\mathrm{d}/\mu_\mathrm{g}$）相关。标准拖拽力系数函数为[15]

$$C_\mathrm{drag}(u) = \begin{cases} 24/Re_\mathrm{g}, & 0 < Re_\mathrm{g} < 1 \\ 24/Re_\mathrm{g}^{0.646}, & 1 < Re_\mathrm{g} < 400 \\ 0.5, & 400 < Re_\mathrm{g} < 3 \times 10^5 \\ 3.66 \times 10^{-4}Re_\mathrm{g}^{0.428}, & 3 \times 10^5 < Re_\mathrm{g} < 2 \times 10^6 \\ 0.18, & 2 \times 10^6 < Re_\mathrm{g} \end{cases} \tag{2.56}$$

以微滴从喷口喷出时刻开始计时，微滴飞行距离与飞行时间之间的关系为

$$L_\mathrm{d} = \int_0^t u_\mathrm{d}\mathrm{d}t \tag{2.57}$$

2.3.2　金属微滴飞行过程温度历程

均匀金属微滴在飞行过程中，会经历液相冷却、凝固、固相冷却等过程。当金属微滴直径小于 $300\mu\mathrm{m}$ 时，微滴内部温度梯度远小于微滴与环境气体温差，可忽略其内部温度梯度，采用集总参数分析法[16]分析微滴在冷却过程中温度变化，即将金属微滴看作一个质点，微滴内部温度温度分布均匀，随时间改变而变动，微滴在沉积中温度变化为

$$T_\mathrm{d} = f(t) \tag{2.58}$$

纯金属微滴在冷却过程中一般经历：Ⅰ 液相冷却、Ⅱ 形核与再辉、Ⅲ 传热控制冷却、Ⅳ 固相冷却四个热力学阶段[17]。纯金属微滴冷却过程经历各阶段如图 2.15(a) 所示。合金的凝固过程较为复杂，Ⅰ 液相冷却、Ⅱ 形核与再辉、Ⅵ 固相冷却阶段与纯金属冷却过程相似，传热控制冷却阶段由多个偏析冷却阶段组成。（图 2.15(b)[18]）。

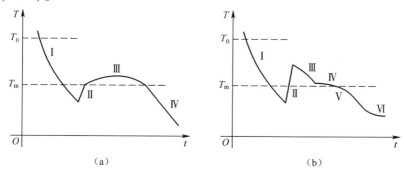

图 2.15　不同液态金属凝固示意图
(a)纯金属凝固；(b)二元合金凝固。

为便于分析微滴飞行过程中的温度历史与物理状态,假设:①忽略金属微滴冷却过程中的过冷度,即当微滴冷却至其凝固温度后保持温度不变直到完全凝固。有关微滴过冷度的研究[19]显示,直径小于 $200\mu m$ 的微滴在快速冷却过程中过冷现象明显(微滴达到凝固温度以下的某一温度时才开始形核),但由于环境中微量氧对金属微滴表面氧化作用,金属微滴表面会产生异质形核现象,减小微滴过冷度[20]。为方便计算,忽略微滴凝固过程中的过冷。②忽略合金偏析凝固现象。③忽略微滴之间的温度传递、环境介质的热梯度与环境温度的变化。④均匀微滴沉积过程中无融合现象。在上述假设条件下,金属微滴的冷却过程可用如下三个阶段表示:

(1)液相冷却阶段。此阶段,由于微滴与环境发生对流及辐射传热而使微滴的熵发生改变。忽略热辐射,微滴热力学平衡方程可为:

$$\frac{dT_d}{dt} = -\frac{6[h(T_d - T_g) + \sigma_{s-b}\varepsilon(T_d^4 - T_g^4)]}{\rho_1 c_1 D_d} \tag{2.59}$$

式中:T_g 为环境气体温度;c_1 为微滴在液态的比热容;ρ_1 为微滴的密度;σ_{s-b} 为斯忒藩-玻耳兹曼(Stefan-Boltzmann)常数;ε 为熔滴辐射率;h 为微滴的对流换热系数,且有:

$$h = \frac{k_g}{d_d}(2 + 0.6 Re_g^{0.5} Pr^{0.33}) \tag{2.60}$$

其中:Re 为微滴飞行的雷诺数,$Re_g = u_d d_d \rho_g / \mu_g$;$Pr_g$ 为环境普朗特数,且有:

$$Pr_g = \mu_g c_g / k_g \tag{2.61}$$

其中:μ_g、k_g、c_g 分别为气体绝对黏度、气体热导率和气体比热容。

(2)传热控制凝固。当微滴温度达到凝固温度时,假设由于液体释放结晶潜热使其温度保持不变,则热平衡方程为

$$\frac{\Delta h_f}{c_{sl}}\frac{df_r}{dt} = \frac{6h}{c_{sl}\rho_1 D_d}(T_d - T_g) \tag{2.62}$$

式中:Δh_f 为每单位质量中金属的结晶潜热;f_r 为是微滴的凝固分数,$f_r = 1$ 表示微滴完全凝固,$f_r = 0$ 表示微滴完全为液态。

对流换热系数 h 由式(2.60)确定。此时的比热容为液固态的比热容,可表示为

$$c_{sl} = c_s f + c_1(1 - f) \tag{2.63}$$

此阶段微滴释放结晶潜热的热量(式(2.62)的左边)与传导到空气中的热量(式(2.62)的右边)平衡,微滴温度保持恒定,微滴凝固分数可由式(2.63)计算。当微滴凝固分数为 1 时达到完全凝固,热传导控制凝固结束。

(3)固态凝固阶段。微滴完全凝固后进入固态凝固阶段,此阶段微滴温度变化计算公式与液态冷却阶段温度计算公式相同,只需将液态比热容换为固态比热容。

2.4　均匀金属微滴沉积过程基础理论

2.4.1　金属微滴碰撞行为无量纲分析

熔融金属微滴在喷射沉积过程中,会在基板或已沉积的微滴表面发生碰撞、铺展、弹跳或沉积,此过程为复杂的微滴变形、传热与凝固耦合过程,目前尚无成熟的理论体系来精确描述金属微滴的沉积碰撞行为,通常采用无量纲参数进行定性描述。

表 2.1 列出了金属微滴沉积碰撞过程无量纲参数。其中:奥内佐格数定义为流体黏性力与表面张力的比值,用于表征微滴变形过程中,流体黏度相对其表面张力所占的比重;韦伯数定义为局部惯性力与表面张力之比,用于表征微滴在铺展过程中,局部微元的运动惯性力所占的比重;斯忒藩数是表征基板温度与金属微滴熔点之差无量纲数;普朗特数定义为动量扩散率与热扩散系数之比;τ_{osc} 为微滴振荡时间尺度,用于描述微滴振荡的时间量级;τ_{sol} 为凝固时间尺度,用于描述微滴凝固的时间量级。

表 2.1　金属微滴沉积碰撞过程中的无量纲参数

无量纲参数	表达式
奥内佐格数	$Oh = \dfrac{\mu_l}{\sqrt{\rho_l \sigma D_d}}$
韦伯数	$We = \dfrac{\rho_i u_d^2 D_d}{\sigma}$
斯忒藩数	$Ste = \dfrac{c_l(T_m - T_g)}{\Delta h}$
过热度	$\beta_{super} = (T_d - T_m)/(T_m - T_g)$
微滴普朗特数	$Pr_d = \dfrac{\mu_l c_l}{k_d}$
振荡时间尺度	$\tau_{osc} = \sqrt{\dfrac{\rho_l D_d^3}{\sigma}}$
凝固时间尺度	$\tau_{sol} = \dfrac{D_d^2}{4\alpha}\left(\dfrac{1}{Ste} + \beta_{super}\right)$
注:Δh 为熔化潜热;T_m 为微滴熔点;k_d 微滴热导率;α 为热扩散率。	

如微滴在铺展过程时未凝固,依据微滴碰撞时流体的奥内佐格数与韦伯数,可将微滴碰撞铺展分为:黏碰撞驱动变形区、高黏碰撞驱动变形区、无黏毛细力驱动变形区和高黏毛细力驱动变形区四种沉积类型(图 2.16),各区中各种典型时间尺度也在图中显示[21]。

Ⅰ区(无黏,碰撞驱动):在此区中,微滴铺展由碰撞产生的压力驱动,受流体惯性阻碍。微滴铺展在很短时间内完成,其时间量纲主要受微滴直径和碰撞速度的影响,黏性力的影响非常微弱;微滴铺展以后,会伴随着一个较长时间的欠阻尼振荡,振荡因流体黏性的作用而逐渐停止。

Ⅱ区(无黏,毛细力驱动):此过程中碰撞速度的影响可以忽略。在此区中大多数铺展由接触线附近不平衡的毛细力决定,且受流体惯性力阻碍,此区中,微滴碰撞速度对其最后的铺展影响不大。在微滴铺展过程中,伴随表面振荡,铺展时间量纲与振荡时间量纲相近。在此区中径向铺展惯性力由毛细力所致的压力差平衡。

Ⅲ区(高黏,毛细力驱动):微滴铺展由接触线两侧不平衡的毛细力驱动,主要受黏滞力制约,碰撞速度可以忽略。同时,微滴在高黏度作用下其表面过阻尼振动,即其表面振荡几乎察觉不到。毛细力所致的压力差由流体黏滞力平衡;

Ⅳ区(高黏,碰撞力驱动):微滴铺展由碰撞力驱动,主要受流体内部的黏滞力制约,毛细力作用可以忽略不计,微滴表面观察不到振荡。碰撞力所致的径向压力由黏滞阻力平衡。

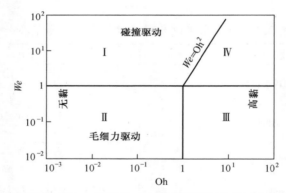

图 2.16　不同 Oh 和 We 条件下,表征微滴沉积行为的四个不同的区域

2.4.2　金属熔滴非等温碰撞铺展行为

金属微滴沉积碰撞过程与普通微滴(如水、酒精等)相比,最大的区别是会发生结晶凝固,且局部凝固决定了其最终形貌。非等温条件下,金属微滴的碰撞过程包括运动、铺展、弹跳和凝固四个阶段[22](图 2.17):

(1)微滴运动阶段(图 2.17(a))和铺展阶段(图 2.17(b))的变化与普通微滴变形类似,在低韦伯数时,黏度较低金属微滴铺展由其毛细力主导,受微滴流体惯性力平衡;高韦伯数,黏度较高的微滴铺展由碰撞压力主导,受微滴流体惯性力平衡。

(2)如果金属微滴热量和动能足够大,则微滴动能可能会因没有完全耗损而回缩发生弹跳(图 2.17(c))。

（3）如果其动能不足于实现微滴弹跳，其将进入振荡凝固阶段（图 2.17（c））。凝固层不断向上生长，由于凝固层与沉积板结合在一起，振荡只发生在凝固层上方的为凝固区域，最后完全凝固（图 2.17（d））。

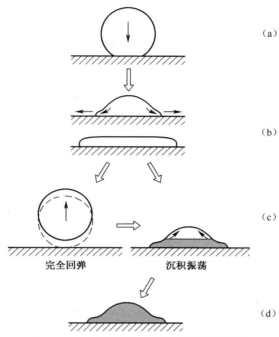

图 2.17　金属熔滴变形及凝固过程示意图
（a）运动阶段；（b）铺展阶段；（c）弹跳或沉积；（d）凝固阶段。

欲实现金属零件的精准打印：首先，需避免金属微滴在沉积过程中的弹跳现象，使其在基体上铺展后仅发生平衡振荡，可利用能量守恒分析金属微滴弹跳的阈值；其次，微滴凝固后形貌是制件成形的一个重要基本参数。下面进一步分析微滴碰撞后的几何形貌及其影响因素。

（1）碰撞初始时刻。微滴碰撞初始时刻总能量为微滴动能及其表面能总和，动能和表面能分别为

$$KE_1 = \left(\frac{1}{2}\rho_l u_d^2\right)\left(\frac{\pi}{6}D_d^3\right) \tag{2.64}$$

$$SE_1 = \pi D_d^2 \sigma \tag{2.65}$$

（2）最大铺展状态。微滴达到最大铺展半径 D_{max} 时，动能为 0，表面能为

$$SE_2 = \pi D_{max}^2 \sigma(1 - \cos a_d) \tag{2.66}$$

式中：a_d 为熔滴前进接触角。

黏度引起的变形能量损耗为

$$W_2 = \frac{\pi}{3}\rho_l u_d^2 D_d D_{max}^2 \frac{1}{\sqrt{Re}} \tag{2.67}$$

微滴凝固导致铺展停止,此时凝固层中的动能完全消失,假设达到最大铺展半径时凝固层平均厚度为 s_d,凝固层直径为 d_s,则动能损耗为

$$\Delta KE_2 = \left(\frac{\pi}{4}d_s^2 s_d\right)\left(\frac{1}{2}\rho_1 u_d^2\right) \tag{2.68}$$

由能量守恒可得

$$KE_1 + SE_1 = SE_2 + W_2 + \Delta KE_2 \tag{2.69}$$

则最大铺展率为

$$\frac{D_{max}}{D_d} = \sqrt{\frac{We + 12}{\frac{3}{8}Wes_d^* + 3(1 - \cos a_d) + 4\frac{We}{\sqrt{Re}}}} \tag{2.70}$$

式中:s_d^* 为无量纲凝固层厚度,$s_{d*} = s_d/D_d$。

Poirier 等[23]基于无热阻的一维热传导模型推导出凝固层厚度 s_d^* 为斯忒藩数和贝克来(Peclet)数的函数:

$$s_d^* = \frac{2}{\sqrt{\pi}}Ste\sqrt{\frac{t^*\gamma_s}{Pe\gamma_l}} \tag{2.71}$$

式中

$$Pe = u_d D_d/\alpha \ , \tag{2.72}$$

$$\gamma_{s,1} = k_{s,1}\rho_{s,1}c_{s,1} \tag{2.73}$$

则最大铺展率为

$$\frac{D_{max}}{D_d} = \sqrt{\frac{We + 12}{WeSte\sqrt{\frac{3\gamma_s}{2\pi Pe\gamma_1}} + 3(1 - \cos a_d) + 4\frac{We}{\sqrt{Re}}}} \tag{2.74}$$

式(2.74)右边分母中的三项分别表示凝固、表面张力和黏性耗散对铺展的影响。其中第二项与另外两项相比值很小,可以忽略。若凝固常数 $\Phi = \sqrt{\gamma_s/\gamma_1}\left(Ste/\sqrt{Pr_d}\right) < 1$,则凝固对铺展率的影响可以忽略。随着碰撞速度的增加,其铺展半径变大,凝固对铺展的影响作用不断增大。

(3) 最大回缩状态。微滴铺展至最大直径后,若未凝固,则其表面张力将驱使液态微滴回缩。当微滴向中间聚集升至最高位置(即最大回缩状态)时,回缩熔滴为倒置水滴状(图 2.18),此时微滴动能为零,总能量包括势能和表面能两项,即

$$PE_3 = \pi\rho_1 g\int_0^{h_r} yx^2 dz \tag{2.75}$$

$$SE_3 = 2\pi\sigma\left[\int_0^{h_r} x\sqrt{1 + \left(\frac{dx}{dy}\right)^2}dz - \frac{1}{8}D_r^2\cos a_r\right] \tag{2.76}$$

式中:$x = f(z)$ 定义了此时微滴的轮廓;h_r、D_r 分别为微滴在最大回缩状态下达到的高度和其与沉积板的接触直径;α_r 为后退接触角。

(4) 弹跳状态。当微滴回缩至底部直径 D_r 为零时,液柱在表面张力作用下,会

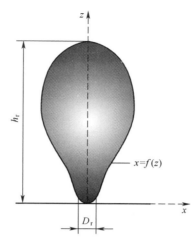

图 2.18 最大回缩位置形貌及尺寸示意图

脱离基板,即实现弹跳。假设微滴脱离沉积板的瞬间便恢复为球形,其表面能、动能及势能分别为

$$SE_4 = SE_1 = \pi D_d^2 \sigma \tag{2.77}$$

$$KE_4 = \frac{1}{12} \pi \rho_l D_d^3 \int_0^{h_{cb}} u_{cb} \mathrm{d}z \tag{2.78}$$

$$PE_4 = \frac{1}{6} \pi \rho_l D_d^3 g h_{cb} \tag{2.79}$$

式中:u_{cb} 为微滴的反弹速度;h_{cp} 为反弹高度。

(5)平衡振荡状态。若微滴经回缩后不发生弹跳,而是经反复振荡后,在基板上逐渐消耗其能量达到平衡状态,则动能为零、势能可忽略,总能量即为表面能:

$$SE_{equ} = \frac{\pi}{4} D_{equ}^2 \left(\frac{2}{1 + \cos a_v} - \cos a_v \right) \sigma \tag{2.80}$$

式中:a_v 为平衡接触角;D_{equ} 微滴的平衡铺展直径,且有

$$D_{equ} = D_d \left[\frac{4 \sin a_v}{\tan^2 (a_v/2) (2 + \cos a_v)} \right] 1/3 \tag{2.81}$$

将式(2.81)代入式(2.80),可得平衡状态下的表面能为

$$SE_{equ} = \frac{\pi}{4} \sigma D_d^2 \left[\frac{4 \sin a_v}{\tan^2 (a_v/2) (2 + \cos a_v)} \right] 1/3 \left[\frac{2}{1 + \cos a_v} - \cos a_v \right] \tag{2.82}$$

由上式可知,平衡表面能由初始微滴直径及其对固体表面的润湿情况确定。但对于金属微滴,振荡能量终会因为凝固而耗散。

根据能量守恒定律可知,碰撞前后微滴总能量相等,即

$$KE_i + SE_i = SE_m + W_d + \Delta KE_s \tag{2.83}$$

式中:SE_m 为微滴表面能;W_d 为克服黏度做的功;ΔKE_s 为动能损失。

对各能量做如下归一化处理：

$$\psi_{SE_m} = \frac{SE_m}{SE_i + KE_i} = \left(1 + \frac{Wes_d^*}{8(1 - \cos a_v)} + \frac{4}{3}\frac{We}{(1 - \cos a_v)\sqrt{Re}}\right)^{-1} \quad (2.84)$$

$$\psi W_d = \frac{W_d}{SE_i + KE_i} = \left(1 + \frac{3}{32}\sqrt{Re}s_d^* + \frac{3}{4}\frac{(1 - \cos a_v)\sqrt{Re}}{We}\right)^{-1} \quad (2.85)$$

$$\psi_{\Delta KE_s} = \frac{\Delta KE_s}{SE_i + KE_i} = \left(1 + \frac{8(1 - \cos a_v)}{Wes_d^*} + \frac{32}{3}\frac{1}{\sqrt{Re s_d^*}}\right)^{-1} \quad (2.86)$$

式(2.84)~式(2.86)分别给出了微滴碰撞后残余表面能、黏性力做功以及凝固层能量损耗各项在微滴总能量总和中的比例，通过比较可以判断微滴是否发生弹跳。例如，当微滴和沉积表面温度较高时，接触界面传热行为减慢，$\psi_{\Delta KE_s}$ 变小，局部凝固层"钉扎"效应变弱，表面能 ψ_{SE_m} 相应增加，导致碰撞微滴弹跳行为发生。

图 2.19 所示为 ψ_{SE_m}、ψ_{W_d} 和 $\psi_{\Delta KE_s}$ 随碰撞速度的变化情况，其中，ψ_{W_d} 和 $\psi_{\Delta KE_s}$ 随碰撞速度的增加而增加，而 ψ_{SE_m} 逐渐减小，微滴碰撞弹跳趋势降低。这是因为碰撞速度越高，金属微滴沿径向铺展速度越快，接触界面传热时间就越短，局部凝固层厚度有所减小；但铺展面积明显增大，局部凝固层体积总体呈现增加趋势，促进了"钉扎"效应对弹跳行为的抑制效果。

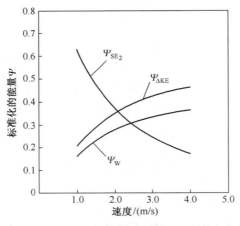

图 2.19　无量纲表面能、黏性阻力做功和凝固层耗能与碰撞速度关系

在平衡振荡阶段，若金属微滴不发生弹跳直接在基板上沉积铺展，忽略微滴振荡与凝固耦合作用，可将金属微滴最终凝固的几何轮廓近似为形状规则的球冠，采用接触角 a_v、凸点最大宽度 W_d、凸点高度 h_{bump}、铺展半径 R_b 和球冠半径 R_c 等参数表征。图 2.20 给出了两种接触角 a_v 的截面计算模型。在微滴沉积凸点的过程中，单颗微滴在未沉积到基板前可认为是直径为 D_d 的均匀球体，根据质量守恒定律，未沉积的球体微滴体积等于沉积后球冠体积，即

$$\frac{4}{3}\pi\left(\frac{D_d}{2}\right)^3 = \frac{1}{6}\pi\left[R_c\sin\left(a_v - \frac{\pi}{2}\right) + R_c\right]\left[3R_b^2 + \left(R_c\sin\left(a_v - \frac{\pi}{2}\right) + R_c\right)^2\right]$$

$$(2.87)$$

凸点沉积轮廓中各参数关系可由式(2.88)~(2.90)表示[23]此式可用于初步选择微滴打印步距。

$$R_b = \frac{1}{2}D_d\left(\frac{4(\sin a_v)^3}{(1 - \cos a_v)^2(2 + \cos a_v)}\right)^{\frac{1}{3}}$$

$$(2.88)$$

$$R_c = \frac{1}{2}D_d\left(\frac{4}{(1 - \cos a_v)^2(2 + \cos a_v)}\right)^{\frac{1}{3}}$$

$$(2.89)$$

$$D_s = 2R_b = D_d\sin a_v\left[\frac{4}{(1 - \cos a_v)^2(2 + \cos a_v)}\right]^{\frac{1}{3}}, \quad 0° < a_v \leqslant 90°$$

$$(2.90)$$

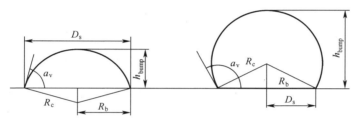

图 2.20　凝固后球冠状金属微滴凸点几何轮廓参数定义

(a)α_v<90°　(b)α_v>90°

　　本章总结了均匀金属微滴的喷射、飞行以及碰撞凝固过程中所涉及的相关基础理论和计算模型,利用这些理论模型可以求解或估算金属微滴打印过程的有关行为。但需注意的是,金属熔液在喷射和打印过程还受到金属熔液氧化、金属熔液与喷嘴壁间润湿、金属熔液与基板表面润湿铺展、基板表面粗糙度、合金成分偏析等因素影响,目前所建立的模型尚无法精确描述金属微滴喷射打印过程所涉及的复杂行为,需结合金属凝固学、流体力学、传热学以及焊接冶金学等基础理论加以研究。

参 考 文 献

[1] McCuan J. Retardation of Plateau-Rayleigh instability: a distinguishing characteristic among perfectly wetting fluids[J]. ArXiv Preprint Math,1997,30:970-1214.

[2] Rayleigh L. On the instability of jets[J]. Proceedings of the London Mathematical Society,1878, 1(1):4-13.

[3] Schweitzer P H. Mechanism of disintegration of liquid jets[J]. Journal of Applied Physics,1937,

8(8):513-521.

[4] Tseng A A,Lee M H,Zhao B. Design and operation of a droplet deposition system for freeform fabrication of metal parts[J]. Journal of Engineering Materials and Technology,Transactions of the ASME,2001,123:74-84.

[5] 李莉. 均匀液滴喷射过程的理论建模与数值模拟[D]. 西安:西北工业大学,2006.

[6] Suzuki M,Asano K. A mathematical model of droplet charging in ink-jet printers[J]. J. Phys. D:Appl. Phys. ,1979,12:529-537.

[7] 罗俊,齐乐华,杨方. 液滴喷射过程微熔滴充电的理论建模[J]. 航空学报,2007,28:217-221.

[8] Brandenberger H,Nussli D,Piech V,et al. Monodisperse particle production:a method to prevent drop coalescence using electrostatic forces[J]. Journal of Electrostatics,1999,45:227-238.

[9] Raichel D R. The science and applications of acoustics[M]. Springer Science & Business Media,2006. 5

[10] Bogy D B,Talke F E. Experimental and theoretical study of wave propagation phenomena in drop-on-demand ink jet devices[J]. IBM Journal of Research and Development,1984,28(3):314-321.

[11] Luo J,Qi L,Tao Y,et al. Impact-driven ejection of micro metal droplets on-demand[J]. International Journal of Machine Tools and Manufacture,2016,106:67-74.

[12] Holländer W,Zaripov S K. Hydrodynamically interacting droplets at small Reynolds numbers [J]. International Journal of Multiphase Flow,2005,31(1):53-68.

[13] 由长福,祁海鹰,徐旭常. Basset 力研究进展与应用分析[J]. 应用力学学报,2002,2(19):31-33.

[14] Vojir D J,Michaelides E E. Effect of the history term on the motion of rigid spheres in a viscous fluid[J]. International Journal of Multiphase Flow,1994,20(3):547-556.

[15] Liu H,Rangel R H,Lavernie E J. Modeling of droplet-gas interactions in spray atomization of Ta-2. 5 W alloy[J]. Materials Science and Engineering:A,1995,191(1):171-184.

[16] 赵镇南. 传热学[M]. 北京:高等教育出版社,2002.

[17] 李会平,Tsakiropoulos P. 旋转盘离心雾化液滴飞行动力学与凝固进程[J]. 中国有色金属学报,2006,16:793-799.

[18] Bergmann D,Frtsching U,Bauckhage K. A mathematical model for cooling and rapid solidification of molten metal droplets[J]. International Journal of ThermalScience,2000,39:53-62.

[19] Clyne T W. Numerical treament of rapid solidification[J]. Metallurgical and Materials Transactions B,1984,15B:369-381.

[20] Li Y,Wu P,Ando T. Continuous cooling transformation diagrams for the heterogeneous nucleation of Sn-5 mass%Pb droplets catalyzed by surface oxidation[J]. Materials Science and Engineering A,2006,419:32-38.

[21] Schiaffino S,Sonin A. Molten droplet deposition and solidification at low Weber numbers[J]. Physics of Fluids,1997,9(11):3172-3187.

[22] Aziz S D,Chandra S. Impact,recoil and splashing of molten metal droplets[J]. International Journal of Heat & Mass Transfer,2000,43(16):2841-2857.

[23] Poirier D R,Poirier E J. Heat transfer fundamentals for metal casting:2nd minerals,metals and

materials society[C],Warrendale,Pennsylvania,USA,1994.

[24] Qi L,Chao Y,Luo J,et al. A novel selection method of scanning step for fabricating metal compo-
nents based on micro-droplet deposition manufacture[J]. International Journal of Machine Tools
and Manufacture,2012,56:50-58.

第3章 均匀金属微滴可控喷射装置及设备

均匀金属微滴可控喷射是实现金属微滴 3D 打印的前提条件,但由于熔融态金属具有较高温度,有些材料还具有较强腐蚀性,对金属微滴喷射装置的要求苛刻,是金属微滴 3D 打印技术的难点所在。本章重点探讨本团队近年来面向不同应用领域开发的金属微滴喷射装置及试验平台,主要包括连续均匀金属微滴喷射装置、气压脉冲驱动式按需喷射装置、压电脉冲驱动式按需喷射装置、应力波驱动式按需喷射装置以及金属微滴喷射沉积过程控制系统和关键参数采集系统等,明确各种装置的适用范围,为金属微滴 3D 打印的多领域应用提供装置选型和设计基础。

3.1 均匀微滴喷射用试验设备简介

均匀微滴喷射受激振波形、熔炼温度、喷射压力、喷孔直径等多个参数及其耦合作用的影响,因而,该试验平台需具备以下主要功能:

(1)金属材料加热、融化。可熔化用于喷射的金属原料,并保证金属微滴具有一定的过热度和保持金属材料喷射温度稳定。

(2)微小金属微滴的可控喷射。对于均匀微滴连续喷射,施加微小机械脉冲促使层流射流在瑞利模式下断裂,产生均匀金属微滴;对于微滴按需喷射,施加一脉冲迫使一定体积的金属流体由喷嘴喷出形成均匀金属微滴。

(3)均匀微滴沉积位置控制和打印轨迹控制。通过控制三维沉积平台与喷射过程联动、准确定位和平稳移动,实现金属微滴沉积位置控制和打印轨迹控制。

(4)微滴喷射及沉积过程工艺参数采集。采集微滴喷射及沉积过程中的高速显微影像、微滴沉积动态温度过程、脉冲压力、机械振动等,为微滴 3D 打印提供试验参数选取提供依据。

(5)喷射过程绝氧保护。沉积环境由惰性气体构建,保护金属射流与微滴在喷射过程中不被氧化。

按照上述总体功能设计开发的均匀金属微滴喷射试验设备示意图如图 3.1 所示(图中虚线所示模块根据不同驱动方式添加,在后续章节中详细介绍),设备照片如图 3.2～图 3.4 所示,低熔点金属微滴打印设备(图 3.2)最高加热温度为600℃,主要用于均匀焊点阵列制备、管脚钎焊等;轻质合金微滴打印设备(图 3.3)最高加热温度为1000℃,主要用于镁、铝及其合金零件打印;铜、金等高熔点合金微滴打印设备(图 3.4)最高加热温度为1200°C,主要用于喷射熔点较高的金属微滴。

均匀金属微滴喷射试验平台由以下三大部分组成：

（1）金属微滴喷射装置：由脉冲产生装置、气压维持装置、坩埚、喷嘴组件等部分组成。根据金属微滴喷射驱动方式不同，可以分为连续均匀金属微滴喷射、气压脉冲驱动、压电脉冲驱动等不同类型，将在本章后续章节中分类详细阐述。

（2）微滴喷射沉积控制系统：由喷射控制和沉积控制两部分组成，喷射控制部分主要由喷射控制程序、振动产生模块、气压控制模块、温度控制模块组成，用于实现微滴喷射，并与基板运动过程联动。其中振动产生模块仅连续均匀金属微滴喷射、压电脉冲和应力波驱动式按需喷射系统采用。沉积控制部分主要由微滴充电偏转模块（均匀金属微滴连续喷射用）、运动控制模块等组成，用于控制微滴沉积位置及其打印轨迹等，将在后续章节中详细介绍，本章仅对其硬件构成进行简要说明。

（3）工艺参数采集系统：用于获取金属微滴喷射及沉积过程中的关键试验参数，包括压电或应力波激振系统的机械振动、气压脉冲的波动、金属微滴喷射过程的影像、金属微滴沉积过程温度变化以及得到金属颗粒的尺寸等参数。

上述系统需置于惰性气体保护环境中，金属射流在氧含量较高的环境中喷射时，氧化作用可在金属射流表面形成一层氧化皮，从而阻碍金属射流的自由断裂。提供无氧环境的装置主要有真空腔与手套箱两种：真空腔采用抽真空-补高纯保护气体循环的方法实现保护环境，由于高真空对设备要求较高，因此价格较为昂贵。同时，当在真空腔内建立无氧环境后，腔内装置不能直接操作，操作不方便。手套箱是在箱体中先充满保护气体，再由循环净化系统循环，通过还原铜催化剂的氧化反应除去环境中的氧气，从而维持整体环境中的氧含量处于较低水平。由于气体循环不涉及真空系统，因而成本相对较低。同时，可通过手套直接操作箱内装置，操作较为方便。

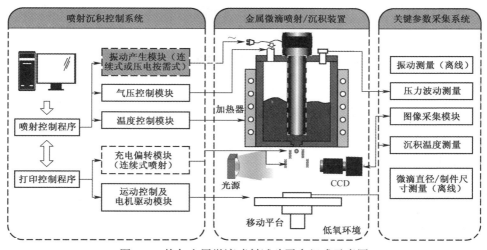

图 3.1　均匀金属微滴喷射试验平台组成示意图

图 3.2　面向焊料微滴打印的试验设备

图 3.3　用于铝合金微滴 3D 打印试验设备

图 3.4　用于铜、金等高熔点合金微滴 3D 打印试验设备

3.2　连续均匀金属微滴喷射及充电偏转装置

3.2.1　连续均匀金属微滴喷射装置

1. 喷射装置总体设计

连续均匀金属微滴喷射装置工作温度约为 400°C,主要用来喷射石蜡、铅锡合金等低熔点材料。喷射装置由装置主体、坩埚与喷嘴组件、加热炉、冷却水套以及激振系统等组成。装置主体由不锈钢制造,其上部连接激振器,固定并定位激振器传振杆;其上部还设置进气口以加载喷射气体;装置主体中部设置冷却水环,保护压电陶瓷不受坩埚高温影响;装置主体下部连接不锈钢坩埚和喷嘴组件,喷嘴组件通过高温陶瓷黏结剂粘接红宝石喷嘴。

坩埚外部固定加热炉,以熔化坩埚内的金属材料,坩埚内金属材料温度通过插入其中的热电偶测量并反馈给温度控制系统。整个喷射装置通过连接环连接在3D 打印平台,确保喷射装置准确定位。

坩埚选材要能够耐高温和金属熔液的腐蚀,对于铅锡合金,不锈钢即可满足要求。坩埚上部通过螺纹冷却循环装置连接,以形成密闭空腔,下部通过螺纹与坩埚底部连接,在连接处设计石墨纸密封圈,实现金属熔液密封。

2. 喷嘴结构设计

喷嘴内部结构尺寸对于实现微滴稳定喷射有较大影响,其形式不同,喷嘴出口处流体内部的速度分布便不同,喷嘴出口处流体内部的速度便不同,此分布由坩埚内部流体的流动状态、喷嘴几何形状等因素决定;由于喷嘴壁面对流体阻力和流体内部黏滞力的作用,当流体流出喷嘴流道时,流体速度在径向截面上分布不均衡,靠近壁面的速度小,中心速度大。此过程将导致射流能量的再次分配,使射流趋于发散。研究发现,稳定的射流是层流射流,可通过控制雷诺数、改进流道形状以及采用较小流道长度得到。理想喷嘴要求能有效转换能量,即有效地将喷射压力能转化为流体动能。

在微滴喷射过程中,由于喷嘴内部流道横截面积的突变、喷嘴表面粗糙度、流体内部黏性摩擦等因素会产生局部压力损失。如将喷嘴流道假设为圆管,管道内流体做层流运动时,其沿程压力损失可表示为[1]

$$\Delta P = \frac{32\mu_1 l_t u_n}{d_n^2} \tag{3.1}$$

式中:u_n 为喷嘴内部液体流速;l_n 为喷嘴长度;d_n 为流道直径。

式(3.1)表明,液体作层流运动时沿程压力损失与黏度、管长、流速呈正比,与管道内径平方呈反比。因而,可以从四个方面减小喷嘴内部的压力损失:①采用较小的喷嘴高径比;②抛光喷嘴内部表面,减小液体与管道内壁的摩擦力;③采用内部光滑过渡的喷嘴,以减小液体压力的局部损失;④保证喷孔的垂直度,以便形成对称约束湿润。限于现有加工方法,通常采用如图 3.5 所示的喷嘴形状,主要参数有喷孔直径 d_n、喷孔长度 L_n 和收缩角 α_n。

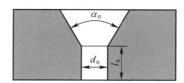

图 3.5　喷嘴几何形状参数示意图

喷嘴高径比 R_n 定义为喷嘴长度 l_n 与直径 d_n 的比值($R_n = l_n/d_n$),它是表征喷孔圆柱端形状的无量纲数。圆柱喷嘴所产生的射流边界层是处于层流还是湍流状态,对稳定喷射具有重要影响。由于管壁摩擦阻力和流体内部黏度的作用,射流沿流动方向上各断面的速度分布不断发生改变。如图 3.6 所示,从进口 a-a 至 c-c

断面距离称为管道的起始段长度,在起始段内,过渡截面上的均匀速度分布不断转化为抛物面分布。起始段长度以后发展为完全管流。

当高径比 R_n 较大时,射流在喷孔内部形成完全管流,即边界层"厚度"达到半径长度而充满整个喷孔,射流较为稳定,断裂成为微滴的长度较大。高径比 R_n 小于 1 时,喷嘴内部射流还未充分发展,可使喷嘴中流出的金属熔体更容易形成微滴[2]。

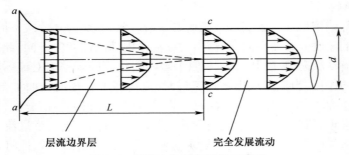

图 3.6　圆管入口段的流动示意图

收缩角即为液流流线的收缩角,此处为喷嘴流道入口处的圆锥面 α_n,合适的收缩角可以对喷射能量产生汇聚作用。当 $15° < \alpha_n < 90°$ 时,其变化不会对射流状态产生较大的影响。小锥角喷嘴会形成较小的湍流(图 3.8(a));较大锥角会在流道回流区形成湍流漩涡,图 3.8(b)所示。因此,需寻找合适的收缩角,使喷嘴内部的液流处于稳定状态。此外,也可根据文丘里流量计的设计准则,将高速时 α_n 值确定为 21°。Whelan[3]研究表明,拥有较大入口收缩角和较大收缩角深度的喷嘴,使流道趋于平滑,避免喷嘴内部流体回流区域漩涡的发生,在流动速率较低的情况下,能有效地减小流体通过喷嘴的压力损失。因此,需要针对不同喷射情况,选择合适的收缩角 α_n,以使喷嘴内部流动处于稳定状态,减小流道压降。

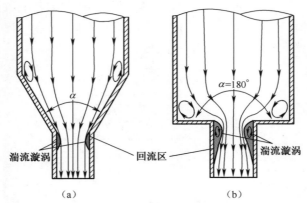

图 3.7　收缩角对流道流体影响示意图

喷嘴流道形状。当流体流经流道突变截面时,会产生回流并诱发紊流现象。

在回流形成的漩涡中,流体不规则地旋转、碰撞,不仅加剧流体内部摩擦,而且引起流体微团的前后撞击,消耗流体的能量,对流体的流动造成较大阻碍。合理的喷嘴流道形状不仅可有效地避免流道横截面突变而引起的漩涡,而且可防止边界层与喷嘴壁面分离而形成的缩脉区域(图 3.8(a))。此外,在缩脉区域与喷嘴壁面间产生回流区中,如果液体流速过快,压力过低,低于此温度下的空气分离压力时,便会产生空穴现象,造成原来溶于液体中的气体分离出来形成气泡,从而使喷嘴内的流体不连续。而采用圆弧过度的喷嘴流道(图 3.8(b))[4],可以降低流体内部摩擦和避免缩脉的产生。

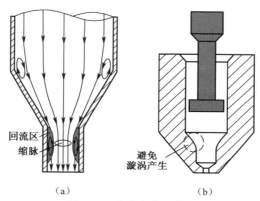

图 3.8　喷嘴流道示意图
(a)流道缩脉形成的区域;(b)圆弧过渡的喷头结构。

综合考虑流道阻力和加工性,可以实现微滴的稳定喷射,所设计的红宝石喷嘴结构如图 3.9 所示。

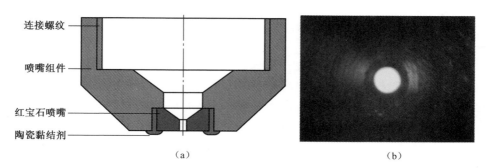

图 3.9　组合喷嘴结构及喷孔外壁照片
(a)组合喷嘴结构;(b)喷孔外壁。

3. 压电激振器结构设计

金属射流在一定频率的外部扰动作用下会断裂成均匀微滴流,此外部扰动是通过压电激振器产生和传递的。激振器为一压电换能器,根据逆压电效应,将驱动信号的电压波动转换为机械振动,并通过传振杆传递到金属熔液中,为金属射流断裂提供机械振动。激振器由激振源、变幅杆和激振杆三部分组成,如图 3.10 所示。激振源为轴向伸缩式环形压电陶瓷晶堆,通过硬铝合金压块和尾部螺栓预紧在激振器主体上形成激振源。激振器通过激振源位移节面(零振幅处)固定在坩埚上,与坩埚一起形成密闭的喷射腔体。对压电陶瓷晶堆输入控制电信号时,其在轴向产生相应的周期性伸长–缩短振动变形(变形量 $\Delta\delta = nd_{33}U$, 式中 d_{33} 为压电材料的压电应变常数, U 为输入电压, n 为压电陶瓷环数量)。

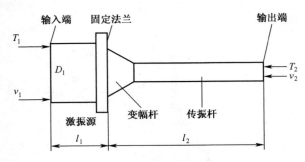

图 3.10 激振杆结构示意图

变幅杆将微弱机械振动放大,为射流断裂提供激振信号。激振杆采用阶梯轴结构,在传递振动的同时,对扰动振幅进一步放大(图 3.11)。在传递振动过程中,激振杆可视为一端固定,另一端自由的阶梯杆,激振杆与激振源连接处为不振动的固定法兰。当轴节面(位移为零处)两端为同一材料,且截面为圆形时,其振幅放大系数为[5]

$$A_{\mathrm{p}} = \left(\frac{D_1}{D_2}\right)^2 \sin(k_1 l_1) \sqrt{1 + \left(\frac{D_1}{D_2 \tan(k_1 l_1)}\right)^2} \tag{3.2}$$

对式(3.2)求导,得到激振杆最大振幅放大系数为

$$A_{\mathrm{pmax}} = D_1^2 / D_2^2 \tag{3.3}$$

取激振杆谐振频率 $f = 15\mathrm{kHz}$, 阶梯轴直径分别为 $D_1 = 30\mathrm{mm}$ 和 $D_2 = 100\mathrm{mm}$ 时,根据式(3.3)得到最大激振杆放大系数 $A_{\mathrm{pmax}} = 9$。由激振杆的振速方程和边界条件[5]可知,当激振源振幅为 $4\mu\mathrm{m}$ 时,激振杆内速度与应力[5]分别为

$$u(x) = \begin{cases} 0.377\cos(18.48x), & 0 \leqslant x < 0.085 \\ -3.93\sin(18.48x - 1.57), & 0.085 \leqslant x \leqslant 0.17 \end{cases} \tag{3.4}$$

$$|T(x)| = \begin{cases} 15 \times 10^6 \sin(18.48x), & 0 \leqslant x < 0.085 \\ 135 \times 10^6 \cos(18.48x - 1.57), & 0.085 \leqslant x \leqslant 0.17 \end{cases} \tag{3.5}$$

由于激振杆固定法兰不运动,此处激振杆振动速度为零。由图 3.12 可知,在固定法兰左边应力 $T_{x=0.085} = 15\ \mathrm{MPa}$, 法兰右边应力 $T_{x=0.085+} = 135\ \mathrm{MPa}$, 激振杆节面存在大的应力突变,但应力均小于 45 钢的屈服强度,采用 45 钢即可满足应力要求。为了避免应力集中,在节面处采用圆弧过渡以减缓激振杆固定面内应力突变,提高激振杆的使用寿命。

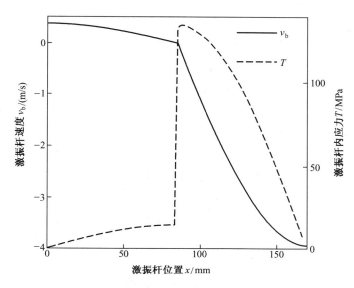

图 3.11 激振杆内振动速度与应力分布

3.2.2 连续均匀金属微滴充电偏转装置

连续均匀金属微滴流沉积速率较大,需使用充电偏转装置对微滴流进行选择性充电与偏转以实现对其沉积过程的控制。均匀金属微滴连续喷射实验平台示意图如图 3.12 所示,微滴充电与偏转装置主要包括充电偏转电极及金属微滴充电控制系统。该装置还需与三维运动平台、微滴影像采集子系统等共同使用,以实现微滴偏转飞行过程的测量及沉积定位。

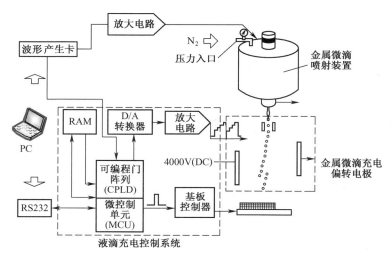

图 3.12 均匀金属微滴连续喷射试验平台示意图

充电偏转电极主要用于产生均匀微滴充电偏转用的静电场,加载充电与偏转装置的均匀微滴流喷射装置如图3.13所示,充电偏转装置示意图如图3.14所示。充电偏转电极通常置于喷射坩埚下部,为使微滴在形成时能通过静电感应带上一定量的电荷,充电电极应位于喷嘴正下方,与坩埚绝缘连接,并要保证金属射流在充电电极之间断裂。充电电路的负极与金属喷射装置连接,并通过金属坩埚与金属流体导通,两块充电电极相互连通且与充电电路的正极相连,以实现射流的感应充电。充电电荷大小由加载在充电电极上的充电电压幅值控制,该幅值由充电偏转控制系统调制和输出。

图3.13 加装充电与偏转装置的均匀微滴流喷射装置

偏转电极置于充电电极下方,由一对平行的板状电极组成,其两极分别加载4000V直流电压的正、负极,构成偏转电场。高压直流电压由低功率高压静电模块产生,偏转电场强度可通过调节电极间距加以调整。带电金属微滴在穿过偏转电极时,受到洛伦兹力作用而实现横向偏转。

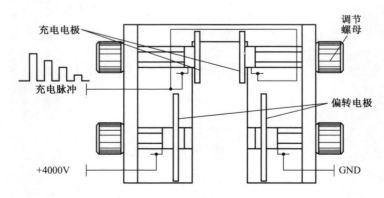

图3.14 充电偏转装置示意图

　　金属微滴充电控制系统主要用于产生均匀微滴充电电压,可根据实验需求设定充电数据,以对充电电压波形进行调制(图 3.13 左侧)。

　　图 3.15 为充电调制电路原理图,主要包括微控制单元(MCU)与可编程门阵列(CPLD)构成的充电数据处理模块和 D/A 转换芯片与放大器组成的脉冲产生模块,其功能是为每颗均匀金属微滴产生一个单独的充电脉冲。为实现此功能,该电路需以激振信号的周期为基频运行,以保证充电脉冲最小周期为一个微滴喷射周期。

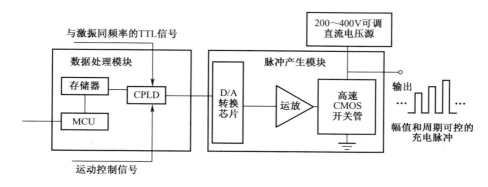

图 3.15　充电调制电路原理

　　在此电路中,充电数据处理模块用于接收、存储和按照要求发送充电数据。其工作原理:充电数据(八位二进制数据,数值确定充电脉冲幅值)通过实验标定后,通过串口传输给 MCU,并由 MCU 存储于在电路中存储器中。充电时,由 CPLD 通过访问存储器中对应的地址,并按照一定的充电顺序读取充电数据,然后送给脉冲充电电路以产生充电脉冲,充电顺序由 CPLD 程序决定。

　　充电脉冲产生模块功能是将 CPLD 发送的充电数据实时转化充电脉冲。在此电路中工作原理:D/A 转换芯片将 8 位 16 进制充电数据转换为一微弱模拟电压,然后驱动高速 CMOS 场效应功率管高速开关,此时 CMOS 管工作在线性放大状态,可依据 D/A 转换芯片发送的模拟电压控制充电电压的幅值与脉宽。

　　充电数据由 8 位 16 进制数据组成,其数值决定了驱动电压信号幅值,使用前需进行标定,以确定充电数据与输出电压关系。当输入数据为最大值(FFH)时,D/A 转换电路转换出的模拟电压最大,此时,CMOS 处于完全打开状态(其电阻为 0),输出端接地,即此时输出电压为 0;当输入数据为 C8H 时,CMOS 工作与线性放大区,其具有一定电阻,此时输出电压为 300 V。连续测试不同充电数据,得到对应输出电压如图 3.16 所示;在 P7 到 F5 的范围内,充电数据与输出电压呈线性关系,充电数据增加一位,电压值增加大约 8 V,说明 CMOS 管在此范围内具有很好的线性度,且充电电压调制分辨力约为 8V。当充电输入数据增加到 C2H～D7H 段时,充电数据与输出电压不再保持线性关系。金属微滴充电时,取图 3.16 中的线性区域,以便方便确定充电电压。

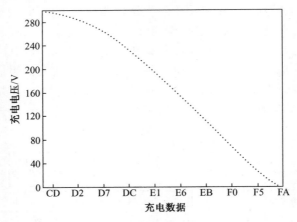

图 3.16　D/A 输入数据与充电电压对应关系

3.3　气压脉冲驱动式按需喷射系统的设计与实现

3.3.1　气压脉冲驱动式按需焊料微滴喷射装置

1. 喷射装置设计

气压脉冲驱动式金属微滴按需喷射装置如图 3.17 所示,它的工作温度约为400℃。它的主要组成部件为泄气阀、电磁阀、三通接头、坩埚(图 3.18(a))和电阻炉等。用于熔化金属熔液的坩埚位于电阻炉内,坩埚底部设有小孔,以实现金属微滴喷射。坩埚上部装有三通管接头:一端连接坩埚而构成一个共振腔;另一端通过泄气阀与大气连通,起泄气作用;第三端通过电磁阀与背压气源连接。由控制系统驱动电磁阀迅速启停,形成脉冲气压,使熔融金属从喷嘴喷出形成金属微滴。

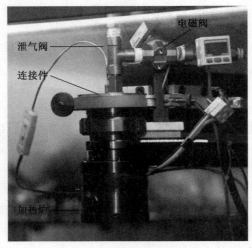

图 3.17　气压脉冲驱动式金属微滴按需喷射装置[6]

2. 坩埚与喷嘴设计

气压脉冲驱动式按需喷射所加载的脉冲气压幅值较小,需要内表面光滑的喷嘴以便汇集喷射压力,采用石英管拉制的喷头(图 3.18(a)),可利用石英玻璃收缩形成流线形内表面,从而获得具较为理想的坩埚/喷嘴结构:首先将石英管的一端在高温乙炔火焰下拉制为封闭状态,在拉制喷头时严格保证喷嘴轴线与坩埚轴线重合;拉制后,封闭一端经过煅烧、研磨、抛光等工序,可得到高质量的喷孔。图 3.18(b)为喷头侧面轮廓照片,可以看出喷头内表面呈光滑流线形;图 3.18(c)为喷嘴外观照片,可以看到光滑的圆形喷孔。

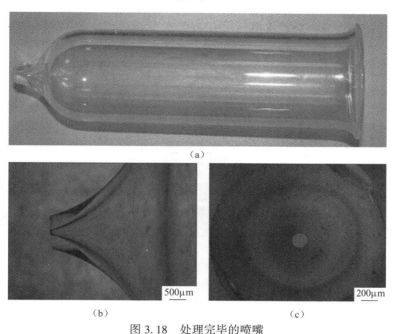

图 3.18　处理完毕的喷嘴

(a)坩埚;(b)喷头处内表面形状;(c)喷嘴的外表面[7]。

经过煅烧抛光的石英喷头在使用前还需要进行清洁处理,以去除石英喷嘴表面附着的杂质,保证金属微滴喷射过程的稳定性。清洗步骤如下:

(1)采用无水乙醇对坩埚腔体和喷嘴进行整体清洁。

(2)将盐酸与蒸馏水进行混合,对坩埚内外壁进行再次清洁。

(3)将喷嘴部分浸泡入无水乙醇中进行超声清洗,以确保喷嘴内表面和端面没有残留杂质。

(4)对石英坩埚进行整体烘干,以防止微量水分残留导致坩埚炸裂。

3.3.2　气压脉冲驱动式按需铝微滴喷射装置

1. 喷射装置设计

由于气压脉冲驱动式按需喷射装置是以气体为驱动源,无需内部致动器,故可工作于较高温度,较适合高熔点金属熔滴的按需喷射。本节在前述低熔点金属微滴喷射装置基础上,设计适合铝微滴按需喷射的装置,其结构示意图如图 3.19(a)所示,装置加热温度可达 1200℃。

铝微滴喷射用坩埚与喷嘴采用石高纯墨加工而成,并通过连接法兰与转接板连接。转接板上部按照泄气管和铠装热电偶,泄气管是三通结构,一端安装在转接板上,其另外两端分别连接电磁阀和泄气管,泄气管上安装压力表,以测量坩埚内部压力波动(参见 3.6.2 节)。

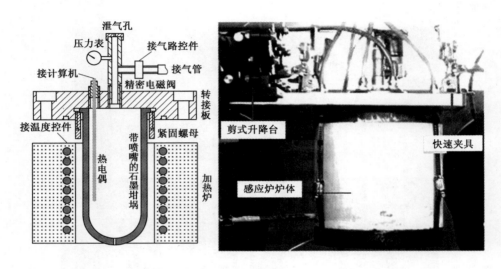

图 3.19　气压脉冲驱动式按需喷射装置
(a)示意图;(b)喷射装置照片。

图 3.19(b)为喷射装置照片,均匀微滴喷射装置装入感应加热炉中,并通过转接板(具有水冷循环保护系统)转接固定于手套箱中。工作时,首先开打冷却水冷循环,接通感应加热系统,然后进行喷射试验;试验后,先停止加热,当感应炉内部温度降至室温后,停止冷却循环。

2. 坩埚与喷嘴设计

熔融铝有较强的腐蚀性且极易氧化,会腐蚀微小喷嘴的内表面,或者产生氧化杂质堵塞喷嘴,从而影响均匀金属微滴的形成和干扰飞行轨迹,因此需要选用耐腐蚀材料制作坩埚。根据喷射装置耐腐蚀和感应加热需求,采用石墨材料加工坩埚及喷嘴,坩埚采用分体式结构,如图 3.20 所示。坩埚体上部气动区为颈缩形式,通过改变瓶颈的长度和内径,可以调整共振腔体体积,从而改变气压振动频率,以分析不同压力波动条件下,金属微滴的喷射特性。同时,气动区颈缩外面包裹保温材料,可以进一步改善坩埚中铝熔液保温效果。坩埚体下部为熔化区。底部通过螺纹连接喷嘴组件,并实现良好密封,防止熔液从喷嘴熔炼侧边渗出。

根据 3.2.1 节喷嘴设计的基本要求,综合考虑耐铝合金熔液腐蚀需求,采用高

图 3.20　石墨坩埚

纯石墨制作喷嘴,喷嘴片内面与坩埚底部紧密接触,实现密封。

　　加工后的喷嘴如图 3.21 所示。由于机械加工的喷嘴毛刺较多,需经研磨抛光处理或水射流冲洗处理,以去除喷孔壁杂质和毛刺。从图 3.21 可以看出,通过抛光处理后,喷孔内无残留物,表面光滑,轮廓清晰,有利于均匀铝微滴的稳定喷射。

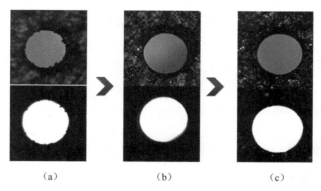

（a）　　　　　　　　　　（b）　　　　　　　　　　（c）

图 3.21　喷孔处理前后对比

(a)处理前;(b)处理中;(c)处理后。

(注:上为喷孔出口;下为喷孔入口。)

3.4　径向压电脉冲金属微滴喷射装置

　　径向压电脉冲驱动式金属微滴按需喷射装置是由毛细玻璃管构成喷射腔,一端接喷嘴,另一端与金属熔液供给腔相连接。金属熔液在压力作用下填充整个喷射腔,且充满喷嘴。在毛细玻璃管外部的压电陶瓷管与毛细玻璃管之间通过高温黏结剂黏结。毛细管和压电陶瓷管共同置于保护壳中。由 MicroFab 公司开发的径向压电脉冲金属微滴喷射装置如图 3.22[8,9]所示。装置喷射材料包括电子焊料、聚合物、有机物等,喷射的金属微滴直径和速度取决于喷嘴尺寸、流体物性、加载波形和脉宽。

　　铝微滴压电脉冲驱动式按需喷射装置如图 3.23 所示。主要由压电陶瓷致动器(来显示)、传振杆(未显示)、循环水套、转接头、石墨坩埚及喷嘴组成。其中压电陶瓷致动器要与高温加热区隔开,通过传振杆将振动传递至金属熔液。喷射装

图3.22　MicroFab公司开发的径向压电脉冲金属微滴喷射装置

置采用感应加热,其上部为不锈钢循环水套,用于保护压电陶瓷致动,下部为石墨坩埚和喷嘴组件,用于实现较高熔点金属熔滴喷射。该装置工作温度可达1200℃,喷射微滴直径与喷嘴直径相近。

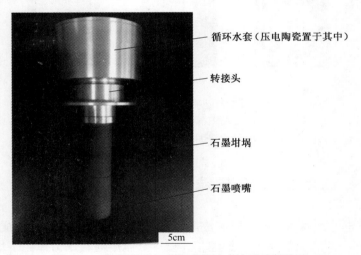

循环水套(压电陶瓷置于其中)

转接头

石墨坩埚

石墨喷嘴

5cm

图3.23　铝微滴压电式脉冲驱动式按需喷射装置

压电脉冲产生装置为喷射装置中的核心部件,主要由压电驱动器、振动杆等组成。振动杆采用陶瓷、石墨或是高温合金加工,以将振动从压电陶瓷传递到金属熔液中,并隔离金属熔液的高温。因此,传振杆需要具有较好高温刚度、耐金属熔液腐蚀能力和较小质量。

实现压电脉冲产生装置的低温保护是喷射装置正常工作的一个重点。由于压电陶瓷的长期使用温度不能超过其居里温度的1/2,当工作环境温度超过压电陶瓷使用温度范围时,压电元件的性能会大幅下降,甚至产生退极化,导致压电元件失效,因此压电脉冲产生装置需要进行隔热保护,以保证压电陶瓷正常工作。喷射装置中包含冷却循环水路、石棉隔热层等振动源保护结构,安装在坩埚和压电陶瓷之间,可减少坩埚内部热量向压电陶瓷的热辐射;冷却循环系统由不锈钢加工焊接成,采用下进上出的循环方式,以带走坩埚传递出的热量,确保压电陶瓷的工作温度。

坩埚与喷嘴结构与前述气压脉冲式按需喷射装置用坩埚与喷嘴结构相似:采用石墨加工坩埚和喷嘴,以满足耐铝合金腐蚀和感应加热需求,在坩埚中设置过滤网以过滤铝合金熔液中的氧化皮和积炭等杂质,防止金属微滴喷射时发生堵塞。

上述装置在喷射铝合金熔液时,受铝合金腐蚀并附着氧化皮,十分难以清理,因此振动杆下端(活塞头部分)、坩埚下端以及喷嘴设计为可更换部分,以及时更换来保证金属微滴喷射的稳定性。

3.5　应力波驱动式按需喷射装置

应力波驱动式金属微滴按需喷射装置由电磁线圈、冲击杆、传振杆、坩埚及喷嘴组件等组成。在电磁线圈内施加一个脉冲电流,其产生脉冲磁场,并对冲击杆施加一个瞬时作用力,驱动其向下运动并撞击传振杆。撞击后,刚性传振杆内部将产生压缩波,此压缩波最终驱动金属微滴喷射。由于传振杆将电磁线圈等温度敏感装置与坩埚进行了隔离,该装置工作温度为1200℃,喷射微滴直径约为喷嘴直径的0.5~1倍,喷射微滴速度为1~3m/s。

在撞击过程中,为控制冲击杆冲击的能量大小,在电磁激振结构上部设有冲击杆行程调节机构。在该结构中,通过对冲击杆位置的控制,可控制冲击杆加速距离,从而控制其与传振杆的碰撞力度,即应力波的幅值或能力,实现对金属微滴喷射的控制,不同控制参数下,喷射得到的不同直径的金属微滴。

由于撞击杆与传振杆在工作一段时间后会由于撞击而造成磨损,为了保证喷射装置稳定工作,需要定期对撞击杆和传振杆接触面进行抛光,消除接触面磨损所带来的传振不稳定现象,保证应力波波形的稳定性。

3.6　金属微滴喷射沉积参数采集与控制系统

3.6.1　均匀金属微滴喷射沉积控制系统

1. 加热温度控制系统

均匀金属微滴喷射所用材料熔点不同,需加热温度也不同,根据喷射材料的需要选择不同的加热方式,通常采用电阻加热和感应加热。

对于铅、锡合金及其他无铅焊料等较低熔点金属,采用电阻加热即可满足要求。加热电路如图 3.24 所示,加热系统由温控仪、热电偶、移相触发器、双向可控硅和电阻丝等组成。由温控器输出 0~5V 的控制信号驱动移相触发器,移相触发器发送出一系列脉宽调制信号,以控制双向可控硅中交流电流的导通相位角,进而控制通过电阻丝中电流大小,实现加热温度控制。电阻丝属于感性元件,为了避免在电路接通与断开瞬间,电阻丝产生浪涌电流破坏电子器件,需在电阻丝两端并联一个 RC 回路,以增加电路的可靠性,保护可控硅及移相触发器。

电阻丝加热温度由热电偶采集,然后通过温度补偿导线传输到温控仪中,温控仪根据输入温度和预设温度差进行计算,输出加热控制信号以控制移相触发器。与此同时,温控仪输出与温度呈线性关系的 4~20 mA 电流信号(或 1~5 V 电压信号),并通过 A/D 转换后输入数据采集系统中。

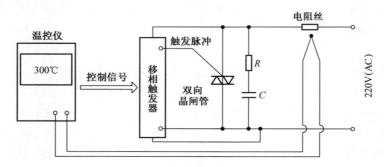

图 3.24　温度控制电路

对较高熔点金属材料一般采用感应加热方式。感应加热时,在外部电感线圈的感应下,导电的加热体表面形成表面电流,此电流受到导体电阻阻碍,产生极高热量。由于高纯石墨是良好的导电材料,同时耐高温、耐金属熔液腐蚀,加工成坩埚和喷嘴,可熔化和喷射熔点较高或是化学性质活泼的金属材料(如铝、镁、铜等)。

感应加热器中,电感线圈尺寸取决于外部炉体和内部坩埚的结构及尺寸,该尺寸决定了最终电感量,可由以下计算公式计算[10]:

$$L_i = \frac{a_i^2 n^2}{50(a_i + 2b_i + 1.3b_i c_i/a_i)} \quad (\mu H) \qquad (3.6)$$

式中:a_i 为线圈平均直径;b_i 为线圈高度;c_i 为线圈厚度;n 为匝数。

2. 喷射气压控制系统

坩埚内部需通入的恒定气压以喷射出金属射流。在均匀微滴连续喷射时,喷射气压决定了微滴飞行速度,进而确定了射流断裂所需的最优扰动频率,因此需要对通入的喷射气压进行精确调节和控制。

当喷孔直径较小时,金属熔液的毛细效应明显,欲使金属熔液从喷孔顺利喷射出,加载气体压力需克服金属熔液在喷孔处的表面张力,即喷射气压需要满足

$$\Delta p > \frac{4\sigma}{d_n} \qquad (3.7)$$

式中:Δp 为喷射气压;σ 为液体表面张力;d_n 为喷嘴直径。

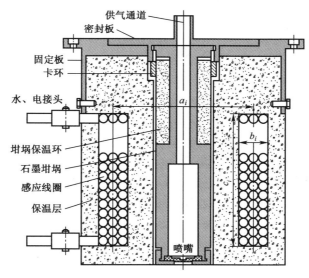

图 3.25　感应加热炉结构设计

例如,对于纯铝熔液,其表面张力约为 0.9 N/m,若喷嘴直径为 100μm 时,实现金属射流喷射的最小压力则为 36kPa。

假设坩埚内部流体自重不影响喷射压力,喷孔直径远小于坩埚直径,依据射流速度预测模型(式(2.8)),可以得到出加载压力与射流速度之间的关系为

$$\Delta p = 0.775\rho_l u_l^2 \tag{3.8}$$

金属射流喷射过程对气压波动较为敏感,为了提高气压调节精度,可采用精密电气比例阀调节气压(量程 0~100kPa)来实现对喷射气压的控制(图 3.26)。为了保护气路的元件,高压氮气经过减压阀后通过空气过滤器进行净化。射流的形成与停止由计算机控制开关阀 1 和开关阀 2 来实现。

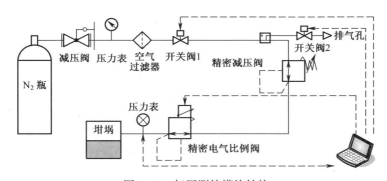

图 3.26　气压测控模块结构

对于仅产生微小静压力以维持喷嘴内部的液面位置的压力系统,可通过精确调压以控制坩埚内压力。坩埚压力控制子系统气路主要由 N_2 瓶、减压阀、精密调

压阀、压力表和 PU 气管、直通等组成。打开气瓶阀门后,惰性气体分别经过减压阀、调压阀进入坩埚内;精密调压阀用于调节坩埚内压力大小,数显压力表可显示具体压力大小。

3. 打印轨迹控制系统

打印轨迹控制系统主要由工控机、运动控制卡、伺服电机、驱动器三维运动基板等组成。上位机切片软件将打印轨迹转换为数控代码,然后输入运动控制卡控制(图 3.27)伺服电机实现 X、Y、Z 三轴的运动,与此同时,运动平台协调金属微滴喷射的启停,使得金属微滴在基板按照预定轨迹打印。

如图 3.27 所示的运动控制系统由工控机、运动控制器、转接板、伺服驱动器、伺服电机以及反馈测量装置等组成。多轴运动控制器通过以太网与工控机进行通信,具有多个数字 I/O 接口,用于输出数字量信号。运动控制器通过转接板与伺服驱动器连接,转接板将位置反馈信号、限位信号、报警信号、脉冲信号、回零信号、位置比较等信号进行光耦隔离,以保护运动卡及其 I/O 接口。伺服驱动器驱动伺服电机移动三维运动平台以实现预定运动轨迹。

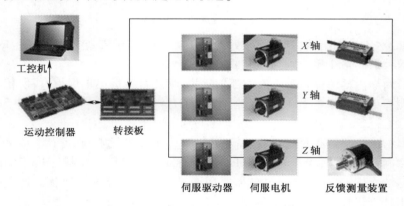

图 3.27　金属微滴打印轨迹控制系统组成

三轴运动平台 X、Y、Z 轴由精密滚珠丝杠直线运动位移台组成,其中 X 轴和 Y 轴的行程均为 200mm,Z 轴行程则为 150mm。运动平台通过直线光栅实时检测位移数据,再反馈到上位控制器中形成闭环控制,可精确控制 X、Y 轴位置;相对于 X 轴和 Y 轴,对 Z 轴的精度要求相对低一些,可通过编码器(富士 YM523756)实时检测电机主轴转速,实现半闭环控制。

4. 金属微滴喷射与沉积控制软件系统

要保证微滴正常喷射与精准沉积,控制软件系统需具备的功能:①微滴尺寸、喷射温度、喷射气压等参数的实时测量和显示;②喷射参数的实时设定、运算与存储;③微滴产生过程的实时控制;④声光报警与电源切断等功能。均匀金属微滴喷射流程如图 3.28 所示。

程序开始时,首先初始化各模块,设定喷射温度 T,使温度测控模块加热并熔

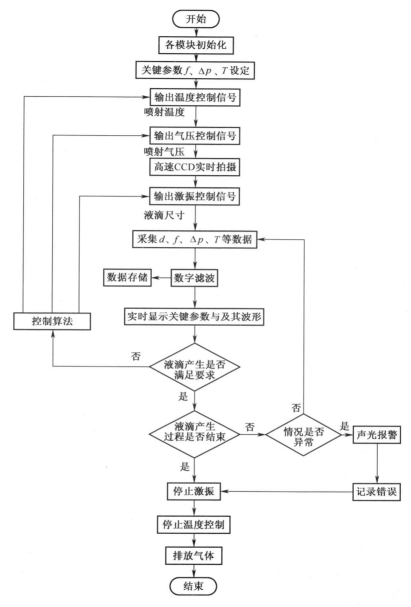

图 3.28　均匀金属微滴喷射流程

化喷射材料;设置喷射气压 Δp,使熔融材料通过毛细孔喷出,形成熔融射流或金属微滴,输出激振信号,将射流断裂成均匀微滴。

在程序执行过程中,程序依次扫描各个通道,把采集的喷射温度、喷射气压、激振频率等信号显示、存储于计算机中,同时与设定值比较,如果未达到设定值,则启动相应调节程序,以控制温度、气压、激振频率等参数。

测控软件实时控制着金属微滴喷射过程,直至喷射结束或遇到异常情况需中止喷射,此时,停止激振和加热,排放剩余气体,结束程序测控过程。

金属微滴喷射与沉积控制软件结构如图 3.29 所示。首先选择并打开测控设备,对设备进行参数配置,采用循环结构对每个通道不断采集数据,将采集的数据根据相应算法进行处理后输出控制信号,测控过程结束后关闭。软件操作界面如图 3.30 和图 3.31 所示,通过该界面可以方便地监测微滴产生过程中的相关参数。

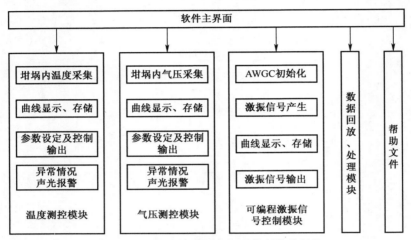

图 3.29　金属微滴喷射与沉积控制软件结构

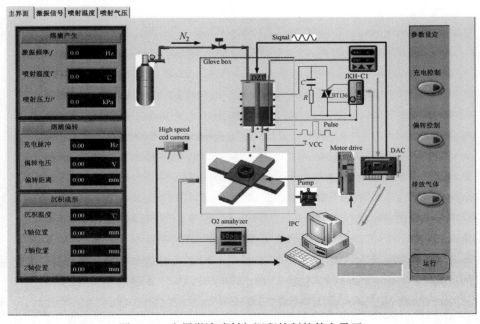

图 3.30　金属微滴喷射与沉积控制软件主界面

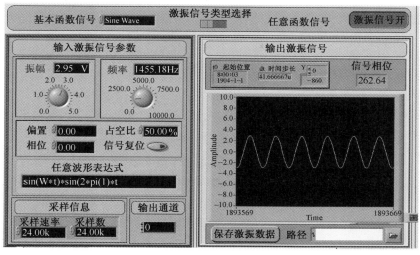

图 3.31　微滴喷射激振信号控制界面

3.6.2　均匀微滴喷射沉积关键参数采集系统

1. 传振杆振动测量系统

传振杆振动采用激光多普勒测振仪测量,用于得到喷射装置中传振杆自由端振动波形,测振仪发射的激光束垂直照射到振动物体表面,并通过反射激光的多普勒频移效应,提取出振动速度频率、幅值等信息。采用振动测量系统可得到压电或应力波宽度、脉冲幅值等参数对传振杆振动波形的影响规律,为均匀微滴喷射行为分析和参数选取提供指导。

2. 坩埚内部气压测量系统

坩埚内部气压采集系统包括恒压力采集和脉冲压力采集两种。恒压力采集主要用于测量均匀微滴连续喷射、压电振动脉冲驱动喷射、应力波驱动喷射中所加载的恒定气压大小。脉冲压力采集主要用于采集气压脉冲驱动微滴喷射过程中的气压波动。

恒压力采集系统主要由精密减压阀、精密调压阀、泄气阀、气体压力传感器与变送器等组成。喷射时,压缩气体通过精密减压阀减压后,再由调压阀根据试验需求调整加载气压大小,压力值由气体压力传感器检测,再通过变送器变送至控制器,反馈给调压阀调整压力。

脉冲气压采集系统测量坩埚内压力波动,该系统主要由高速动态压力传感器、电荷发达器、高速数据采集仪构成(图 3.32)。高速动态压力传感器置于坩埚泄气口或坩埚上盖上,通过传感器中压电陶瓷测量微小压力波动,采集的压力波动信号由电荷放大器放大后,传输至数据采集卡记录在计算机中。由于气压脉冲作用时间短暂,工作在高速采集状态下的采集仪需要在接收喷射触发同步信号后开始进行采集。

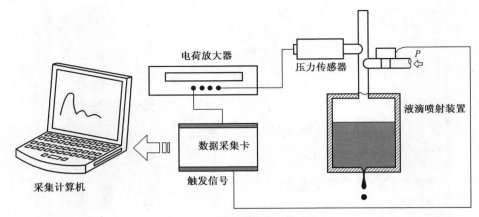

图 3.32　动态压力采集系统示意图

图 3.33 示出了坩埚压力波动。泄气管直径约为 9mm,长度约为 11.5cm,振动空腔体积为 55mL。图 3.34(a)中显示了气压脉冲驱动喷射时典型的波形,其脉冲最大峰值约为 15kPa,作用时间约为 100ms。图 3.34(b)显示当背压为 150kPa 时,不同电磁阀驱动脉冲信号宽度的压力波动曲线,由图可以看出,驱动信号脉宽变化对脉冲压力峰值影响较大,同时会造成峰值时间的偏移,窄脉冲宽度条件下,脉冲峰值会前移,关于压力脉冲的讨论将具体展开。

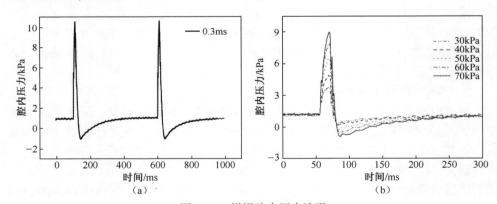

图 3.33　坩埚腔内压力波形

(a)典型的坩埚腔内压力波动曲线;(b)不同触发脉冲宽度条件下坩埚腔内压力变化。

3. 均匀微滴喷射过程影像采集系统

高速摄影是研究微滴喷射、断裂与飞行过程最直接的方法,一般有高帧频摄影和频闪曝光摄影两种方法。

高帧频摄影结合高帧频 CCD 和极短快门时间以获取单颗微滴在短时间内的连续运动过程影像。由 CCD 摄像机、体式显微镜、恒光源和计算机组成,如图 3.34(a)所示。金属微滴飞行速度较快(约 1m/s),需设置较快相机快门(1/4000～1/8000 s)和高亮光源以获取清晰微滴影像。但由于高帧率下,短时间内获取的图像信息量较大,相机能够记录的时间较短暂。

　　频闪曝光摄影是用频闪光源对物体进行"曝光",在 CCD 感光器上留下瞬间影像,以获得运动物体瞬态图像的方法。对于如微滴喷射与沉积等可重复的过程,可对同一条件下微滴喷射与沉积过程进行多次延时拍摄,以获取不同运动时刻的图像,然后组合成一个完整的喷射或沉积动态过程。频闪曝光摄影系统由 CCD 摄像机、体式显微镜、高速图像采集卡、频闪光源组成,如图 3.34(b)所示。CCD 摄像机全局快门,电子快门可工作在 1/110~1/110000s 之间;频闪光源发光元件为 LCD,最短闪光持续时间为 8 μs。频闪拍摄时,相机快门在一个拍摄周期中打开,CCD 摄像机快门与频闪光源由外部提供的 TTL 信号同步驱动。

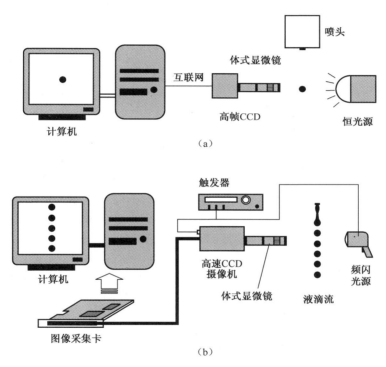

图 3.34　高速摄影系统示意图

(a)高帧频摄影系统;(b)频闪拍摄系统。

　　在上述系统中,为获得无拖尾微滴图像,需要确定的主要参数是曝光时间 τ_e,对于高速 CCD 系统,曝光时间由快门时间决定;对于频闪拍摄系统,曝光时间由频闪光脉宽决定。

$$\tau_e = \frac{2 \times 相机像素尺寸}{液滴运动速度 \times 镜头光学放大倍数} \tag{3.9}$$

　　通过摄像机拍摄的微滴图像还需进行图像处理,以获得射流长度、微滴直径等关键参数。主要包括以下几个步骤:

（1）图像标定。采用最小刻度为 0.001mm 的物镜测微计对拍摄的图像进行标定,像素精度(μm/pix)= 标尺长度/像素数量。微滴直径为毫米至厘米级,采用 0.7×~1× 的放大倍数拍摄较为适宜。微滴直径在 10^{-4}m 量级时,采用 2× 放大倍数拍摄较为适宜。

（2）中值滤波。拍摄微滴影像时,经常由于拍摄光源不均匀、被测对象反光等因素使图像带有噪声,一般可采用中值滤波来去除图像噪声。具体方法:采用边长为 5 像素的方形滤波窗口在图像中移动,并对窗口覆盖区域内所有像素的灰度进行排序,用其中值代替窗口中心像素灰度值,即 $y_{i,j} = \mathrm{median}(f_{i,j})$。

（3）图像分割。依据图像阈值分割方法将被测物体与背景分开。首先计算图像的灰度分布,灰度直方图中峰 1、峰 2 分别为被测物体和背景的灰度分布值(图 3.35),双峰间低谷处为图像的特征阈值 T。令原图像灰度为 $\mathrm{gray}(x,y)$,利用峰谷法得到特征阈值 T,可将图像分为背景和被测物体两个区域:

$$g(x,y) = \begin{cases} g_b(x,y), & \mathrm{gray}(x,y) \leqslant T \\ g_o(x,y), & \mathrm{gray}(x,y) > T \end{cases} \tag{3.10}$$

式中: $g_b(x,y)$ 为图像背景; $g_o(x,y)$ 为被测目标。

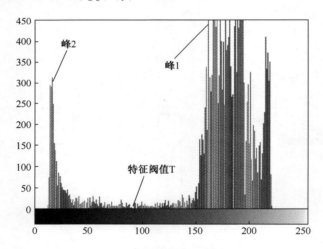

图 3.35　峰谷法求图像特征阈值

（4）参数测量。如图 3.36 所示,均匀微滴连续喷射中,射流长度 L_j 可以直接通过照片测量得到;微滴直径 D_d 可以通过测量微滴面积 S_d,然后由式 $D_d = 2\sqrt{S_d/\pi}$ 计算得到;微滴喷射速度 u_d 可由式 $u_d = \lambda f$ 计算出,式中,λ 为微滴间距,f 为均匀微滴产生频率。

4. 微滴沉积过程温度动态检测系统

为了适时测量各点温度动态变化情况,设计了多路温度动态采集系统(图 3.37)。该系统由微滴定位装置、温度点阵检测装置等组成。首先通过微滴定位装置确定微滴的初始沉积位置,然后控制金属微滴沉积到热电偶探头上,将温度信号

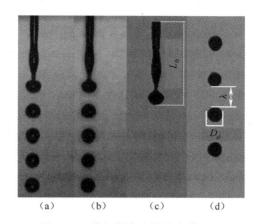

图 3.36　均匀微滴流关键参数测量

(a)原始图像;(b)中值滤波后的图像;(c)射流长度测量;(d)微滴直径测量。

转化为电势信号,再传入多通道温度采集仪中进行记录和处理,以实现温度动态采集。

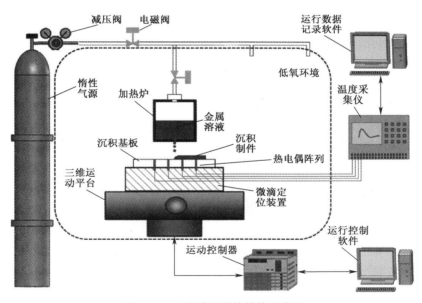

图 3.37　温度检测系统结构示意图

　　将金属微滴直接沉积在喷嘴正下方不同距离的热电偶探头上,可获得金属微滴在飞行过程的温度历史。快速响应热电偶微探头超细铬镍合金丝焊接而成,温度响应采用高速数据记录仪记录。测量微滴温度时,将热电偶探头放置在金属微滴的打印位置,便可适时采集沉积点的温度。然后通过高速数据采集卡记录这一瞬态过程温度变化,取温度曲线最高点作为金属微滴在此位置处的近似温度。

　　在沉积基板上设置热电偶阵列(图 3.38),可以测量金属微滴沉积过程中微滴或打印件的温度变化情况。在沉积基板上按要求预钻出小孔阵列,将热电偶通过基板底部插入小孔中,保证测量节点裸露在基板表面,同时,热电偶通过陶瓷黏结剂与金属基板绝缘。为准确测量微滴沉积温度变化过程,需要将微滴精准定位在某一热电偶探头上。

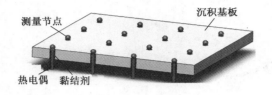

图 3.38　热电偶与沉积基板连接示意图

5. 金属微滴沉积形貌测量系统

金属微滴沉积凝固后的形貌是决定打印步距、分层层厚、打印速度的重要参数之一,对打印件的表面和内容质量也有较大影响,通常采用微滴轮廓显微摄像方法获取。图 3.39 为自行研发的微滴形貌获取系统为获取金属微滴微观轮廓,在使用CCD 相机拍摄形貌时,对镜头侧对微滴表面打一个低角度(相对物体所在平面)的补光,以获取清晰的轮廓。

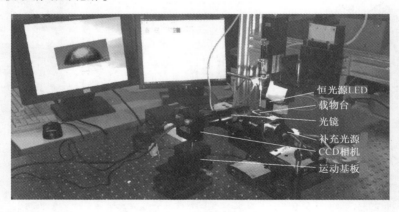

图 3.39　CCD 相机显微拍摄平台

金属微滴凝固角决定了其最终形貌(图 3.40),是需测量的关键参数。在获取微滴影像之后,可利用 LB-ADSA(Low Bond Axisymmetric Drop Shape Analysis)模块,进行测量。LB-ADSA 模块不考虑重力对微滴凝固后形貌的影响,且假设微滴形貌扩展均匀,测量轮廓通过多项式拟合后,然后计算出凝固角。测量时,首先对载入图片进行增亮、锐化等预处理,以提升图片显示质量,然后调用 LB-ADSA 插件,调节测量参数,使预设测量曲线与微滴表面轮廓重合,即可计算出此时凝固角。

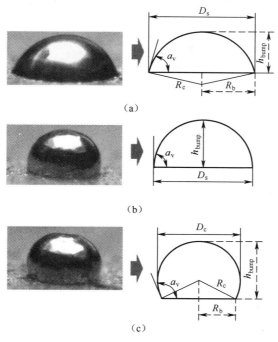

图 3.40　微滴凝固角测量结果示意图

（a）凝固角大于 90°情况；（b）凝固角等于 90°情况；（c）凝固角小于 90°情况。

（注：实验材料为铅锡合金（S-Sn60PbAA），沉积基板为镀银陶瓷基板。）

参 考 文 献

［1］ Samuel J D，Steger R，Birkle G，et al. Modification of micronozzle surfaces using fluorinated polymeric nanofilms for enhanced dispensing of polar and nonpolar fluids［J］. Analytical Chemistry，2005，77(19)：6469-6474.

［2］ Sohn H，Yang D Y. Drop-on-demand deposition of superheated metal droplets for selective infiltration manufacturing［J］. Materials Science and Engineering A，2005，392(1,2)：415-421.

［3］ Whelan B P，Robinson A J. Nozzle geometry effects in liquid jet array impingement［J］. Applied Thermal Engineering，2009，29(11,12)：2211-2221.

［4］ Payri R，Garcia J M，Salvador F J，et al. Using spray momentum flux measurements to understand the influence of diesel nozzle geometry on spray characteristics［J］. Fuel，2005，84(5)：551-561.

［5］ 陈桂生. 超声换能器设计［M］. 北京：海洋出版社，1984.

［6］ 李扬. 面向微电路快速钎焊的气动按需喷射技术研究［D］. 西安：西北工业大学，2010.

［7］ Luo J，Qi L，Zhou J，et al. Modeling and characterization of metal droplets generation by using a pneumatic drop-on-demand generator［J］. Journal of Materials Processing Technology，2012，212(3)：718-726.

［8］ Hayes D J，Wallace D B，Boldman M T. Picoliter solder droplet dispensing［J］. International Journal of Microcircuits and Electronic Packaging,1992,16:173-180.

[9] 陈丹丹,张海涛,蒋会学,等. DC 铸造 7075 铝合金微观偏析的量化分析[J]. 材料与冶金学报,2011,10(3):220-225.

[10] 潘天明. 现代感应加热装置[M]. 北京:冶金工业出版社,1996.

第4章 均匀金属微滴连续喷射及成形过程控制技术

利用射流瑞利不稳定现象,可获得尺寸高度一致、产生速率极快的均匀金属微滴,通过对均匀金属微滴充电偏转控制,还可沉积金属坯件。本章重点介绍均匀金属微滴连续喷射沉积行为及控制技术,包括均匀金属微滴连续喷射行为及其参数影响规律、充电均匀金属微滴发散行为及偏转飞行轨迹控制技术、均匀金属微滴沉积过程控制等,以期为金属件均匀微滴3D打印成形奠定基础。

4.1 连续均匀微滴喷射行为及其影响因素研究

4.1.1 连续均匀微滴喷射过程数值计算模拟及影响因素研究

金属射流断裂成微滴过程中,速度场、压力场、温度场演变规律复杂,影响因素众多,难以使用解析方法精确求解。为揭示金属微滴形成机理和探寻主要影响参数,本节结合数值模拟和金属微滴喷射试验,阐述射流断裂过程中相关状态参量变化规律及影响机制,为合理选择均匀微滴喷射参数提供依据。

1. 连续均匀微滴喷射过程数值计算方法

射流断裂形成均匀微滴是流固耦合过程,其物理模型如图4.1所示。在射流喷射及断裂过程中,流经喷嘴的流体满足质量守恒、动量守恒和能量守恒定律,其流体运动方程和能量方程如下:[1]

质量守恒方程为

$$\frac{\partial \rho_l}{\partial t} + \nabla \cdot (\rho_l \boldsymbol{u}) = S_m \tag{4.1}$$

动量守恒方程为

$$\rho_l \left(\frac{\partial \boldsymbol{u}}{\partial t} + \nabla \cdot (\boldsymbol{u}\boldsymbol{u}) \right) = -\nabla p + \nabla \cdot (\bar{\bar{\tau}}) + \rho_l \boldsymbol{g} + \boldsymbol{F} \tag{4.2}$$

能量守恒方程为

$$\rho_l c \left(\frac{\partial T}{\partial t} + \nabla \cdot (T\boldsymbol{u}) \right) = \nabla \cdot (k_l \nabla T) + S_T \tag{4.3}$$

式中:$\boldsymbol{u}$ 为速度矢量;S 为源项;m 为质量;T 为温度;∇p 为压力梯度;ρ_l 为材料密度,c 为比热容;k_l 为流体热导率。

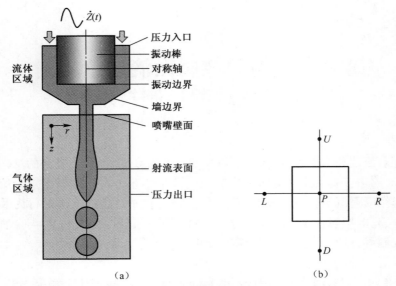

图 4.1　射流喷射物理模型与计算单元

(a) 射流喷射模型；(b) 流体有限单元离散模型。

上述方程组求解困难,通常需采用数值计算方法获取射流断裂过程相关物理场变化规律。流体体积(Volume of Fluid,VOF)法是流体力学中常用的一种数值算法,其基本思路是将计算区域划分为一系列不重复的控制体积,将式(4.1)~(4.3)所示微分方程对每一个控制体积积分,以得到一组微域内的流体守恒离散方程,然后对离散方程进行求解便可获取物理量的近似分布,VOF 法的优点是离散方程具有明确物理意义,可以处理复杂几何形貌,求解结果较为精确,下面进行具体介绍。

引入通用变量 φ, 将控制方程式(4.1)~式(4.3)统一写成通用控制方程:

$$\frac{\partial(\rho_1\phi)}{\partial t} + \nabla \cdot (\rho_1 v\phi) = \nabla \cdot (\varGamma \cdot \nabla\phi) + S_\phi \tag{4.4}$$

式中:从左至右各项依次为瞬态项、对流项、扩散项和源项。

将式(4.4)在时间 Δt 内对控制体(标记为 p)进行积分:

$$\int_t^{t+\Delta t} \int_{\Delta V} \frac{\partial(\rho_l\phi)}{\partial t} \mathrm{d}V\mathrm{d}t + \int_t^{t+\Delta t} \int_{\Delta V} \nabla \cdot (\rho_l v\phi)\, \mathrm{d}V\mathrm{d}t$$

$$= \int_t^{t+\Delta t} \int_{\Delta V} \nabla \cdot (\varGamma \cdot \nabla\phi)\, \mathrm{d}V\mathrm{d}t + \int_t^{t+\Delta t} \int_{\Delta V} S_\phi \mathrm{d}V\mathrm{d}t \tag{4.5}$$

式中: ΔV 为控制体 p 的体积。

此处,瞬态项为

$$\int_t^{t+\Delta t} \int_{\Delta V} \frac{\partial(\rho_l\phi)}{\partial t} \mathrm{d}V\mathrm{d}t = \rho_P^0(\phi_P - \phi_P^0)\Delta V \tag{4.6}$$

对流项为

$$\int_t^{t+\Delta t} \int_{\Delta V} \nabla \cdot (\rho_1 u \phi) \, \mathrm{d}V \mathrm{d}t$$

$$= \int_t^{t+\Delta t} \left[(\rho_1 u_r)_R A_R \phi_R - (\rho_1 u_r)_L A_L \phi_L + (\rho_1 u_x)_u A_u \phi_u - (\rho_1 u_x)_D A_D \phi_D \right] - l \mathrm{d}t$$

(4.7)

扩散项为

$$\int_t^{t+\Delta t} \int_{\Delta V} \nabla \cdot (\Gamma \cdot \nabla \phi) \, \mathrm{d}V \mathrm{d}t$$

$$= \int_t^{t+\Delta t} \left[\Gamma_R A_R \frac{\phi_R - \phi_P}{(\delta r)_R} - \Gamma_L A_L \frac{\phi_P - \phi_L}{(\delta r)_L} + \Gamma_u A_u \frac{\phi_U - \phi_P}{(\delta x)_U} - \Gamma_D A_D \frac{\phi_P - \phi_D}{(\delta x)_D} \right] \mathrm{d}t$$

(4.8)

源项为

$$\int_t^{t+\Delta t} \int_{\Delta V} S_\phi \mathrm{d}V \mathrm{d}t = \int_t^{t+\Delta t} (S_c \Delta V + S_P \phi_P \Delta V) \, \mathrm{d}t \qquad (4.9)$$

将式(4.6)~式(4.9)代入式(4.2),采用一阶迎风格式,可得到体积单元离散方程为

$$a_P \varphi_P = \sum_{E_s}^{N_S} a_E \phi_E + b_P \qquad (4.10)$$

式中:E_s表示控制体p的界面:

$$a_P = \sum_{E_s}^{N_s} a_{E_s} + \Delta F + \frac{\rho_P^0 \Delta V}{\Delta t} - S_P \Delta V$$

$$a_E = D_e + \max(0, -F_e), a_P \phi_P = \sum_{E_s}^{N_S} a_{E_s} \phi_{E_s} + b_P, b_P = \frac{\rho_P^0 \Delta V}{\Delta t} + S_C \Delta V$$

此处,$F_e = (\rho v)_e$,$D_e = \dfrac{\Gamma_e}{(\delta x)_e}$,分别代表界面上的对流质量通量和扩散传导性。

在式(4.2)中,压力梯度 ∇p 作为源项的一部分,决定速度分布,而速度满足质量守恒方程(式(4.1)),从而将压力和速度耦合在一起。采用压力隐式算子分割算法(PISO)对压力和速度进行求解,计算流程如图 4.2 所示,包含三个步骤:先初始化流场,根据计算时间步长 Δt 求解动量方程、连续性方程;经过迭代后得到流场速度分布 u 和压力分布 p,再求解能量方程得到流场温度分布。

射流断裂成微滴的过程还包含边界运动、多相流和自由表面等问题,需进行求解才能获得射流断裂过程的液面形貌、速度、压力等参数的变化规律。

移动网格模型。传振杆振动会引起坩埚内流场变化,采用动网格模型可模拟此类由边界运动所致流场变化问题。使用动网格模型时,需要先指定运动区域、定义初始网格和边界运动方式。此时,任意控制体(含有运动边界)广义标量 ϕ 守恒方程的积分形式为

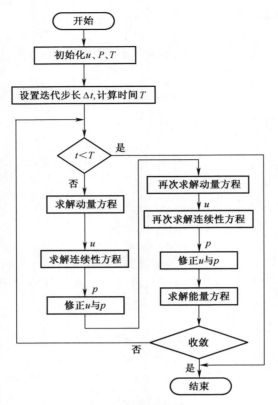

图 4.2　数值求解流程

$$\frac{\mathrm{d}}{\mathrm{d}t}\int_V \rho_1 \varphi \mathrm{d}V + \int_{\partial V}(\boldsymbol{u} - \boldsymbol{u}_\mathrm{g})\mathrm{d}\boldsymbol{A} = \int_{\partial V} \Gamma \nabla\phi \mathrm{d}\boldsymbol{A} + \int_V S_\phi \mathrm{d}V \qquad (4.11)$$

式中：$\boldsymbol{u}$ 为流体速度向量；$\boldsymbol{u}_\mathrm{g}$ 为移动网格的网格速度；Γ 为扩散系数；S_φ 为源项；∂V 为控制体 V 的边界。

式 (4.11) 左边时间导数项可用 n 和 $n + 1$ 节点处不同时刻的一阶向后差分表示：

$$\frac{\mathrm{d}}{\mathrm{d}t}\int_V \rho_1 \phi \mathrm{d}V = \frac{(\rho_1\phi V)^{n+1} - (\rho_1\phi V)^n}{\Delta t} \qquad (4.12)$$

$$V^{n+1} = V^n + \frac{\mathrm{d}V}{\mathrm{d}t}\Delta t \qquad (4.13)$$

根据网格守恒定律，式 (4.13) 可由下式计算：

$$\mathrm{d}\frac{\mathrm{d}V}{\mathrm{d}t} = \int_{\partial V} \boldsymbol{u}_g \cdot \mathrm{d}\boldsymbol{A} = \sum_j^{n_f} \boldsymbol{u}_{g,j} \cdot A_j \qquad (4.14)$$

式中：n_f 为控制体积的面网格数；A_j 为控制面 j 的面积向量。

$$\boldsymbol{u}_{\mathrm{g},j} \cdot \mathbf{A}_j = \frac{\delta V_j}{\Delta t} \qquad (4.15)$$

式中：δV_j 为控制面 j 在时间间隔 Δt 中扫过的空间体积。

网格动态变化过程可用弹簧光滑模型、局部重划模型和动态层模型三种模型进行计算。弹簧光滑模型需要满足单方向移动和垂直于边界移动的条件。局部重划模型需局部调整网格为三角形。动态层模型需要满足：与运动边界相邻的网格必须为四边形或体网格；在滑动网格交界面外区域，网格必须被单面网格区域包围。由于传振杆做往复运动，移动边界平行于流场边界，且局部网格为结构网格。因此，模拟金属射流喷射及断裂过程时，通常采用动态层模型进行动网格更新，依据与运动边界相邻层高度变化来增加或减少动态层，即根据网格层 i 高度 h，决定该层是否与相邻的网格层 j 合并或分裂。

网格层 i 中单元逐渐增加，其可分裂的最大临界单元高度为

$$h_{\max} = (1 + \alpha_{\mathrm{s}}) h_{\mathrm{ref}} \qquad (4.16)$$

式中：h_{ref} 为参考单元高度，α_{s} 为分裂因子。

网格层 i 中单元逐渐压缩，其可合并的最小临界单元高度为

$$h_{\min} = \alpha_{\mathrm{c}} h_{\mathrm{ref}} \qquad (4.17)$$

式中：α_{c} 为合并因子。

满足式（4.16）时，将第 i 层分裂为 h_0 和 $h - h_0$ 的两层。满足式（4.17）时，第 i 和 j 层合并。

射流自由表面追踪。射流断裂成微滴过程时，射流及微滴表面为自由表面，且形貌随着流场运动而改变，需计算不同时刻与位置时射流的表面形貌以模拟射流断裂为微滴的过程。VOF 法是通过求解动量方程和处理穿过控制体区域的目标流体分数，来对射流自由表面进行追踪与重构。

定义函数 f'_{r} 为目标流体体积与网格体积比，在计算区域中，喷射流体和气体所占区域分别为 Ω_1 和 Ω_2，交界面为 Γ，则有

$$C(\boldsymbol{x},0) = \begin{cases} 0, & \boldsymbol{x} \in \Omega_2 \\ 0 < f'_{\mathrm{r}} < 1, & \boldsymbol{x} \in \Gamma \\ 1, & \boldsymbol{x} \in \Omega_1 \end{cases} \qquad (4.18)$$

当 $0 < f'_{\mathrm{r}} < 1$ 时，网格中含有液体和气体界面，其体积分数平均密度为

$$\rho_{\mathrm{v}} = f'_{\mathrm{r}}\rho_{\mathrm{g}} + (1 - f'_{\mathrm{r}}) \rho_{\mathrm{l}} \qquad (4.19)$$

函数 f'_{r} 的控制方程为

$$\frac{\partial f'_{\mathrm{r}}}{\partial t} + \boldsymbol{u} \nabla f'_{\mathrm{r}} = 0 \qquad (4.20)$$

求解式（4.20）得到 f'_{r} 值，再采用 Youngs 界面重构技术对射流表面进行更新[2]。

射流喷射过程中，We 为 $1\sim10$，表明其表面张力作用不能忽略。在对体积分数

进行求解和界面重构的过程中,流体表面张力作为动量方程的一个源项进入计算,此源项为[3]

$$F_{\text{vol}} = \sigma_{ij} \frac{2\rho\kappa_i\alpha_i}{\rho_i + \rho_j} \tag{4.21}$$

式中:σ_{ij} 为表面张力系数;α_i 为第 i 相体积分数的梯度;ρ_i 为第 i 相体积分数密度;κ_i 为界面 i 处曲率。

网格划分与边界条件。假设射流与微滴始终保持轴对称,则可将微滴喷射模型简化为二维轴对称模型(图 4.3)。模拟区域为坩埚和喷孔内流体区域以及喷孔下部 20mm 的气体环境,在喷孔和环境区域内,射流速度、压强变化大,为了保证计算精度,可采用密集的四边形结构网格;坩埚内流体速度变化小,可采用较大的非结构网格以提高计算效率。

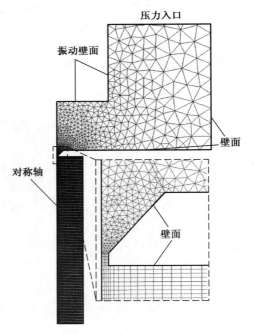

图 4.3　模拟区域网格划分与边界条件

气体环境的边界条件设为压强出口边界,其相对压强为零。金属液面的边界条件设为压强入口边界,其大小为喷射加载气压,液体流动方向垂直于此边界。喷射模型中心线设为对称轴边界。

坩埚与喷孔均设为静止壁面边界。假设坩埚和喷孔温度保持恒定,则将其设为温度边界,其壁面上的热通量为

$$q = h_f(T_w - T_f) + q_{\text{rad}} \tag{4.22}$$

式中:h_f 为流体的对流换热系数;T_w 为壁面温度;T_f 为局部流体温度;q_{rad} 为辐射热通量。

传振杆设为移动壁面边界,其位移为

$$p_b = A_v \sin(2\pi f t) \tag{4.23}$$

式中:A_v 为扰动振幅;f 为扰动频率;t 为时间。

速度为

$$u_b = 2\pi A_v f \cos(2\pi f t) \tag{4.24}$$

传振杆壁面采用热流通量边界,其壁面温度为

$$T_w = \frac{q - q_{rad}}{h_f} + T_f \tag{4.25}$$

金属微滴喷射及仿真模拟使用的材料为铅锡合金(Sn-40%(质量分数)Pb),合金熔化条件下下喷射参数和物性参数分别列于表 4.1 和表 4.2。假设:①微滴喷射过程其密度不改变,即金属喷射过程为不可压流动;②喷射过程为绝热恒温过程,物性参数不发生变化;③金属射流喷射过程为层流运动过程,无湍流产生。

表 4.1　模拟参数

坩埚直径 d_c / mm	喷孔直径 d_n / μm	激振频率 f / kHz	激振振幅 A_v / μm	喷射气压 Δp / kPa
20~40	50~150	2~60	2~200	30~100

表 4.2　材料物理性质

材料	液相温度 T_s /℃	固相温度 T_1 /℃	密度 ρ_1 /kg/m³	黏度 μ_1 /(Pa·s)
Sn-40%Pb	183	188	8520	0.00133
N₂			1.25	1.69×10⁻⁵
材料	表面张力 σ /(N/m)	熔化潜热 L_1 /(J/kg)	热导率 k_l /(W/(m·K))	比热容 c_1 /(J/(kg·K))
Sn-40%Pb	0.48	47560	31.7	212.9

建立上述模型,可对金属射流喷射及微滴形成过程进行系统数值模拟,为深入揭示参数影响规律提供有效方法。

2. 金属射流喷射断裂动态行为分析

采用连续均匀微滴喷射装置在低氧环境中进行均匀金属微滴喷射,均匀微滴喷射详细装置参见图 3.13,喷射装置位于低氧环境中。均匀微滴喷射结果采用图 3.34 所示的频闪拍摄系统拍摄,拍摄系统通过物镜测微尺进行标定,以便测量射流断裂长度、微滴直径等关键参数。

当喷射气压为 45.6kPa 时,用射流速度预测公式计算出射流速度为 2.6m/s,射流运动流动状态可用 Re 和 Oh 表征。一般金属射流 Re 为 700~1000,Oh 为 0.0017,可判定射流为低黏度层流射流。在不同的激振频率下,射流形态发生明显变化,得到完全不同的微滴形态(图 4.4,为清楚地表示微滴形态,将射流模拟图在射流方向上截为三段并列于图中,下同)。

当激振频率 $f = 2$kHz 时,喷射微滴不均匀,会产生均匀圆形微滴、卫星微滴和融合微滴三种不同类型的微滴(图 4.4(a)和(b))。均匀微滴由射流颈缩断裂而

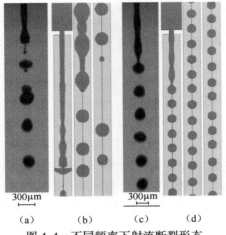

图 4.4　不同频率下射流断裂形态

(a)、(b)$f=2\text{kHz}$；(c)、(d)$f=3.89\text{kHz}$。

产生,其直径与射流直径为同一数量级。卫星微滴是射流与微滴间相连的细小部分收缩而形成,其直径远小于主微滴。融合微滴是由不同速度的主微滴在飞行过程中相互融合而产生的大微滴。

图 4.4(c)和(d)为施加激振频率 $f=3.89\text{kHz}$ 时,射流断裂成直径相同的均匀微滴的照片和仿真结果,其最优扰动频率(3.89kHz)由第 2 章射流瑞利不稳定理论计算得到。

为定量分析圆形微滴的均匀性,从仿真结果中提取的沿射流轴线金属体积分数变化情况(图 4.5),体积分数为 1 时表示此处为液态区域,通过液态区域的 z 向长度可定量描述微滴尺寸均匀性。射流不均匀断裂时,射流轴线上金属体积分数为 1 的区域宽度值不等,则可推论微滴大小不一,间距也不同;均匀微滴喷射时,射流轴线上金属体积分数为 1 的区域宽度值相等,间距也相等,由于微滴为规则的球形,故可推算出微滴直径平均约为 290μm,微滴中心间距约为 250μm。

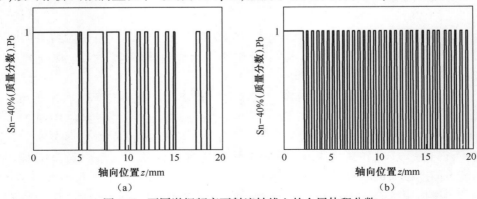

图 4.5　不同激振频率下射流轴线上的金属体积分数

(a)$f=2\text{kHz}$；(b)$f=3.89\text{kHz}$。

为更加详细地分析扰动频率对微滴断裂过程的影响,取扰动频率 f 为 0、2kHz、3.89kHz 进行微滴喷射实验,并在不同时刻对金属微滴进行拍照,拍摄结果如图 4.6 所示。

图 4.6(a)显示,在 $f=0$ 时,射流断裂成微滴过程极不稳定,表明在无外加激振信号时,同样存在微小扰动沿射流增长使射流断裂,但扰动随机,射流表面扰动增长不恒定,射流断裂长度和断裂形貌不断变化:在 $t=3s$ 时,射流喷射较长距离后,才产生收缩与膨胀,并最终断裂;在 $t=3.5s$ 时,由于射流长度过短,未能拍摄到,断裂得到的微滴中包含微小卫星液滴;在 $t=4s$ 时,射流断裂成主液滴,且微滴间距为 $540\sim820\mu m$,变化相对于其他时刻较小,微滴较为均匀,表明此时扰动频率接近最优扰动频率;在 $t=4.5s$ 时,射流出现丝带状颈缩,微滴间距差别较大（$0.35\sim1.1mm$),容易出现微滴融合现象。

图 4.6(b)显示,当 $f=2kHz$ 时,射流断裂长度之间差异有所减小,但射流断裂过程同样不规则,其断裂形态随着时间改变而改变,射流中出现的卫星微滴和融合微滴较多。

图 4.6(c)显示,当 $f=3.89kHz$ 时,射流断裂为均匀的金属微滴。在 $t=3s$、$t=3.5s$、$t=4s$、$t=4.5s$ 时,射流断裂长度都相近。同时,由于最优外部激振作用下,每个扰动波长上的射流会断裂形成一颗微滴,故微滴之间的间距均匀(扰动波长)。此时,微滴具有相同尺寸,其相邻间距也接近($520\sim580\mu m$),说明均匀金属微滴形成过程稳定且可控。

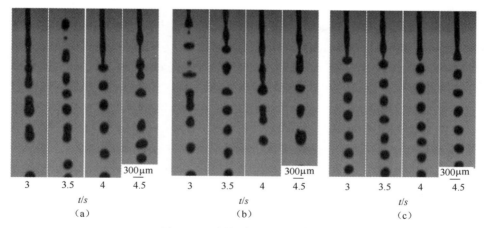

图 4.6　不同频率下的微滴形态
(a)$f=0kHz$；(b)$f=2kHz$；(c)3.89kHz。

以上研究表明,不加扰动时,射流表面扰动增长速率不恒定,射流断裂形成的微滴形态也不稳定,此时无法精准地控制射流长度、微滴尺寸和微滴间距等参数。当外部有扰动,但并非是最优频率扰动时,射流断裂的随机性受到一定的抑制,但依旧表现出不规则断裂形态。在最优扰动频率作用下,射流表面随机扰动被抑制,射流表面扰动的增长速率恒定,射流稳定地断裂为尺寸及间隔均较均匀的微滴。

利用射流断裂过程的数值模拟可进一步揭示射流内部速度和压强等物理量的变化规律。在模拟射流轴线上不同位置设置采样点,可以获取不同轴向位置处的射流速度与压强变化结果。如图 4.7(a)所示,在 $f=0$ 时,喷孔处($z=0$),射流速度与压强基本不随时间变化,此处的压强和速度由加载气压决定。随着射流远离喷孔($z \approx 3.5\text{mm}$),射流速度明显减小,同时射流在表面张力作用下产生收缩导致其内部压强增加(图 4.7(b))。但随着喷射时间增加,远离喷孔的射流速度逐渐增加,其内部压强变化没有明显规律。

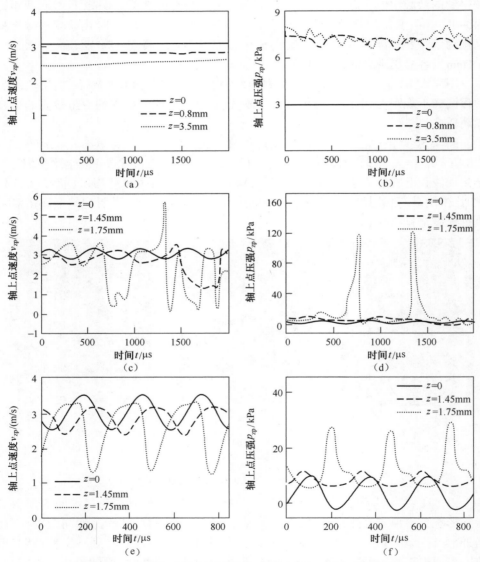

图 4.7　不同激振频率下射流轴上不同位置的速度和压强变化
(a)、(b)$f=0$;(c)、(d)$f=2\text{kHz}$;(e)、(f)$f=3.9\text{kHz}$。

当激振频率为 2 kHz 时,喷孔处射流速度和压强呈周期性变化(图 4.7(c)和(d)),其频率等于激振频率,表明此处的压强和速度受到压力和激振信号的影响。但随着射流离开喷孔,射流速度和压强发生无规则的随机性变化。当激振频率为 3.9kHz 时,在喷嘴内部和远离喷嘴的射流内速度和压强均呈周期性变化,每一个周期内产生一颗微滴。图 4.7(a)、(c)和(e)中,喷孔处射流速度平均值均为 3m/s。

模拟结果显示,当扰动频率为最优频率时,喷嘴处射流速度变化幅值达到 1m/s,射流其他部位的内部扰动频率都相同。可见,施加最优频率扰动后,激振信号在射流内部引起共振,最终促使射流断裂为均匀微滴。

由经典瑞利不稳定理论可知,加载激振频率对射流表面扰动增长速率 β 影响显著,利用经典瑞利不稳定理论求解无量纲波数 $\kappa = d_j f / v_j$ 与扰动增长速率之间的关系,同时将不同扰动频率下,射流仿真结果中无量纲波数与射流断裂长度与之间的关系进行对比(图 4.8)。图中显示,当 κ 逐渐增加时,射流长度 L 与激振增长速率 β 的变化趋势相反,即激振增长速率 β 越大,激振沿射流传播时间 τ 越小,当射流速度 v_j 一定时,射流断裂时间 τ 减少,射流断裂长度逐渐减小。在最优波数 κ_{opt} = 0.705 时(f_{opt} = 3.9kHz 与 v_j = 2.6 m/s),β 达到最大值,射流断裂长度最短,约为 7.1mm。当 κ 远离最优值 κ_{opt} 时,β 逐渐减小,射流长度再次变长。

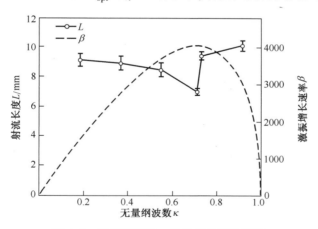

图 4.8　无量纲波数 κ 对射流长度的影响

图 4.9 为通过数值计算得到的激振频率与微滴直径之间的关系,随激振频率增大,微滴平均直径从 300μm(f = 2kHz)减小到 250μm(f = 4.7kHz),可以看出,其变化规律与瑞利不稳定理论预测结果较为接近,同时,微滴直径偏差逐渐减小,当达到最优频率时,微滴直径偏差也达最小,此时微滴最为均匀,产生的均匀微滴直径为 283μm,与预测值 284μm 偏差 0.2%。说明射流断裂过程可采用瑞利线性不稳定理论进行预测。通常认为微滴直径的相对变化小于 4% 时,可以满足一般金属制件的成形要求[4]。

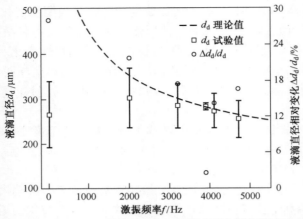

图 4.9　S-Sn60PbAA 40%(质量分数)Pb 微滴直径与激振频率之间的关系

4.1.2　试验参数对金属射流断裂过程的影响规律

　　金属射流在喷射过程中,易受到喷嘴缺陷、杂质、氧化等因素干扰,出现射流偏斜、摆动、中断甚至无法断裂等问题,导致均匀微滴流喷射过程不稳定,从而影响均匀微滴沉积精度。

　　金属射流喷射过程受到多种因素耦合作用的影响(图 4.10):若喷射材料中含有较多杂质,则杂质附着在喷孔壁上会引起射流喷射状态变化,严重时会堵塞喷孔导致射流中断;试验环境中氧气会使液态金属发生氧化反应,直接改变射流表面的化学成分与物理性质;液态金属与喷孔壁之间的润湿作用同样会导致射流喷射状态的变化。另外,喷射气压直接影响射流速度,射流速度过高会使射流进入风诱断裂模式(雾化为大小不一的金属微滴),无法形成均匀微滴。速度较低时,射流易受喷嘴缺口、杂质等因素干扰,造成射流方向摆动、偏斜等不稳定行为。因此,明确

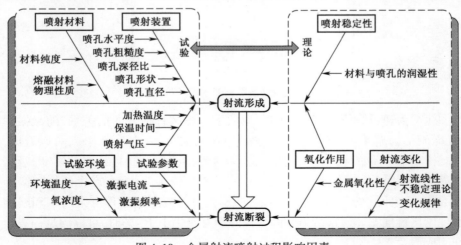

图 4.10　金属射流喷射过程影响因素

各种试验因素对喷射过程的影响机制以实现射流稳定喷射控制,是均匀微滴打印技术需要解决的一个重要命题。本节结合数值分析与喷射试验研究,以探讨上述试验参数对金属射流断裂行为的影响规律。

1. 喷孔直径对射流断裂的影响

喷孔直径对微滴直径有较大影响。研究了不同喷孔直径、不同激振频率组合对均匀微滴的喷射形态的影响。喷孔直径为 50μm 时,得到的均匀均数微滴直径约为 95μm(图 4.11(a)和(b));当喷嘴直径增大到 100μm 时,微滴直径明显增加(图 4.11(c)和(d));当喷嘴直径增大到 150μm 时,喷射的均匀微滴直径增大到 283μm(图 4.11(e)和(f))。由此可知,随着喷孔直径增大,均匀微滴直径相应线性增大,其比值约为 1.9。

图 4.12(a)显示,在射流均匀断裂时,如果施加的激振频率小幅变化,仍可以得到均匀的微滴,且同样喷孔喷射的均匀微滴直径并未发生变化;同时,在均匀微滴喷射参数组合下,改变喷射压力,得到的均匀微滴直径变化不明显(图 4.12(a)),但微滴喷射速度随着喷射压力增加而增加(图 4.12(b))。

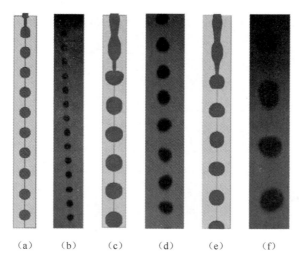

（a）　　（b）　　（c）　　（d）　　（e）　　（f）

图 4.11　不同喷孔直径下产生的均匀微滴

（a）、（b）$D_n = 50μm$;（c）、（d）$D_{11} = 100μm$;（e）、（f）$D_n = 150μm$。

2. 喷孔深径比的影响

定义喷孔深径比 $R = h_o/d_o$(其中,h_o 为喷孔厚度,d_o 为喷孔直径),对不同喷孔深径比条件下均匀微滴喷射情况进行数值仿真与喷射试验。在喷射气压为 45.6kPa、激振信号频率为 3.89kH 条件下,不同喷孔深径比下均匀微滴喷射参数如表 4.3 所列。由模拟结果可知,当喷孔深径比由 1 增加到 2 时,在振幅为 4μm 的激振信号作用下都能产生均匀微滴,但射流长度由 1.25mm 增加到 1.86mm(图 4.13(a)和(c))。当喷孔厚度增加到 10μm 时,振幅需要增大到 7.5μm 才能产生

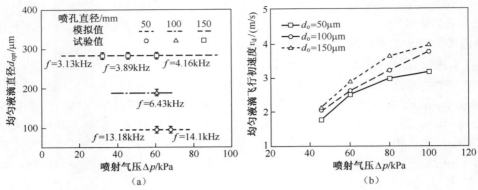

图 4.12　均匀液滴直径及飞行初速度与喷射气压的关系
(a) 均匀微滴直径的变化；(b) 均匀微滴飞行初速度与喷射气压的关系。

均匀微滴,且射流断裂长度增加到 5.2mm（图 4.13（e））。随着喷孔深径比增加,射流长度逐渐增大（图 4.14）,微滴间距变小（图 4.15）,只有相应增大激振振幅才能确保产生均匀微滴。试验与模拟结果具有相同的变化趋势,表明在喷孔直径不变的情况下,喷孔厚度越小,产生均匀微滴所需的激振振幅越小。

表 4.3　不同喷孔厚度下均匀微滴喷射参数

序号 （模拟）	喷孔 深径比	激振振幅 /μm	序号 （试验）	喷孔 深径比	激振电流 /mA
(a)	1	4	(b)	1	50
(c)	2	4	(d)	2	50
(e)	10	7.5	(f)	10	90

注：表中序号与图 4.13 一一对应。

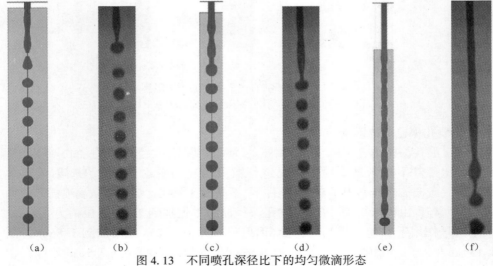

图 4.13　不同喷孔深径比下的均匀微滴形态

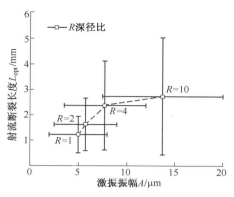

图 4.14　不同深径比下射流断裂长度　　　图 4.15　不同喷孔深径比下均匀微滴间距

3. 喷射气压的影响

为了明确喷射气压对均匀微滴的影响规律,在喷孔直径一定的情况下,改变喷射气压进行微滴喷射过程试验与仿真研究。依据瑞利不稳定理论,计算喷射气压由 30kPa 增加到 80kPa 时,优化激振频率的变化(表 4.4),在此参数条件下,试验与仿真得到的均匀微滴对比如图 4.16 所示。可以看出,射流断裂长度由 1.276mm 增加至 2.085mm(图 4.17),试验结果与仿真结果变化趋势相同,表明不同气压作用下,射流喷射速度的增加,会导致射流断裂长度的增加。

表 4.4　均匀铅锡合金微滴喷射试验参数(材料为 S-Sn60PbAA)

序号(模拟)	喷射气压/kPa	激振频率/kHz	序号(试验)	喷射气压/kPa	激振频率/kHz
(a)	30	3.16	(b)	32	3.13
(c)	45.6	3.89	(d)	45.6	3.89
(e)	60	4.48	(f)	60	4.16
(g)	80	5.18	(h)	80	5
注:表中序号与图 4.16 一一对应。					

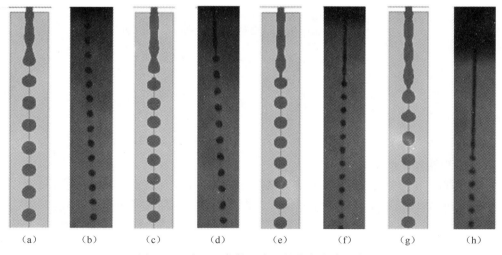

(a)　　　(b)　　　(c)　　　(d)　　　(e)　　　(f)　　　(g)　　　(h)

图 4.16　表 4.4 条件下产生的均匀微滴形态

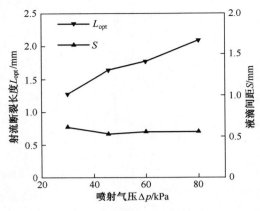

图 4.17　射流断裂长度和微滴间距的变化

图 4.18 也显示,随着喷射压力增加,均匀微滴的间距变化不大。其原因是喷射气压增大使得喷射射流的轴向速度有所增加(图 4.18),可产生均匀微滴的最优频率也相应增大(参见式(2.16))。由于微滴间距与射流表面扰动波长 λ 呈正比,依据 $\lambda = u_j/f$,可知当 u_j 和 f 同时增加时,射流的微滴间距变化很小(图 4.17),故喷射气压很难直接改变微滴间距的大小。

上述试验分析结果表明,在获得均匀微滴的情况下,通过增大喷射气压可有效增大射流长度及微滴飞行速度,但对微滴间距的影响不大。

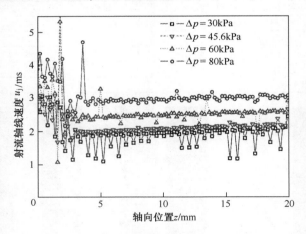

图 4.18　喷射气压对射流轴线速度的影响

4. 激振频率的影响

已有研究表明[5],当金属熔液喷射的扰动频率在最优频率附近做微量变动时,射流断裂长度虽比最优扰动频率下的断裂长度长,但也可能断裂为均匀微滴。仿真中,喷射气压($\Delta p = 45.6$kPa)与激振振幅($A_p = 2.5$mm)保持不变,最优频率为 3.89kHz,如果小幅改变激振频率 f(由 3.7kHz 增加到 4kHz),均能得到均匀微滴

（图 4.19）。此时，射流断裂长度 L_{opt} 随 f 增大先减小后增大（图 4.20），微滴间距 S 均随 f 逐渐减小，而微滴飞行速度随 f 增大无明显变化。

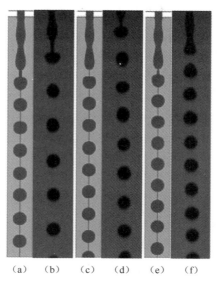

图 4.19　激振频率小幅变化时得到的均匀微滴

（a）、（b）$f=3.7\mathrm{kHz}$；（c）、（d）$f=3.8\mathrm{kHz}$；（e）、（f）$f=4\mathrm{kHz}$。

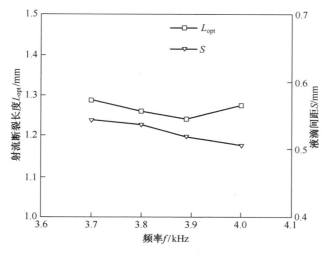

图 4.20　射流断裂长度和微滴间距的变化

上述研究表明，实现均匀微滴喷射的频率取值并非定值，而是在一个范围内变动。在小范围内调节激振频率，可改变射流断裂长度和均匀微滴的间距，但不改变喷射均匀微滴的初始飞行速度和微滴喷射的均匀性。

5. 表面氧化对金属射流断裂过程的影响规律

金属熔液的氧化可改变其表面物理性质，导致射流状态发生变化。通过进行不同氧含量下金属射流的喷射试验,可以定性分析金属氧化作用对射流断裂的影响规律。

将 S-Sn60PbAA 材料放入不锈钢坩埚内,加热至 270℃ 保温至全部熔化。分别在大气和低氧环境中进行金属射流喷射试验,试验参数见表 4.5:第一组中,喷射射流不加载激振,环境氧含量分别为 21%(大气环境)、10μL/L 和 500μL/L(密封低氧环境);第二组中,试验其他参数均不变,施加频率为 15kHz 振动,同时,调节激振电流得到不同的激振振幅,研究不同氧含量氛围中,频率、振幅对射流断裂状态的影响。

表 4.5　不同条件下金属射流喷射试验参数

无激振情况				加载激振情况(频率为 15kHz)				
序号	氧含量	扰动频率	激振电流	对应照片	序号	氧含量	扰动频率	扰动电流/mA	对应照片
(a)	10μL/L	0	0	图 4.21(a)	(d)	10μL/L	15	60	图 4.22(a)
(b)	500μL/L	0	0	图 4.21(b)	(e)	500μL/L	15	60	图 4.22(b)
(c)	21%	0	0	图 4.21(c)	(f)	21%	15	60	图 4.22(c)
					(g)	21%	15	100	图 4.22(d)

注:施加气压为 30kPa;喷孔直径为 140μm。

图 4.21 为采用高速 CCD 和 SEM 拍摄的照片,可以看出,在无外加激振信号时,不同氧含量下的金属射流断裂状态各不相同。在低氧环境中,射流在微弱扰动作用下断裂成不规则微滴(图 4.22(a))。此时,极少量的氧化物孤立地分散在射流表面,较难抑制微弱扰动信号的增长,对金属射流断裂的影响可以忽略,金属射

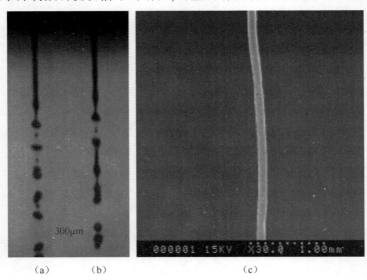

（a）　　　　（b）　　　　　　　　　（c）

图 4.21　金属射流喷射情况

(a)氧含量为 10μL/L;(b)氧含量为 500μL/L;(c)氧含量为 21%(大气环境)。

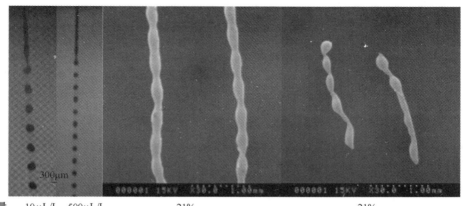

氧含量	10μL/L	500μL/L	21%	21%
驱动电流	60mA	60mA	60mA	100mA
	(a)	(b)	(c)	(d)

图 4.22　表 4.5 条件下金属射流喷射情况

(a)氧含量为 10μL/L;(b)氧含量为 500μL/L;(c)、(d)氧含量为 21%(大气环境)。

流自由断裂,微滴中可见卫星微滴。随着氧含量增加,射流表面的氧化作用使得射流断裂行为发生变化,射流变为不规则链状微滴(图 4.22(b))。射流表面的氧化物开始相互连接形成较大的氧化薄膜,此薄膜抑制射流扰动的增长,导致射流断裂状态发生变化。当氧含量进一步增高时,氧化物连接成弹性薄膜逐步覆盖整个射流表面,微弱扰动被弹性氧化物完全抑制,已不能断裂为微滴。当射流表面张力远小于氧化物薄膜变形所需的弹性作用力时,则会凝固成直线型长丝(图 4.22(c))。

当输入频率为 15kHz,电流为 60mA 的正弦激振信号时,金属射流断裂状态不同于无外加激振情况。在图 4.22(a)和(b)中,射流可在每个振动周期内断裂成均匀微滴。氧含量较高时(图 4.22(c)),射流表面虽产生静脉曲张;但由于氧化作用所产生的氧化皮,增强了射流的表面张力,使金属射流无法断裂成为金属微滴,而是以射流的形态凝固成珠串形长丝。增大激振信号(图 4.22(d)),射流断裂成珠串状短丝。引起射流断裂的原因为外加激振作用破坏氧化膜而断裂,不满足瑞利断裂模式,因而无法获得均匀金属微滴。

由以上分析可知,不同氧含量条件下产生的氧化物会抑制微小扰动信号沿射流运动方向增长,使得射流断裂状态发生变化,通过外加激振作用可增强扰动信号,并使射流断裂,但其不再满足瑞利断裂条件,难以获得均匀金属微滴。

6. 杂质对喷射过程的影响

杂质堵塞喷孔造成毛细射流无法正常喷射是微滴喷射过程中的常见问题,其原因是喷射材料中难容杂质在喷射过程中附着在喷孔内部,导致射流喷射时形态发生变化,是射流稳定喷射必须消除的干扰因素之一。

为了消除或减少由杂质引起的堵塞或射流偏斜的影响,试验前需先对原材料以及坩埚和喷嘴进行除去杂质清洁处理：①采用专用模具除去原料杂质，将原材料熔化后，去除熔融金属表面的氧化物及不熔杂质，然后通过滤网倒入模具中冷却成形；②清洗坩埚和喷嘴，采用稀盐酸配制成的弱酸清洗液清洗坩埚与喷嘴内部，然后用蒸馏水清洗，以除去微小杂质。

按上述方法进行清理后再进行试验，分别采用 Sn-40%（质量分数）Pb 原料和经清洁处理后的同种原料进行射流喷射试验。在氧含量为 10μL/L 的氮气环境中，将以上两种材料分别放入坩埚中加热至 250℃，保温 20min，喷射气压为 45.6kPa 与频率为 3.89kHz 的正弦激振信号。均匀微滴喷射过程的高速 CCD 照片如图 4.23 所示。可以看出：未处理的材料喷射射流能产生均匀微滴，但会发生明显偏斜，其偏斜角为 5.8°保持不变；处理过的材料进行喷射时，射流铅直向下喷射产生均匀微滴。说明通过除去原料中的杂质以及清洗坩埚与喷嘴方法可有效减少微小杂质的不利影响，防止由杂质引起的射流偏斜，提高喷射过程的稳定性。

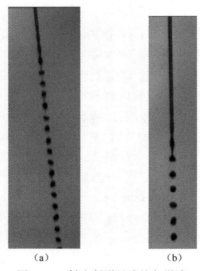

（a）　　　　　　　　　（b）

图 4.23　射流断裂呈成均匀微滴

（a）未处理原料；（b）除去杂质的喷射材料。

7. 喷射材料与喷嘴壁面润湿作用对喷射过程的影响

在金属熔液喷射过程中，喷射材料与喷嘴材料有可能会相互润湿，此润湿性对喷射过程起着不可忽略的作用。本节采用黄铜和红宝石两种与铅锡合金溶液润湿性不同的材料进行射流喷射，以明确喷嘴润湿作用对金属射流喷射的影响。

将 Sn-40%（质量分数）Pb 融化，采用黄铜喷孔，施加不同的喷射气压和激振信号进行试验。试验参数如表 4.6 所列。当喷射气压较小时，均匀微滴发生偏斜（图 4.24（a）），角度约为 12.3°。将气压增大到 80kPa 时，微滴的偏斜角减小至 2.75°（图 4.24（b））。气压增大到 100kPa，激振频率增加到 5.8kHz，均匀微滴不再发生偏斜（图 4.24（c））。此时，将喷射气压降低至 40kPa 时，金属射流消失，金属熔液在喷孔处铺展,不能形成射流(图 4.24(d));再次将喷射气压增大到 100kPa,同样无法产生金属射流。

表 4.6 采用铜喷孔的喷射铅锡合金微滴的试验参数

序号	喷射气压/kPa	激振频率/kHz
(a)	40	1.85
(b)	80	2.6
(c)	100	2.95
(d)	40	无
注:图中序号与图 4.24 一一对应。		

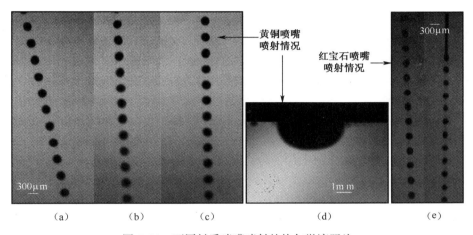

图 4.24 不同材质喷嘴喷射的均匀微滴照片

(a)黄铜喷嘴喷射均匀微滴喷射压力为 40kPa,扰动频率为 1.85kHz;(b)黄铜喷嘴喷射均匀微滴喷射压力为 80kPa,扰动频率为 2.6kHz;(c)黄铜喷嘴喷射均匀微滴喷射压力为 100kPa,扰动频率为 2.95kHz;(d)金属熔液在铜喷嘴出口集聚导致喷射失败;(e)红宝石喷嘴喷射均匀微滴,喷射过程稳定。

喷射试验表明,由于铅锡合金熔液与黄铜之间的润湿性较好,金属熔液易从喷嘴中渗出,并在喷孔壁面聚集,从而增加了熔液与喷嘴表面的接触面积,进而导致熔液喷射时所受表面张力合力过大,使得射流难以形成。

图 4.24(e)为采用直径为 150μm 的红宝石喷孔进行喷射的结果,在气压分别为 40kPa(左图)和 80kPa(右图)的条件下,分别施加 3.7kHz 和 5.18kHz 的正弦激振信号,都可得到均匀的金属微滴,无明显偏斜。结果表明,由于红宝石与铅锡合金熔液之间的润湿性不好(大于 90°),金属熔液在喷射过程无渗出现象,更有利于均匀金属微滴稳定喷射。

由以上研究可知,与喷嘴表面润湿的射流在喷射过程中可能产生无法喷出和偏斜等影响,通过增大喷射气压可在一定程度减少上述影响,偏斜射流在优化频率激振作用下仍能产生均匀微滴。但均匀微滴偏斜后直接影响沉积精度,故在实际喷射过程中应避免发生射流偏斜。选用与喷射材料不润湿的喷孔材料,可有效地减小射流不稳定现象,提高射流喷射的稳定性。

4.2 均匀金属微滴充电和偏转控制

对均匀金属微滴连续喷射技术而言,必须使用对均匀微滴进行充电偏转的方法实现微滴不同沉积位置的控制和飞行过程中微滴融合现象的抑制。本节重点探讨微滴充电电量控制方法、充电微滴发散行为和偏转轨迹控制方法。

4.2.1 均匀金属微滴充电电量控制

1. 微滴带电电量检测装置

微滴充电电量精度决定了充电微滴偏转定位精度,欲实现微滴偏转定位精确控制,首先需对微滴充电电量进行检测,以明确试验参数对微滴充电电量的影响规律。图 4.25 为均匀金属微滴充电电量检测装置示意图,其工作原理:带电微滴不断沉积于法拉第筒(双层结构,内、外层绝缘隔开,内层连接检测电路)中,通过静电感应在法拉第筒内侧连接电路上形成感应电流。由于沉积微滴带电电量及其间距均匀,故可通过测量感应的平均电流以推导均匀微滴平均带电电量,从而实现均匀微滴充电电量检测。

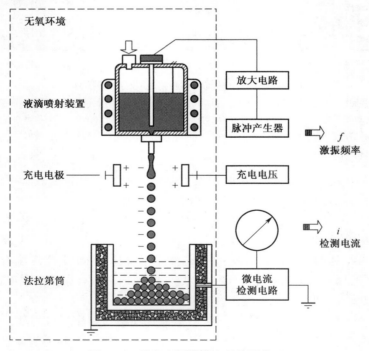

图 4.25 均匀金属微滴电量检测装置

根据瑞利线性不稳定理论,均匀微滴形成周期与激振周期一致,故充电微滴沉积到法拉第筒的频率可认为与微滴形成的频率一致(认为微滴沉积频率与激振信

号频率一致）。假设微滴沉积频率为 f,检测得到的电流为 i,则微滴所带电量为

$$Q = i/f \tag{4.26}$$

由式（4.26）可知,只需测量出法拉第筒内微滴放电形成的微小电流 i,便可测得微滴平均电量。

检测电路原理如图 4.26 所示。放大电路由两个 OP129 运算放大器组合而成,具有测量电流分辨率高、电路噪声小等优点。由于感应电流很微弱,易受环境噪声及电路系统本身噪声的干扰。为抑制信号噪声,可设计良好的低噪声前置放大电路对弱电流进行放大,以驱动后级电路工作。电路外反馈采用工作于短路方式下的基本放大电路实现,此电路的输入信号为电流信号 I_{in},输出信号为电压信号 V_{out}。则检测电路电压输出为

$$V_{out} = - R_f \cdot I_{in} / (1 + j \cdot f/f_h) \tag{4.27}$$

式中

$$f_h = 1/2\pi R_f C_f \tag{4.28}$$

式中:f 为信号频率,R_f 为反馈电阻,C_f 为反馈电容。f 的取值一般为 10kHz 以下,远小于 f_h。故式（4.27）可简化为

$$V_{out} = - I_{in} \cdot R_f \tag{4.29}$$

在图 4.26 中,R_1、R_2、C_1 和运算放大器组成的电路是在基本反馈电路基础上构成内反馈电路,通过调节 R_1、R_2、C_1 的大小可调节运算放大器增益。在直流情况下,该反馈电路中 C_1 相当于电路断开,此时电路系统的开环增益是两个运算放大器开环增益的乘积。合理调整 R_1/R_2 的值能够很好地减小噪声带宽,降低系统噪声。在微滴电量检测电路中,外反馈电阻 R_f 上并联的电容 C_f 为消振电容,用于减小噪声带宽,可通过式（4.28）计算出 C_f 的值。

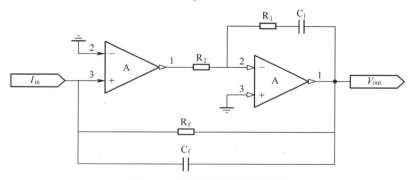

图 4.26　检测电路图的原理[6]

2. 微滴带电电量测量试验

图 4.27 不同激振频率条件下,水微滴充电电量检测结果。试验中,喷嘴直径为 150μm、喷射压力为 25.8kPa,施加的三个不同扰动频率分别为 4.8kHz、5.8kHz、7.8kHz。测量结果显示,在喷射频率为 5.8kHz、4.8kHz 条件下,微滴充电电量相差不大,充电量与充电电压保持线性比例关系。在充电电压为 300V 时,两种情况测

量得到的平均充电电量达到最大,其测量误差也最大。其原因是在 5.8kHz 与 4.8kHz 条件,射流能够断裂成为均匀微滴,喷嘴直径决定了微滴直径大小,故充电电量相差不大。

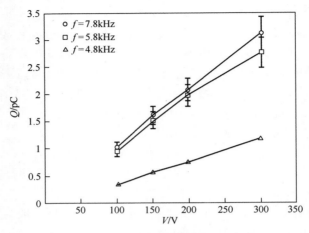

图 4.27 充电电压与微滴带电量关系

在 7.8kHz 扰动条件下,检测到的微滴充电电量与上述两种情况相差较大,且充电电量与充电电压并不保持线性关系。其原因是此时射流未断裂为均匀微滴,微滴直径大小不均匀,充电电量也不均匀,充电电量与充电电压并不保持线性关系,此时检测得到的微滴平均充电电量也比均匀微滴平均充电电量小。

3. 充电对微滴均匀的影响

进行不同参数下均匀金属微滴喷射试验,以明确充电对微滴均匀性的影响规律。喷射试验参数:沉积距离为 3cm,喷射温度为 543K,压力与扰动频率的组合为 110kPa/11.5kHz。收集到的金属微滴及其直径分布如图 4.28 所示,图 4.28(a)显示微滴颗粒较均匀,但存在较大的融合颗粒,颗粒直径分析结果(图 4.28(b))显示融合微滴个数相对较少,颗粒尺寸的标准偏差为 22μm。

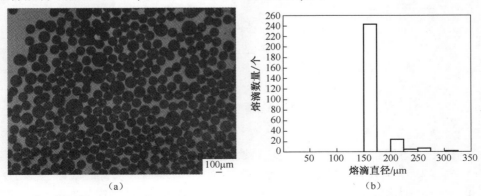

图 4.28 沉积距离为 5cm 处得到的金属颗粒以及颗粒直径分布图

(a)金属颗粒;(b)颗粒直径分布。

对喷射的均匀金属微滴充电,利用充电微滴之间的经典排斥力克服微滴间的融合。试验中,金属微滴喷射压力为 110kPa,频率为 11kHz,沉积距离为 10cm。采用真空泵油收集此条件下喷射得到的均匀金属微滴,并测量及统计金属颗粒直径,得到的金属颗粒及直径偏差如图 4.29 所示。图 4.29(a)显示金属颗粒较为均匀,统计约 320 颗微滴的直径(图 4.29(b))。直径为 160~170μm 的微滴颗粒占测量颗粒总数的 85% 以上,测量得到的金属颗粒直径的标准偏差为 13μm,相对具有较高的均匀度。对比图 4.28 中结果,证实了对金属射流充电可以抑制液滴间的融合,喷射金属颗粒均匀性。

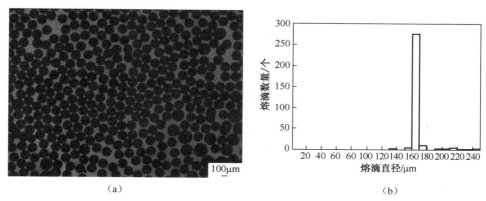

(a)　　　　　　　　　　　　　　　　　(b)

图 4.29　微滴充电后得到的金属颗粒以及颗粒直径分布图
(a)充电得到的金属颗粒;(b)颗粒直径分布图。

4.2.2　充电均匀微滴流发散行为研究

由于喷嘴缺陷、杂质等因素的影响,射流在断裂成均匀微滴时,会有一个偏离轴线的极小偏差,当微滴充上电荷后,充电微滴相互间的静电排斥力出现垂直分力,最终使其偏离飞行轴线,产生发散。此种发散会导致微滴的沉积点相对于预计位置产生一个随机偏差,影响微滴沉积精度。本节结合 2.1.2 节所建立的充电微滴发散飞行物理模型,以及均匀微滴充电发散试验,来探讨不同试验参数下微滴发散行为对微滴沉积精度的影响机制。

获取均匀充电微滴发散位置的试验装置如图 4.30 所示,喷射液体为红色墨水,喷射压力为 25.8kPa,激振频率为 5.7kHz。在喷嘴下方设置 30cm、35cm、40cm、45cm、50cm 五个沉积位置,沉积基板上放置白纸以获取发散微滴位置信息。发散微滴数量可通过控制回收槽接受,以形成发散点阵图。

为定量研究充电微滴发散位置规律,在喷嘴下方 40cm、50cm 两个沉积位置记录充电均匀微滴到达预定沉积距离时的发散沉积点阵图,通过充电微滴发散预测理论,计算得到此两处的微滴沉积点图,如图 4.31(c)和(f)所示,其坐标原点位于喷嘴正下方,在 40cm 处液滴在水平面上发散区域为一长轴为 2~5cm,短轴为 2cm 的椭圆区域,在 50cm 处,微滴在水平面上的发散区域为直径约 4cm 的圆形区域。

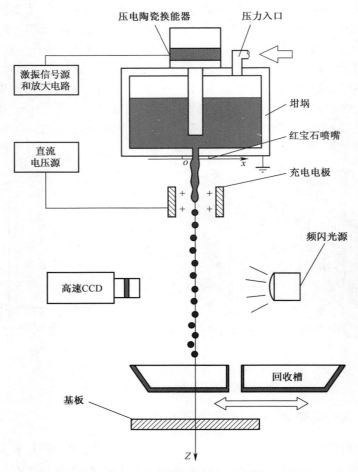

图 4.30　均匀充电微滴发散过程试验装置示意图

　　由于微滴沉积区域的形状并非标准圆形,为定量表征微滴发散半径,在得到微滴发散区域后,将沉积微滴的圆形区域划分为 10 等份扇形,然后在每个扇形中,取中心与离其最远的微滴间距作为微滴发散半径的测量值,并取 10 个扇形区域中此发散半径的平均值作为欲求解的发散半径 R_{dis}。由此方法计算得到在 40cm、50cm 沉积距离时,发散半径分别为 1.1cm 和 1.9cm。

　　上述试验结果可以看出,在 40cm 处,均匀微滴发散区域较小,微滴多集中在发散区域的中心部位,微滴分布区域呈椭圆形,沉积图形的上部和下部之间距离较远,达 3cm,但左右间距小于 2cm。得到各沉积距离处的微滴发散区域后,将发散区域均分为 10 个扇形区域,测量每个扇形区域中距中心最远的微滴与中心的距离,然后取 10 个测量值的平均值作为发散半径 R_{dis}。图 4.31(b) 测量结果为 1.2cm,图 4.31(c) 对应理论预测结果的平均值为 1.1cm,两值比较相差 1mm,试验值较理论值略微偏大。图 4.31(e) 显示,在沉积距离为 50cm 处测量的发散半径

R_{dis} 与理论结果 1.9cm 仅相差 0.14mm,吻合较好。

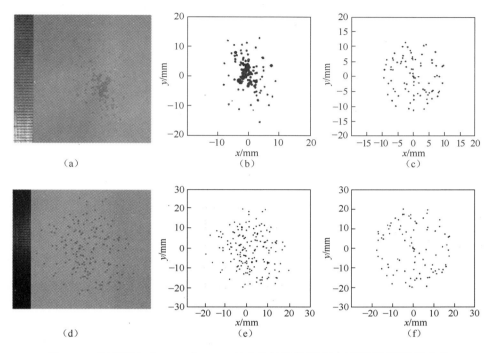

图 4.31　沉积距离为 40cm 与 50cm 处收集的发散微滴沉积图及预测结果比较
（a）、（d）微滴打印图；（b）、（e）测量点；（c）、（f）预测结果。

图 4.32 显示了 30cm、35cm、40cm、45cm、50cm 五个沉积距离处的实验结果平均值与理论预测发散半径 R_{dis} 与沉积距离关系。由图可以看出,在 $Z=50$cm 处,理论值与实验值吻合较好,沉积半径 R_{dis} 误差范围较小。当沉积距离变小时,微滴发散直径理论值与实验值之间的差别变大,同时发散直径分布也较大,如沉积距离为

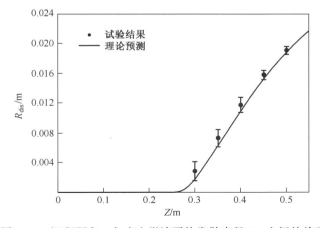

图 4.32　沉积距离 Z 与充电微滴平均发散半径 R_{dis} 之间的关系

30cm 时,测量结果为 0.28cm,沉积误差约为 0.13cm。产生这一现象的原因是:均匀带电微滴的发散区域随沉积距离变短而变小,数量较多的微滴在小区域快速沉积会发生溅射,从而导致测量误差增加。图 4.32 还显示,在沉积距离大于 27cm 时,射流的发散半径小于微滴直径,而沉积距离在 27cm 以下,微滴发散半径迅速增加,故可将此距离作为充电微滴未发散的临界沉积距离。

采用 S-Sn60PbAA(质量分数)合金作为喷射材料,研究不同直径金属微滴的发散行为,定义发散半径超过一个微滴直径为发散阈值。在喷射压力为 45.6kPa 时,理论计算的微滴直径、喷射速度、充电电量如表 4.7 所列。理论计算得到不同尺寸的金属微滴充电发散半径与沉积距离的关系如图 4.33 所示,直径为 90.4μm、121μm 的充电微滴发散行为较为明显,发散半径超过一个微滴直径的沉积距离分别为 6.4cm、9.7cm,且增加速率较快,而直径为 190μm、217μm、270μm 的微滴在沉积距离分别为 42.4cm、43.9cm、53.9cm 处才达到临界沉积距离。由分析可知,微滴沉积距离需保持在上述临界距离之内,否则沉积点会出现不可预测的扰动。直径为 90.4μm、121μm 的微滴,未发散沉积距离较短,直径在 190μm、217μm、270μm 的微滴未发散沉积距离较长,实现精确可控沉积的沉积距离也相对较长。研究结果也表明,微滴直径接近 100μm 或更小时,微滴发散行为对沉积精度影响较大,存在明显的尺寸效应。

表 4.7 不同试验参数下微滴的微滴充电电量

微滴直径/μm	喷射速度/(m/s)	充电电量/pC
90.4	2.050	−0.776
121	2.298	−1.163
190	2.441	−1.798
217	2.485	−2.241
270	2.64	−2.976

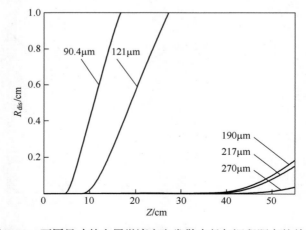

图 4.33 不同尺寸的金属微滴充电发散半径与沉积距离的关系

4.2.3　均匀微滴充电偏转飞行实现与控制

充电电压波形、喷射材料物性等因素对微滴充电偏转轨迹或沉积位置有着较大影响,这里采用均匀微滴充电偏转装置对墨水和铅锡合金微滴分别在不同充电偏转方式下进行充电偏转试验,以探究微滴偏转影响因素。相关试验参数列于表4.8。金属材料为去除表面氧化皮及杂质的铅锡合金材料(Sn-40%(质量分数)Pb),熔炼温度为250℃。

表 4.8　充电偏转试验材料以及试验参数

喷射材料	水溶液	铅锡合金
喷射压力/kPa	25.8	45.6
扰动频率/kHz	2.78	3.89
偏转电压/V	4000	
充电脉冲最大幅值/V	300	

依据瑞利不稳定理论,可计算得到喷射均匀水微滴的试验参数,喷射压力为25.8kPa、激振频率为2.84kHz;喷射均匀铅锡合金微滴的试验参数,喷射压力为45.6kPa、激振频率为3.89kHz。微滴充电偏转时,充电脉冲由充电电路产生,并通过屏蔽双绞线加载到两个充电电极上,充电电压调制电路产生频率与激振频率相同,充电脉冲幅值可根据充电需求进行调制;偏转电极一极加载静电高压,另一极接地,以构成强偏转静电场,实现充电微滴偏转控制。微滴偏转过程采用高速CCD拍摄,拍摄区域为喷嘴下方长为10cm的区域。

按照表4.8所列参数得到的均匀水微滴及其充电偏转后的情况如图4.34(a)

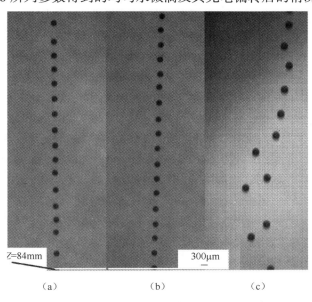

图 4.34　水微滴成功偏转及偏转失败影像

(a)喷射的均匀金属微滴;(b)偏转的均匀金属微滴;(c)偏转微滴偏转紊乱现象。

和(b)所示(此均匀微滴为加载充电电压后的微滴),可以看出,微滴之间未出现融合现象,且发散行为不明显。在水微滴喷射试验中,如果喷射液体或坩埚内部不洁净,喷嘴处常会出现微小不溶性杂质,依附在喷嘴周围导致射流偏斜,微滴偏转呈现紊乱现象(图 4.34(c))。

为验证充电电压对微滴偏转控制的有效性以及充电电压波形对微滴偏转过程影响,采用梯形式、间隔梯形式、单微滴间隔式以及阶梯间隔式四种不同的充电方式对微滴进行充电与偏转。

图 4.35(a)为梯形充电电压波形,每一个电压变化周期对应一个微滴的形成周期,确保均匀微滴形成和充电过程的协调。图示的充电电压最低值为 150V,最高值为 290V,相邻电压差为 20V,充电电压呈现周期性变化。图 4.35(b)为微滴偏转过程的 CCD 瞬间照片,微滴在静电场作用下偏向左侧,从图中可以看出相邻微滴间距约为 1~2 个微滴直径,喷射过程中很容易出现微滴融合现象。

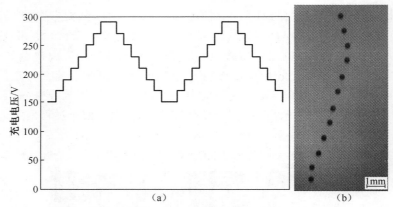

图 4.35　连续充电电压波形以及偏转射流 CCD 照片
(a)充电电压波形;(b)微滴充电偏转照片。

图 4.36 为间隔梯形充电方式下,微滴充电电压波形示意图和偏转微滴的 CCD

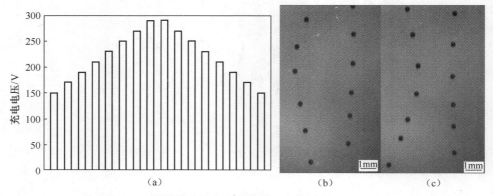

图 4.36　间隔梯形充电电压波形以及偏转射流 CCD 照片
(a)充电电压波形;(b)、(c)微滴充电偏转照片。

照片。图 4.36(a)为间隔式变幅充电电压波形,脉冲周期与微滴产生周期相同,且充电幅值呈阶梯状变化,充电微滴与未充电微滴互相间隔,以扩大偏转微滴的间距。图 4.36(b)为微滴充电偏转结果,可以看出微滴间距增大很多,相比连续式偏转电压作用方式能够较为有效地避免充电微滴融合。

图 4.37 为单微滴间隔式充电方式下的微滴充电和偏转,充电电压脉冲宽度与一个微滴喷射周期相等,充电幅值相同(图 4.37(b),(c))。在此方式下,充电微滴间距有所增加,微滴之间静电排斥力相应减弱,微滴所受静电排斥力可近似认为在一条"轴线"上,故偏转飞行的微滴轨迹相同,微滴沉积时偏转距离基本一致,可认为微滴受到平衡静电力作用而保持飞行轨迹恒定。

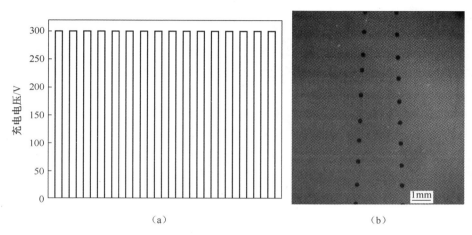

图 4.37　单微滴间隔式充电方式下的微滴充电偏转
(a)充电电压波形;(b)偏转微滴的 CCD 照片。

图 4.38 为阶梯间隔式充电电压作用下的微滴充电偏转图像。图 4.38(a)显示

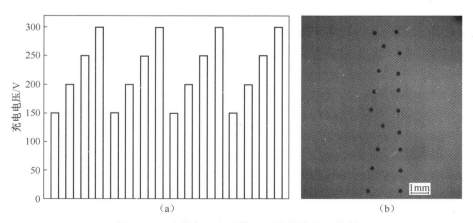

图 4.38　阶梯充电电压作用下的微滴充电偏转
(a)充电电压波形;(b)偏转微滴的 CCD 照片。

101

充电脉冲幅值在 150V、200V、250V、300V 之间变化。图 4.38(b)显示在 300V 充电电压下偏离距离大约为 1mm,充电电量不同时,对应的偏转距离不同,在空间中呈梯形排列。由于微滴采用间隔充电方式充电,其所受不均衡静电排斥力较小,偏转微滴能够保持很好的"阶梯"队列。

在实现水滴充电偏转控制基础上,再进行均匀金属微滴充电偏转试验。试验中采用单微滴间隔和双微滴间隔充电进行轨迹偏转(图 4.39(a)和(b)),此照片拍摄于距喷嘴 7.3～8.4cm 距离处。图 4.39(a)显示均匀微滴以单间隔充电方式进行充电与偏转时,偏转微滴偏转轨迹恒定,与理论预测的沉积距离吻合较好,这主要是由于每颗微滴所受到的静电排相同,故其飞行轨迹也相同。图 4.39(b)为双间隔微滴偏转照片,其清楚地显示充电微滴偏转飞行轨迹各不相同,造成此现象的原因是相邻两颗充电微滴受静电排斥力方向不同,从而导致其在飞行过程中偏转距离不同。图 4.39(c)显示了两种充电偏转方式下,微滴的偏转距离预测值与实际测量值,图中可见,使微滴在飞行过程受到静电排斥力大小和方向相同是保证其偏转距离受控的首要前提条件。

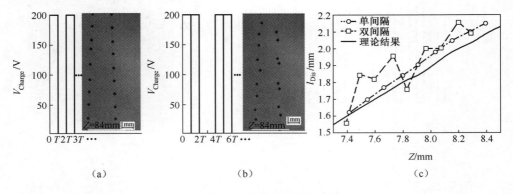

图 4.39 不同充电条件下微滴的偏转情况
(a)单间隔微滴的充电与偏转;(b)双间隔条件下微滴的充电与偏转;
(c)不同条件下微滴充电与偏转轨迹的实测结果与理论预测结果对比。

图 4.40 为单间隔充电方式下,充电脉冲幅值由 150V、200V、250V、300V 循环变化时,偏转微滴的照片及偏转距离测量值与理论结果的比较。图 4.40(a)为微滴偏转飞行的照片。此照片在沉积距离为 63～73mm 时拍摄。左列为未偏转微滴,右列为偏转微滴。该充电方式下,充电微滴偏转轨迹的理论预测结果与实验结果的对比如图 4.40(b)所示,与单间隔、恒电压条件下充电偏转的情况相同,实验结果略大于理论预测结果。在 300V 的充电压力下,实验结果与理论预测结果的平均偏差约为 0.05mm,在 250V、200V、和 150V 时,对应的平均偏差分别约为 0.078mm、0.08mm 和 0.067mm。两种充电方式下微滴偏转距离的理论与实验结果相差小于 0.1mm,吻合较好,证明了所建动力学模型的有效性。

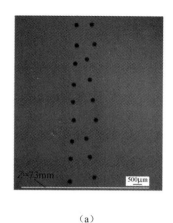

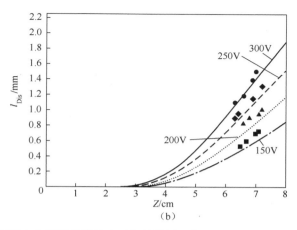

（a）　　　　　　　　　　　　　　　（b）

图 4.40　循环间隔充电微滴偏转轨迹及相关结果比较

（a）循环间隔充电微滴照片；（b）循环间隔充电微滴飞行轨迹。

4.2.4　均匀金属微滴偏转飞行过程温度变化

均匀金属微滴在充电偏转飞行过程中会发生温度的变化,不同尺寸微滴的飞行速度与轨迹不同,其温度历程也不尽相同,因此需对微滴沉积过程中热力学过程进行建模分析,以明确微滴沉积过程中温度、物理相等热力学行为,进而预测微滴沉积时的温度及物理状态,以保证打印制件的内部质量。

为研究金属微滴偏转沉积过程的温度变化,采用 Sn-40%（质量分数）Pb 合金进行微滴飞行过程热力学行为研究。Sn-40%（质量分数）Pb 合金的相关热力学参数列于表 4.9,实验时,喷嘴内孔直径为 100μm,喷射压力为 45kPa,频率为 6kHz,初始温度为 300℃。在理论计算与实验测量中,坐标原点定在喷嘴处,z 坐标与喷射方向一致。

表 4.9　Sn-40%（质量分数）Pb 合金物性值

性能参数	固态比热容 $C_L/(J/(kg \cdot K))$	液态比热容 $C_S/(J/(kg \cdot K))$	材料熔化温度 T_L/K	潜热 $\Delta H_f/(J/kg)$
参数值	186.2	212.9	456	47560

图 4.41 为微滴温度与沉积距离关系的实验测量值及理论预测曲线。取沉积距离为 5cm、10cm、15cm、30cm、40cm 和 45.8cm 六处测量微滴温度。测量时,热电偶插入微滴飞行轨迹中约 4s,记录最高响应温度作为测量结果。在液态冷却和固态冷却阶段（沉积距离为 5cm 和 10cm 处）,测量结果比理论计算结果高出约 20K。造成上述差别的原因是,理论模型中将环境气体温度设置为室温,且假设其在沉积过程中温度不变,但实际喷射实验中,微滴飞行轨迹上环境介质被开始经过的金属微滴持续加热,其与微滴之间的温差较小,所以使得后续经过微滴降温有所减小。图 4.41 还显示,微滴传热控制凝固过程中测量的温度与理论计算结果较为吻合,

是因为在此阶段,金属微滴温度基本保持熔点不变,环境温度对其影响较小。

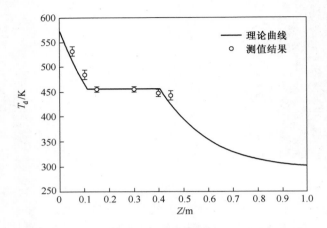

图 4.41　微滴温度 T_d 与沉积距离 Z 的关系

　　金属微滴沉积温度及热力学状态决定了打印件内部质量,需建立对微滴飞行热力学过程精确预测。采用金属微滴动力学及热力学行为预测理论,计算了喷嘴直径分别为 $50\mu m$、$70\mu m$、$100\mu m$、$120\mu m$ 和 $150\mu m$ 时,喷射铅锡合金微滴的飞行速度、轨迹和温度变化。

　　微滴飞行过程中的速度变化是计算微滴飞行轨迹、微滴温度及其凝固过程的前提条件。图 4.42(a)为充电偏转微滴飞行速度与沉积距离的关系曲线,图中显示直径为 $90.5\mu m$ 的微滴在偏转电场中从初始 $2.05m/s$ 加速到 $2.22m/s$。在飞离偏转电场后,由于空气阻力作用,微滴速度出现衰减,沉积 $25cm$ 后,速度减小至 $1.2m/s$,可看出直径为 $90.4\mu m$ 的微滴所受重力小于空气阻力。直径为 $121\mu m$ 微滴的速度曲线也有类似变化规律,只是变化幅度较小。由于微滴重力大于其所受空气阻力,直径在 $190\mu m$ 以上的微滴在沉积过程中速度不断增加,直径最大的微滴在沉积 $25cm$ 后,其速度由最初的 $2.52m/s$ 增加到 $3.02m/s$。

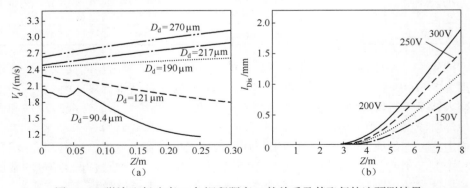

图 4.42　微滴飞行速度 V_d 与沉积距离 Z 的关系及其飞行轨迹预测结果

对微滴飞行速度曲线进行积分,可以得到微滴偏转飞行轨迹。图 4.42(b)为不同尺寸的微滴充电偏转轨迹图。图中显示,尺寸越小的微滴偏转距离越大,沉积距离为 30cm 时,直径 90.4μm 的微滴偏转距离超过 10cm,而直径为 270μm 的微滴偏转距离仅为 1.3cm,不同尺寸微滴的偏转距离差别较大。

利用偏转微滴的速度曲线和偏转轨迹,可以计算上述五种尺寸微滴在沉积过程中温度及凝固分数的变化情况。计算中微滴初始温度设为 300℃,按照假设条件,当微滴温度降低至其凝固点(183℃)时,进入凝固过程,温度不变微滴固相分数开始增加直到微滴完全凝固(凝固分数为 1)后进入固相冷却。

不同直径微滴的温度与沉积距离关系如图 4.43(a)所示。图 4.43(a)还显示在液相线以上时,直径较小的微滴冷却速率较快,最先进入凝固结晶过程。在沉积制件时,如果微滴完全为液态且温度过高,则有可能造成制件坍塌、变形等缺陷。如果微滴完全凝固,则不能与已沉积微滴重熔而弹开。在微滴沉积成形时,需微滴处于合适的温度范围,避免上述缺陷发生,利用所建模型可为金属微滴成形制件时沉积距离选择提供依据。

图 4.43(b)为微滴凝固分数与沉积距离的关系。微滴在不同沉积距离开始凝固,直径为 90.5μm 和 121μm 的微滴在沉积距离为 2.5cm 和 4.5cm 处开始凝固,直径为 180μm、217μm 和 270μm 的微滴在沉积距离分别为 11.2cm、14.5cm 和 22.1cm 处开始凝固。不同直径的微滴从开始凝固到完全凝固时沉积的距离也不同,当微滴初始温度为 300℃时,直径为 90.5μm 的微滴从凝固开始到结束,仅飞行了 6cm(无偏转,铅直沉积)。

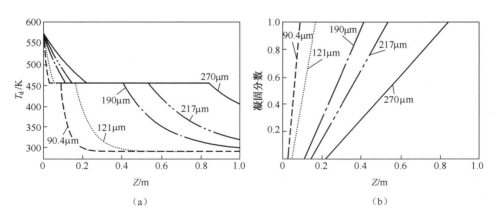

图 4.43　液滴温度、凝固分数与沉积距离的关系
(a)微滴温度与沉积距离的关系;(b)凝固分数与沉积距离 Z 的关系。

依据理论计算结果可知,在本试验条件下,利用直径为 90.5μm 的金属微滴沉积制件时,基板与喷嘴距离不应超过 8.5cm;直径为 190μm 的金属微滴在 11~40cm 之间进行沉积,可得到较好的沉积效果。

4.3 均匀金属微滴连续喷射成形及其控制

4.3.1 连续喷射成形影响因素与研究方法

在金属微滴连续沉积成形制件过程中,试验参数较多且相互影响,为实现制件精准打印控制,本节在前述研究基础上,对金属微滴的打印所涉及的试验参数进行分析,并进行过程进行试验研究,以获得参数影响规律及较优成形参数组合。

1. 影响因素

微小金属件成形过程的影响因素分为金属微滴沉积参数和沉积基板参数两方面(图 4.44)。其中:微滴喷射参数包括微滴飞行速度、尺寸、沉积时温度与固相分数等;沉积参数主要包括基板运动速度、基板温度、热导率、基板表面材料等。两者相互影响,决定了金属微滴沉积过程中的润湿铺展、重熔及冷却凝固等行为,进而决定了打印件成形尺寸精度、形状精度、内部冶金质量和力学性能等。

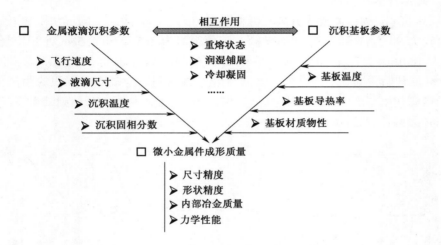

图 4.44 金属微滴沉积成形金属件影响因素

2. 研究方法

上述参数相互作用,难以通过控制某一参数来控制成形件形状、内部冶金结合质量等。本节通过设计多因素正交试验,以喷孔直径、微滴喷射温度、基板运动速度为三个主要考查参数,分析三个参数组合对成形金属管件特征尺寸(壁厚和层厚)的影响。

上述三个影响因素中,喷孔直径决定了微滴直径和沉积初始速度等,间接决定了微滴沉积时的动力学行为,故作为金属微滴沉积成形的一个主要考查参数;金属微滴沉积时的热状态(沉积温度与固相分数)决定了金属熔滴与基板或已凝固金属层的重熔程度,对制件形状有较大影响,是需要考查的另一主要参数;基板运动速度直接决定了金属微滴线条的形态,基板速度较慢会导致多颗微滴在同一位置积聚,使得沉积处形成熔池而改变打印轨迹的形状,过快会导致沉积微滴之间无法搭接而出现缺陷。

根据表 4.10 为各影响参数的水平选取,选取的三水平三因素,构建 $L_9(3^4)$ 的正交试验表。其中喷孔直径的三个水平为 $50\mu m$、$100\mu m$ 和 $150\mu m$,微滴喷射温度的三个水平分别取为 230℃、250℃、270℃,基板运动速度分别取 0.5mm/s、1mm/s 和 5mm/s。考查指标为成形件层厚或壁厚,这两个指标表征了微滴沉积成形时高度和水平方向上能够成形的最小尺寸(即高度尺寸分辨率和水平尺寸分辨率)。

根据表 4.10 的试验参数,进行金属微滴沉积成形薄壁金属管试验,试验中,喷射气压为 60kPa,沉积距离约为 10cm,激振频率通过瑞利不稳定理论计算得到。完成试验后,分别测量制件的层厚和壁厚,取 10 次测量平均值作为最终评价指标。

表 4.10 金属管件成形 $L_9(3^4)$ 正交试验表及其结果

试样号	试验参数			评价指标	
	喷孔直径/μm	喷射温度/℃	基板运动速度 /(mm/s)	层厚/mm	壁厚/mm
1	1(50)	1(230)	1(0.5)	0.52	0.62
2	1(50)	2(250)	2(1)	0.38	0.78
3	1(50)	3(270)	3(5)	0.26	0.71
4	2(100)	1(230)	2(1)	0.70	1.60
5	2(100)	2(250)	3(5)	0.42	1.35
6	2(100)	3(270)	1(0.5)	0.65	1.65
7	3(150)	1(230)	3(5)	0.75	1.91
8	3(150)	2(250)	1(0.5)	0.83	2.18
9	3(150)	3(270)	2(1)	0.96	2.45

4.3.2 均匀微滴连续喷射成形参数控制

在上述三个参数的最小值组合下(第 1 号试样)成形出的制件壁厚最薄,其值约为 0.6mm(图 4.45)。此时,喷射温度低(230℃),故首先沉积的金属微滴与基板接触后马上凝固,得到有较多的间隙初始沉积层(图 4.45(b));同时,由于基板运动速度低(0.5mm/s),在同一位置沉积的微滴多,局部输入热量大,后沉积的微滴将已凝固的微滴重熔形成熔池,熔液在流体表面张力作用下产生局部肿胀现象(图 4.45(c)),局部肿胀使得沉积轨迹高度不一,故使得后续沉积层出现起伏,同一层中,位置平均误差约为 0.6mm,最大误差可达 1mm;除开始沉积层较厚外,成形件各层厚度较为均匀,约为 0.5mm。

当喷嘴直径最大、温度最高、基板移动速度较慢时(第 9 号试样),得到的试样层厚和壁厚较大(图 4.46),成形试样的平均层厚约为 0.95mm、壁厚为 2.45mm。沉积层间有具有少量下淌的金属,其原因是沉积层较厚,局部冷却速度慢,流动性

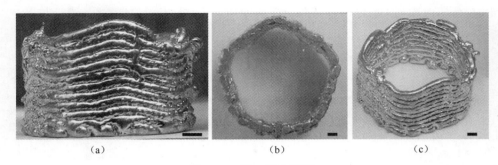

图 4.45 第 1 号试样[7]

(a)正视图;(b)与基板接触的初始沉积层;(c)试样全貌

注:图中标尺为 1mm。

较好的液态熔液往下流动并在层间凝固。此试样整体表面质量优于第 1 号试样,无明显宏观起伏和局部肿胀现象,各金属层平整光滑。

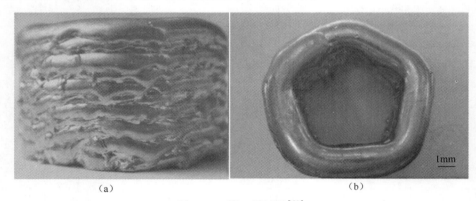

图 4.46 第 9 号试样[82]

(a)正视图;(b)俯视图。

上述试验中,取最小喷嘴、最高温度及最快基板移动速度(第 3 号试样),得到圆管制件壁厚最薄,层厚最小,整体形状最为精致(图 4.47(a))。其平均壁厚约为

图 4.47 第 3 号试样

(a)试样全貌;(b)局部表面放大图;(c)与基板接触的沉积层;(d)距底部 11mm 处截面图。

0.7mm,每层较均匀,平均层厚约为0.26mm。如图4.47(b)所示,局部显微照片显示制件表面呈均匀层状结构。与基板接触的初始沉积层由于温度低,微滴在没有完全铺展开就已经凝固,导致成形形状不规则(图4.47(c))。将制件在距其底部11mm处径向截断并抛光(图4.47(d)),其截面显示成形件壁厚均匀,形状为规则圆环,未见明显的孔洞、冷隔等缺陷。

为了研究试验因素对各指标的显著性影响,对正交试验结果进行方差分析。由表4.11可知,喷孔直径对试样层厚的影响高度显著,基板运动速度对层厚有显著性影响,喷射温度对层厚影响较显著。由表4.12可知,喷孔直径对试样壁厚影响高度显著,基板运动速度和喷射温度都对壁厚有显著性。分析显示,其他试验参数不变时,微滴尺寸是影响壁厚和层厚的主要因素,大尺寸金属微滴在沉积时具有较高温度和液相分数,其凝固时间也较长,导致在打印过程中未凝固熔液聚集,降低了成形件的形状精度。故欲实现高分辨率的打印,易采用小喷孔金属微滴沉积。此时,基板运动速度也许选择较大值,以避免金属熔液的团聚。

表 4.11　各因素对制件层厚影响的方差分析

误差来源	离差平方和	自由度	平均离差平方差	F 值	F_α 临界值	显著性等级	优选方案
喷孔直径	0.445267	2	0.222633	351.53	$F_{0.01}(2,2)=99$ $F_{0.05}(2,2)=19$ $F_{0.1}(2,2)=9$	1	A_1
喷射温度	0.015267	2	0.007633	12.05		3	B_2
基板速度	0.0266	2	0.0133	21		2	C_3
误差	0.001267	2	0.000633				

表 4.12　各因素对制件壁厚影响的方差分析

误差来源	离差平方和	自由度	平均离差平方差	F 值	F_α 临界值	显著性等级	优选方案
喷孔直径	3.28762	2	1.64381	875.40	$F_{0.01}(2,2)=99$ $F_{0.05}(2,2)=19$ $F_{0.1}(2,2)=9$	1	A_1
喷射温度	0.08276	2	0.04138	22.04		2	B_1
基板速度	0.12382	2	0.06191	32.97		2	C_3
误差	0.00376	2	0.00188				

上述制件均在均匀金属微滴未充电偏转时直接打印成形,成形件形状简单,欲对成形件形状进行控制,还需对喷射金属微滴进行充电与偏转。首先为验证充电偏转对微滴沉积控制的有效性,采用梯形充电电压脉冲(图4.48(a))配合运动台移动进行金属微滴点阵打印试验。试验中金属熔液喷射温度约为563K、喷嘴直径为150μm、喷射压力为45kPa、激振频率为3~4.5kHz,施加充电脉冲电压幅值呈150V、200V、250V、300V间隔变化。沉积基板为紫铜基板,采用停止–打印模式沉积微滴,即运动台移动时不偏转金属微滴,通过直接沉积到回收槽回收;运动台移动一定距离后停止,然后施加脉冲充电电压,以将偏转出的金属微滴沉积在基板上。

图4.48(b)为沉积结果。均匀金属熔滴在紫铜基板上铺展为直径约500μm的

凸点阵列,点阵每行为一次充电偏转所沉积的 4 颗微滴,其行距离约为 3mm。试验结果显示,脉冲充电可控单颗均匀金属微滴沉积。但结果也显示,金属微滴沉积过程极易受干扰,偏转的金属微滴间距并不十分均匀。

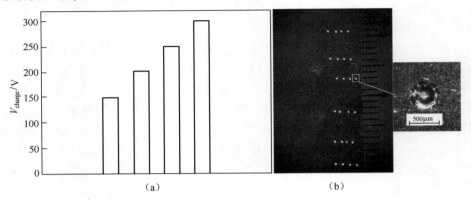

图 4.48　金属点阵的充电偏转沉积[8]

(a)充电电压脉冲;(b)偏转沉积的金属凸点阵列。

图 4.49 显示了采用宽充电电压脉冲进行充电偏转沉积的结果,左侧为偏转微滴沉积得到,右侧为未偏转微滴沉积得到。试验中,设定 100 颗充电微滴与 100 颗未充电微滴相互间隔,沉积基板做往复运动,其他条件与前述金属微滴喷射参数相同。经过金属微滴的多层打印,得到了平行"墙"状制件,此制件显示,沉积微滴被均匀分为两束,各自沉积得到的"墙"之间界限明显,显示了金属微滴充电偏转沉积的稳定性和可行性。

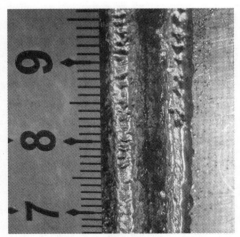

图 4.49　偏转金属微滴堆积结果[8]

图 4.50 为采用宽脉冲充电的方式实现的金属微滴稳定沉积结果。此沉积使用的充电脉冲如图 4.50(a)所示,其充电电压幅值为 400V、200V 和 0 三挡,基板做圆圈运动,开始 4 圈内,充电电压在依次在 0、200V、400V 间依次的转换;后 6 圈

内,充电电压在 0 到 400V 之间转换,故不同充电电压条件下对应的金属微滴沉积层数分别为 10 层、4 层、10 层。

图 4.50(b)显示了在上述沉积策略下得到的三个相互交叉的正五边形。正五边形边长为 5mm,沉积时间为 12s。成形件表面光滑,壁厚均匀,无局部肿胀等缺陷。两边 10 层的五边形壁厚要大于中间仅 4 层的五边形,这是由于两边制件多层沉积过程中的金属微滴集聚所致。沉积结果清楚地显示,通过协调充电电压脉冲和基板移动,可有效地控制均匀金属微滴的沉积成形过程。

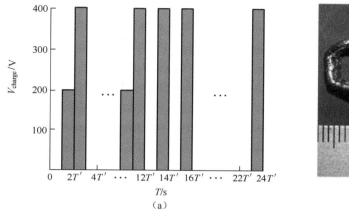
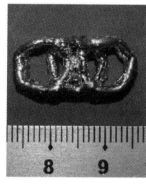

图 4.50 采用充电偏转控制的微滴沉积[9]

(a)充电脉冲(T′为基板旋转一周的时间,大约为 0.5s);(b)采用宽充电脉冲方式成形的交错正五边形。

参 考 文 献

[1] Kundu P K,Cohen I M,Dowling D R.Fluid mechanics[M].Singapore:Elsevier.,2013.

[2] Youngs D L.Numerical methods for fluid dynamics[M].New York:Academic,1982.

[3] Brackbill J U,Kothe D B,Zemach C.A continuum method for modeling surface tension[J].Journal of Computational Physics,1992,100(2):335−354.

[4] Alvarez R,Carlos J.Control of the UDS process for the production of solder balls for BGA electronics packaging[J].Veterinary Record,1997,114(10):91−92.

[5] Schummer P,Tebel K H.Production of monodispersed drops by forced disturbance of a free jet[J]. Ger.Chem.Eng,1982,5:209−220.

[6] 舒德华,齐乐华,罗俊,等.均匀液滴沉积制造中液滴电量检测系统的设计与实现[J].仪器仪表学报,2008,29(10):2150−2155.

[7] 蒋小珊.均匀金属液滴流的产生及其稳定喷射研究[D].西安:西北工业大学,2010.

[8] 罗俊.面向微小制件喷射成形的均匀金属液滴充电偏转及控制[D].西安:西北工业大学,2010.

[9] Luo J,Qi L,Zhou J,et al.Study on stable delivery of charged uniform droplets for freeform fabrication of metal parts[J].Science China Technological Sciences,2011,54(7):1833−1840.

第5章　金属微滴按需喷射与控制

金属微滴按需喷射是通过加载单脉冲压力,迫使微量金属熔液从喷嘴中喷出而形成均匀单颗金属微滴的过程。根据加载脉冲波形不同,喷射出的金属微滴尺寸、初速度等参数也不同。本章以铅锡合金、铝合金两种喷射材料,采用数值模拟与试验研究相结合的方法,探讨气压脉冲、压电脉冲及应力波驱动式按需喷射技术特点,得到三种压力脉冲作用下的喷射微滴尺寸、均匀性等参数影响规律和均匀金属可控喷射参数取值范围,为均匀金属微滴喷射技术选型奠定基础。

5.1　气压脉冲驱动式按需喷射行为及其参数影响

5.1.1　铅锡合金微滴按需喷射研究

气压脉冲驱动下,金属微滴按需喷射过程是一复杂非线性流体动力学过程,难以建立出解析模型描述金属射流断裂行为,通过金属微滴喷射过程数值模拟和金属微滴喷射实验,可获得金属射流喷射过程中速度场、压力场等物理场等演变规律,进而明确金属微滴形成机理和指导参数选取。

1. 铅锡合金微滴按需喷射数值建模与分析

为揭示气压脉冲驱动下金属微滴的喷射机理,获得微滴喷射参数影响规律,首先需建立微滴按需喷射数值模型。气压脉冲作用下的金属流体运动的连续方程和动量守恒方程与第4章中均匀微滴连续喷射过程的方程相同(式(4.1)、式(4.2))。本节同样采用VOF法对上述方程进行数值求解,求解方法与液体自由表面重构方法详见4.1.1节。本节重点介绍气压脉冲驱动式按需喷射物理建模方法。

在铅锡合金微滴气压脉冲驱动式按需喷射装置中,坩埚为石英管,其一端通过加热收缩可得到微小喷嘴,喷嘴内部轮廓呈流线型,不便描述。为准确建立几何模型,采用倒模方法,将铅锡合金在坩埚中凝固后取出,通过测量合金块外形轮廓以获取喷嘴内部空间的几何轮廓。

图5.1(a)为从坩埚内取出的铅锡合金块外形轮廓。由于坩埚和喷嘴呈轴对称,可用二维轴对称模型描述。以合金块左侧中部为原点,建立圆柱坐标系(z轴为对称轴线,r轴为径向坐标)。坐标的x轴为喷嘴内部模型的对称中心轴,然后利用图像寻边算法获取合金块的外轮廓,再进行轮廓重构便可建立喷嘴内部空间几何模型(图5.1(b))。

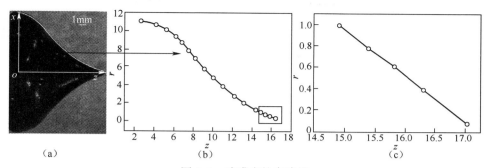

图 5.1　喷嘴内轮廓建模

(a)拍摄得到的喷嘴内表面形貌;(b)提取出的坩埚内表面轮廓数据;(c)通过外插法确定的喷嘴局部轮廓。

　　由于铅锡合金熔液与石英坩埚内壁润湿角约为 160℃ , 故铅锡合金溶液在表面张力作用下,不能完全填充微小喷孔,图 5.1(b)未能反映喷嘴顶部微小喷孔形状,还需进一步完善。在获取喷嘴内部轮廓后,取 z 坐标最大的四个点进行线性拟合,得到此部分内轮廓表达式。然后结合测量出的喷孔直径,采用外推法计算出喷孔出口所在坐标(图 5.1(c)中最右边点),从而建立起完整的喷嘴区域几何模型。

　　在进行铅锡合金微滴喷射模拟时,假设:①熔液喷射过程中,温度不变,即假设微滴喷射过程为绝热过程;②微滴喷射过程为层流;③金属熔液为不可压牛顿流体,即忽略金属熔液运动时的黏度和密度变化。

2. 初始化及边界条件确定

　　图 5.2(a)为采用上述方法建立的二维轴对称几何模型,图中还显示了初始化

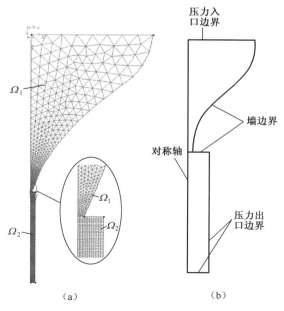

图 5.2　计算区域网格划分以及模型边界条件的示意图

(a)二维轴对称模型及网格划分;(b)模型边界条件。

区域、模型网格划分情况。图中,喷嘴内部区域 Ω_1 初始条件为金属熔液,在坩埚内部区域采用非结构网格划分形状较为复杂的喷嘴区域。喷嘴下方区域为微滴喷射区域,初始流体为气体,长和宽分别为 1cm、2mm,此部分采用较为密集的均匀结构网格划分,以便精确模拟微滴表面形貌变化。

边界条件设置如图 5.2(b)所示,喷嘴中心线为轴对称中心,喷嘴与坩埚内壁设置为墙边界条件,区域 Ω_1 上部为气压入口边界,用于加载测量得到的压力脉冲,计算区域 Ω_2 下部和右侧压力出口边界。

均匀铅锡合金微滴喷射时的压力脉冲由压电传感器测量得到。测量时,传感器直接通过喷射装置顶盖与坩埚连接,经滤噪处理后得到的压力波形作为入口压力边界条件。可以采用傅里叶级数拟合测量数据来表征测量的压力脉冲波形,即将压力脉冲的函数表达式表示为多个不同频率的正弦和余弦扰动的和:

$$P(t) = A_0 + \sum_{n=1}^{m} A_n \cos 2n\pi ft + \sum_{n=1}^{m} B_n \sin 2n\pi ft \qquad (5.1)$$

式中:A_n、B_n 为拟合系数,f 为脉冲的频率,两者均可通过压力脉冲测量结果计算得出;m 为傅里叶级数阶数,对于气压脉冲压力波动,一般取 15。

由于气压传感器无法工作在合金液体熔化温度,故实验在室温条件下,将坩埚内部盛装与喷射熔液体积相同水进行压力波动测量,用测量的压力脉冲近似金属微滴喷射时的压力脉冲,典型的喷射压力脉冲曲线及其拟合结果如图 5.3 所示。

喷射材料为锡铅合金 S-Sn60PbAA,其熔点为 456K,在温度 T(T 大于熔点)时,合金密度、表面张力和流体黏度等参数可由下式计算[2]:

$$X = X_m + (T - T_m)(dX/dT) \qquad (5.2)$$

式中:X 和 X_m 分别为喷射温度 T、熔点 T_m 时的合金的密度、表面张力和流体黏度等参数;dX/dt 为对应参数随不同温度的变化速率。

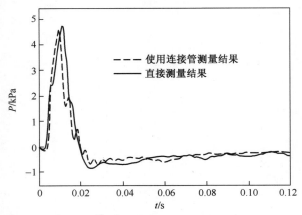

图 5.3　压力波动的拟合[1](驱动信号脉宽为 200μs)

为保证合金在喷射时完全熔化,坩埚加热温度设定为 550K。此时,实验材料部分物理性能参数如表 5.1 所列。

表 5.1 铅锡合金性能参数

材料	液态金属密度 $p_1/(kg/m^3)$	液态金属表面张力 $\sigma_1/(N/m)$	液态金属动力黏度 $\mu_1/(Pa \cdot s)$
S-Sn60PbAA	8474.4	0.494	0.0013

铅锡合金与坩埚和喷嘴内壁之间的润湿角是数值模拟需确定的一个重要边界条件,不同成分铅锡合金与石英玻璃之间的润湿角略有不同(图5.4)[3],当合金中锡的质量分数在分子为60%时(共晶区附近),合金熔液与石英表面的接触角约为130°,且随温度变化变动较小。

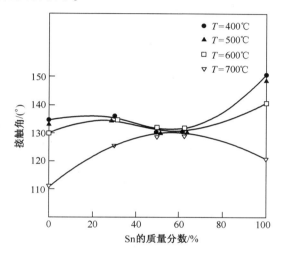

图5.4 铅锡合金成分、温度对其与石英表面润湿角的影响规律[3]

3. 模拟结果与分析

1) 单颗金属微滴成形机理

图5.5为单颗铅锡合金微滴喷射过程的模拟结果,金属射流在加载振动压力后

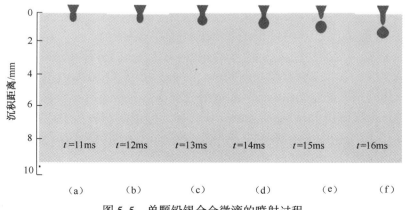

图5.5 单颗铅锡合金微滴的喷射过程

11~14ms 由喷嘴中喷出。射流在开始形成时,其顶端迅速收缩形成球形(图 5.5 (a)~(d))。射流喷射的同时,射流底部产生颈缩(图 5.5(c)),此颈缩随着射流长度增加而增加(图 5.5(d))。在喷射时间为 15ms 时,颈缩与射流半径相等,从而使得球形射流顶部脱离射流而形成球形微滴(图 5.5(e))。图 5.5(f)显示,微滴脱离射流的瞬间,没有形成细长丝带状射流,且断裂后很快形成圆度较高微滴。这表明在金属微滴产生过程是一表面张力主导的过程,其黏度影响很小。

图 5.6 为喷射过程中喷嘴内部压力和速度波动模拟结果。模拟结果显示,喷嘴内部流体具一初始压力和速度波动,此波动频率约为 500 Hz,比加载气压脉冲频率(十几赫兹)大很多,说明此压力波动来源于金属液体自由表面振动。在模型中,喷嘴内部区域上、下表面均为自由流体表面,其在自身重力和表面张力作用下构成自由振动体系。在计算开始初期,此自由振动体系在表面张力和重力联合作用下自由振荡,但此振荡并不能促使金属熔液从喷嘴喷出。当压力脉冲加载到流体液面时,此微小振荡消失,对喷射过程无明显的影响。

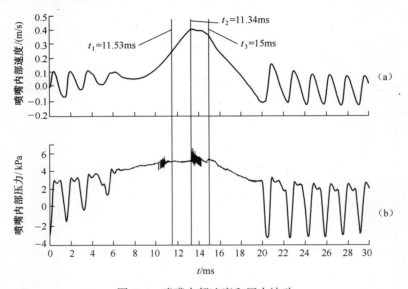

图 5.6 喷嘴内部速度和压力波动

图 5.6 显示加载压力脉冲后,喷射内部速度与压力峰值出现时间 $t_2 = 11.34$ms,对比坩埚内部气压峰值时间($t_1 = 11.53$ms)可知,喷嘴内压力与速度峰值时间比气压峰值时间延迟 1.9ms。在喷射内部压力和速度开始下降 $t_3 = 15$ms 时,射流断裂成为微滴。可知,金属微滴在压力脉冲峰值时刻后断裂。其原因是在气压脉冲作用下,射流顶端形成球状,喷射压力减小,射流顶端保持前进速度不变,但射流根部速度降低,从而导致射流顶端脱离射流而形成微滴。

图 5.6 显示喷嘴内部压力波动缓慢,其波动周期远大于微滴喷射产生周期,因此可以推断气压脉冲对射流表面毛细扰动影响较小,射流表面扰动主要来源于射

流顶端自由收缩引起的随机扰动。

图 5.7 显示了微滴产生前后,射流与微滴中压力、射流轴向速度分布和微滴轮廓变化。图 5.7(a)显示了射流初始速度为 0.5m/s,图 5.7(d)显示微滴从射流中断裂以后的轴向速度将为 0.4m/s。微滴轴向速度变小的原因是微滴断裂过程中需克服表面张力做功,造成射流运动动能减小。图 5.7(b)和(e)显示微滴内部压力较小(小于 4kPa),且分布均匀,这是微滴在喷射过程中形状变化不大的主要原因。图 5.7(c)和(f)模拟结果显示,喷射微滴产生前后形貌变化不大。

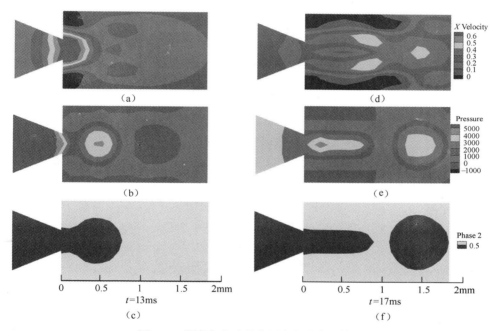

图 5.7　微滴产生过程中压力和速度的扰动

模拟结果金属微滴形成时,其内部压力及速度场分布均匀,使金属微滴形貌变化不大,有利于成形球形金属颗粒,这与墨水等黏度较高的流体喷射形貌不同[4]。但模拟和试验结果也显示,金属微滴喷射速度相对较低(约为 0.4m/s),使得微滴飞行过程较易出现横向不稳定现象,即在喷嘴外边缘附着氧化皮、污染物或是喷嘴出现缺陷时,金属微滴较易偏离飞行轴线,进而对沉积精度受到影响。

2)喷嘴直径对金属微滴喷射的影响

喷嘴尺寸是确定微滴直径的一个重要参数,因此了解不同喷孔直径下,单颗微滴形成机理及参数影响机制,对于喷射不同尺寸微滴十分重要。图 5.8 为不同喷嘴直径下单颗微滴喷射的仿真结果,图中喷嘴尺寸分别为 100μm、150μm、200μm、260μm 和 300μm。模拟结果显示,不同喷嘴直径下喷射射流形态彼此类似,射流断裂长度在喷嘴直径 150μm 以上时几乎保持不变,在 150μm 以下减小较快,微滴直径随着喷嘴直径增大而显著增加。

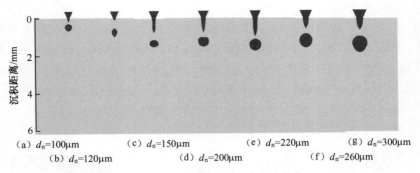

(a) $d_n=100\mu m$ (c) $d_n=150\mu m$ (e) $d_n=220\mu m$ (g) $d_n=300\mu m$

          (b) $d_n=120\mu m$ (d) $d_n=200\mu m$ (f) $d_n=260\mu m$

图 5.8 不同喷嘴直径下产生的微滴

图 5.9 显示了不同喷嘴直径下,喷射单颗微滴所需的压力脉冲幅值 P 与喷嘴直径 D_n 之间的关系。不同喷嘴直径下,喷射单颗微滴所需的压力脉冲幅值随着喷嘴直径的减小而呈指数上升,压力与喷嘴直径之间的关系可用指数函数拟合:

$$p = 75.6e^{-D_n/47.9} + 4.4 \tag{5.3}$$

图 5.9 还显示了喷射微滴直径随着喷嘴直径减小呈指数形式减小,图中可看出,当喷嘴直径小于 150μm 时,微滴直径变化较小。喷射微滴直径与喷嘴直径之间的关系为

$$D_d = 110.3e^{D_n/171.3} + 157 \tag{5.4}$$

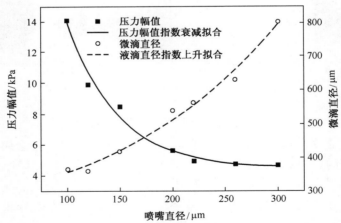

图 5.9 喷射单颗微滴的压力幅值、微滴直径与喷嘴直径之间的关系

当喷嘴直径为 100~300μm 时,射流 Oh（Oh$=\mu_1(\sigma_j\rho_jD_j)^{-2}$,表征流体的黏度力与表面张力之间关系的无量纲数）为$(1.2\sim1.8)\times10^{-3}$,表明射流断裂过程其黏性力相对表面张力的作用较弱。当喷嘴直径从 300μm 减小到 100μm 时,射流韦伯数（$We=\rho e_jD_d/\sigma_1$,表征射流惯性力与其表面张力之间关系的无量纲数）韦伯数相应地从 0.46 减小到 0.02。此变化趋势显示,当喷嘴直径减小时,其表面张力占据较为重要位置,惯性力和黏度作用影响减弱。

图 5.10 为模拟无量纲射流断裂长度($L_{\mathrm{j}}/D_{\mathrm{n}}$)、无量纲微滴直径($D_{\mathrm{d}}/D_{\mathrm{n}}$)与射流韦伯数之间的关系。模拟结果显示,当 We 在 0.1~0.05 之间变化时,上述无量纲数无明显变化,说明 We 较大时(射流惯性力占主导地位时),微滴直径和断裂长度与射流速度关系不大。当 We 从 0.1 接近 0.01 时,上述两个无量纲数急剧上升,说明射流速度较低时,断裂射流长度更长,形成的微滴体积更大,上述两个无量纲数与喷嘴直径 D_{n} 之间关系可用下式表示:

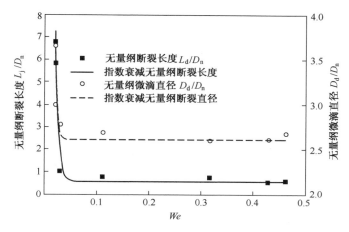

图 5.10　无量纲射流断裂长度和微滴直径与射流韦伯数之间的关系

$$L_{\mathrm{j}}/D_{\mathrm{n}} = 505\mathrm{e}^{-We/0.00332} + 2.6 \tag{5.5}$$
$$D_{\mathrm{d}}/D_{\mathrm{n}} = 250\mathrm{e}^{-We/0.0057} + 0.57 \tag{5.6}$$

值得注意的是,当 We 从 0.05 减小到 0.01 (喷嘴直径从 150μm 减小到 100μm)时,微滴直径仅稍微减小,实现喷射单颗金属微滴喷射所需的压力脉冲幅值急剧增加,这表面气压脉冲驱动金属微滴喷射时,小喷嘴直径情况下,通过减小喷嘴直径小以减小微滴直径效果不很明显。

3) 脉冲气压幅值影响

在金属微滴喷射中,持续增加喷射气压幅值,一次脉冲作用下,会有较多金属熔液喷射出,断裂成为多颗金属微滴。在模拟时,可将加载的压力脉冲表达式乘以一放大系数,以增加振动波形幅值,模拟喷射气压增加后射流喷射与断裂情况。

当压力脉冲幅值为 6kPa 时,模拟显示射流断裂为两颗金属颗粒(图 5.11),当第一颗微滴产生后,剩余射流马上颈缩并断裂,形成第二颗微滴(图 5.11(a)、(b))。此金属微滴的飞行速度、尺寸要比第一颗微滴小。图 5.11(c)和(d)中金属微滴照片中第二颗微滴尺寸不同,这表明射流断裂为两颗微滴的过程重复性较差。

模拟结果显示,第一颗微滴断裂后,剩余射流顶端在表面张力作用下快速回缩成球形,此回缩产生的表面扰动会导致射流颈缩现象加剧,进而产生第二颗微滴。由于此扰动较为复杂,第二颗微滴断裂过程具有较大随机性,较难精确控制。

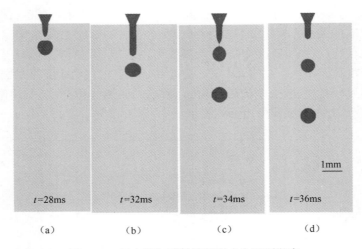

图 5.11　压力增加后射流断裂成为两颗微滴

4. 铅锡合金微滴按需喷射试验影响因素

均匀金属微滴喷射过程采用频闪曝光方法拍摄,拍摄过程中 CCD 相机快门置于最慢挡,通过频闪光源快速闪光实现飞行微滴影像的抓拍。此过程中,CCD 摄像机快门、频闪光源及微滴喷射装置由外部触发源同步驱动。通过延时频闪光,可以抓拍到不同时刻金属微滴飞行影像。

1）单颗铅锡合金喷射过程

采用图 5.3 所示的压力脉冲进行微滴喷射过程模拟和金属微滴喷射试验,数值模拟结果与微滴喷射试验结果对比如图 5.12 所示。试验拍摄到的射流断裂时间约为 18ms,相比模拟仿真的计算结果晚 3ms,此延时可能是由于仿真条件误差,喷射触发信息延迟等因素所致。如图 5.12(g)~(i)所示,模拟得到的微滴平均直径与拍摄得到的微滴平均直径分别为 0.7mm 和 0.67mm,结果较为吻合。如图 5.12(e)所示,在射流断裂时,拍摄得到的射流长度(喷嘴到微滴下顶端)约为 1.3mm,模拟得到的射流断裂长度约为 1.25mm,两者相差仅为 0.05mm,吻合较好。

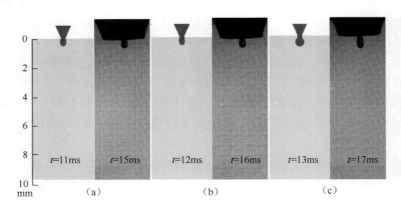

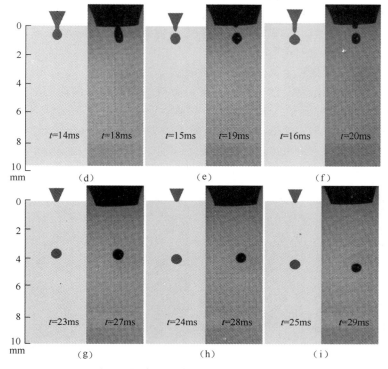

图 5.12　单颗铅锡合金微滴喷射试验与理论仿真结果对比

图 5.13 为微滴飞行距离的模拟结果和试验测量结果对比(测量飞行距离时,取微滴形貌的几何中心为测量点,测量微滴中心与喷嘴之间的距离),对比结果显示两者有一定的波动,但变化趋势非常接近。对模拟结果和测量结果数据进行线性拟合,拟合直线斜率即为微滴初始飞行速度,约为 0.32m/s。

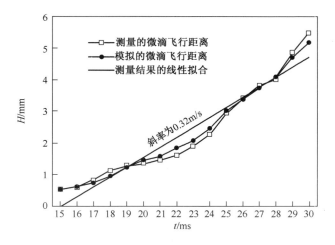

图 5.13　微滴飞行距离 H 的模拟与测量结果比较

上述模拟与试验结果对比说明了建立模型的正确性和准确性。同时,试验结果也显示气压脉冲驱动式按需喷射过程其形状变化不大,易形成球形金属微滴。与此同时,金属微滴喷射速度不高,

2)脉冲压力脉宽对金属微滴喷射影响

在金属微滴喷射过程,改变脉冲宽度可有效改变气压脉冲作用时间和幅值,是控制金属微滴喷射的有效手段。图 5.14 显示供给气压为 50kPa,不同脉冲宽度(0.3ms、0.32ms、0.35ms、1ms)时的金属微滴喷射情况,喷射开始时间以液体刚从喷嘴出现时计。

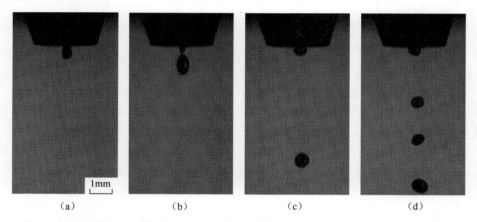

图 5.14　脉冲宽度对金属微滴产生的影响(拍摄时间依次为 8ms,8ms,23ms,23ms)
(a)0.30ms;(b)0.32ms;(c)0.35ms;(d)1ms。

如图 5.14 所示,金属微滴喷射的回缩、单颗喷射和多颗喷射三种现象。回缩,如果作用于金属微滴的气压脉冲不能克服金属微滴的表面张力,则金属射流未形成射流,回缩进喷嘴内部。单颗喷射,作用于金属微滴的气压脉冲能克服金属微滴的表面张力,且又不使得后续熔液继续喷出。多颗喷射,当气压脉冲使得第二颗金属微滴(甚至更多)也能克服表面张力时,可喷射出多颗金属微滴。

如图 5.14(a)所示,当脉冲宽度较小时,在气压脉冲激励下,液体弯月面具有动能并加速,虽然其超越了喷嘴,但随着气体从泄气孔排出,坩埚腔内气压逐渐减小甚至小于环境气压,在腔内形成相对负压,弯月面在外部环境较大的气压作用下缩回喷嘴中,没有金属微滴出现;如图 5.14(b)所示,脉冲宽度进一步增大,流体具有的动能增加,已经可克服表面张力,断裂成金属微滴,并有较短剩余射流;如图 5.14(c)所示,随着压力脉宽继续增加,压力可使金属流体具有喷射第二颗金属微滴的趋势,但最终缩回喷嘴;如图 5.14(d)所示,若输入能量加大,将会多颗金属微滴,压力脉冲驱动能量较大,液体突破表面张力约束,形成较长射流,并最终断裂形成多颗尺寸不一的球形或椭球形微滴金属微滴。

图 5.15 是供给气压为 28kPa 时,不同脉冲宽度作用下,金属微滴喷射过程。图中显示,随着脉冲宽度的增加,一次气压脉冲作用下可喷射的金属微滴数目先增

加然后减小。当脉冲宽度为 0.1ms 时约能喷射出 3 颗,0.5ms 时能够喷射 4 颗,脉宽增加为 60ms 时能够喷射出 3 颗,200ms 时减小为 2 颗,到 220ms 时为 1 颗,260ms 时无微滴喷射出,出现此现象的原因可能是脉冲宽度较大时,其激励频率远低于固有频率,使得激励被"湮没"[5]。此过程中,合理调整脉冲宽度,即可实现单颗金属微滴的喷射,假设开始喷射单颗金属微滴的脉冲宽度临界值为 τ_1,喷射二颗微滴脉冲宽度临界值为 τ_2,则单颗均匀微滴喷射脉冲宽度取值范围为 $\tau \in [\tau_1, \tau_2]$。

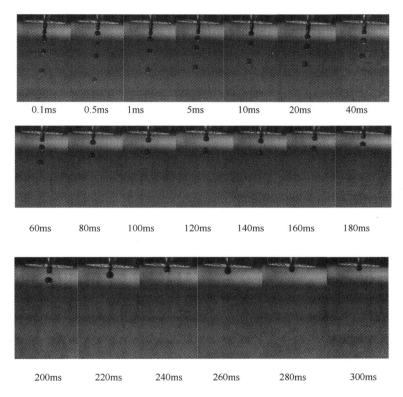

图 5.15　脉冲宽度对单颗金属微滴成形时刻的影响

注:延时拍摄时间为 12ms,供给气压为 28kPa。

3)喷射启停对金属微滴喷射影响

喷射试验显示,金属微滴喷射初始和结束阶段喷射效果较差。在初始的 3~10 个脉冲中,无法形成单颗金属微滴,通常是一颗大金属微滴和一颗小金属微滴同时喷射出,也可能是喷射单颗大金属微滴,此时金属微滴沉积点偏移较大(图 5.16(a))。该现象称为喷射启动现象。其可能原因是系统在喷射开始前,喷嘴处液面有微量氧化皮,从而影响了喷孔内金属熔液表面张力。图 5.16(b)显示在喷射结束关闭电磁阀时,喷射装置喷射的最后一颗金属微滴尺寸也较大,达到了 1mm(正常金属微滴直径为 450~530μm)。其原因是正常开合的电磁阀突然关闭,导致坩埚瞬间压强增加,使得较多的金属液体喷射出喷嘴。

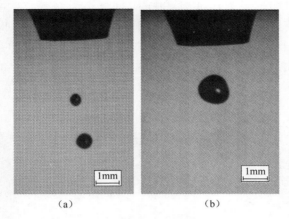

图 5.16 不稳定喷射

(a)小卫星金属微滴(脉冲宽度 230μs);(b)尺寸异常的金属微滴(脉冲宽度 130μs)。

因此,为保证打印精度,在金属微滴打印启停时需将喷头移出微滴打印轨迹,回收不正常喷射的微滴。同时,在打印停顿时,需保持微滴喷射不停止,以保证每次喷射时,喷孔内部金属液体表面氧化程度相同。

4)单颗均匀铅锡合金微滴可控喷射参数范围

在金属微滴 3D 打印中,金属微滴尺寸和均匀性对打印件精度至关重要。本节主要介绍气压脉冲驱动下,均匀金属微滴尺寸和均匀性的试验参数影响规律,寻求单颗均匀金属微滴可控喷射参数组合。

表 5.2 列出了不同供给气压下,喷射成形单颗金属微滴的参数组合。表中列出了供给气压为 18kPa 和 50kPa 时,单颗金属微滴时喷射时腔内压力波形的峰值 P_p、峰值宽度 t_w 组合以及压力峰值时间 t_p,表中峰值时间和峰值由压力传感器测量得到。当供给气压为 18kPa、脉冲宽度为 2ms 时,12ms 时腔内气压达到峰值 (1.6kPa),金属微滴在 12ms 时断裂;供给气压为 50kPa,脉冲宽度为 0.32ms 时,12ms 时腔内气压达到峰值(5.4kPa),金属微滴在 20ms 时断裂。

表 5.2 单颗金属微滴喷射时腔内气压波形特征参数

供给气压/kPa	脉冲宽度 τ/ms	断裂时刻/ms	峰值时间 t_p/ms	峰值 P_p/kPa
18	2	12	12	1.6
18	8	12	15	2.5
18	14	12	13	2.1
50	0.32	20	12	5.4
50	0.335	20	11	5.4
50	0.35	20	11	5.5

可以看出,当供给气压较小时,金属微滴在腔内气压达到峰值后发生断裂;供

给气压较大时,金属微滴在腔内气压开始为负值时断裂。产生上述现象的原因是射流断裂时间受压力波动影响不大,更多是由于其表面扰动所致。由于不同压力下射流直径相近,其断裂时间基本在一个量级。但高压力作用时,射流喷射速度稍大,喷嘴内部流体减速(或回缩)所需时间较长,故射流断裂时间也相对稍长[6]。

改变脉冲宽度可有效地控制金属微滴的喷射。电磁阀开合一次产生一次气压脉冲时,若腔内气压较低,微滴在表面张力和腔内局部负压的作用下回缩至腔体内,不能形成金属微滴;若腔内气压过高,一次脉冲激励断裂形成多颗金属微滴。图 5.17 为在不同加载压力条件下,调整脉冲宽度 τ 得到单颗金属微滴喷射取值区间 $[\tau_1, \tau_2]$ 时,可实现单颗金属微滴的有效喷射。

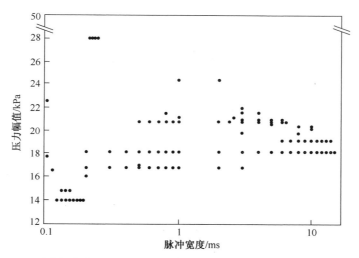

图 5.17　压力幅值为 14~50kPa 时,单颗金属微滴的工艺参数工作区间分布
(注:图中圆点代表单颗微滴喷射的情况。)

图 5.17 显示供给气压过小时,腔体内部气压峰值较小,产生金属微滴比较困难,所以产生单颗金属微滴的工作区间较窄,如在 14kPa 时,只有脉冲宽度为 0.11~0.2ms 时能够产生单颗金属微滴;当供给气压幅值提高时,单颗金属微滴喷射的脉冲宽度取值范围变宽,如供给气压为 18kPa 时,工作区间为 0.2~14ms;但当供给气压过大时,脉冲宽度的改变对峰值压力影响较大,同样会导致工作区间较窄,如供给气压增加达到 28kPa 时,工作区间为 0.2~0.3ms。继续增加到 50kPa 时,工作区间仅为 0.32~0.35ms,十分不便操作。

喷射金属微滴的均匀性是保证金属件打印精度和确定微小零件沉积制造工艺的重要参数,需对气压脉冲驱动所喷射的金属微滴均匀性进行研究。采用喷嘴直径为 210μm、加热温度为 280℃、喷射气压幅值为 18kPa、脉宽为 0.2~14ms 组合进行金属微滴喷射,能稳定产生均匀微滴的条件如表 5.3 所列,待金属微滴喷射稳定后,随机收集喷射形成金属颗粒进行微滴拍照以分析微滴尺寸均匀性。

表 5.3　按需喷射单颗微滴的工艺参数

供气压力/kPa	脉冲宽度/ms	球阀开口大小/(°)	沉积频率/Hz
50	0.2~14	75	1

在稳定喷射情况下,随机收集的铅锡合金颗粒照片如图 5.18(a)所示,图片显示颗粒球形颗粒圆度较好。测量试验收集约 280 颗金属颗粒的直径,其尺寸分布如图 5.18(b)所示,均匀金属颗粒平均直径为 320μm,尺寸偏差为 3μm,为 0.9%,且约 99%的颗粒分布在平均直径±2.8%附近区间内,证实了采用气压脉冲驱动式按需喷射产生的微滴尺寸分布集中、均匀性好。

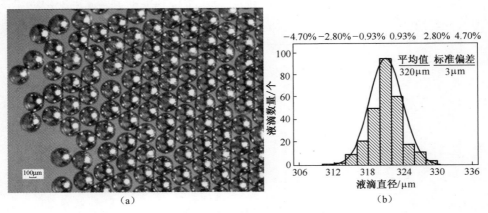

图 5.18　金属微滴照片和微滴尺寸分布

图 5.19 显示了采用不同直径的喷嘴进行了金属微滴喷射微滴平均直径及其误差。结果显示在气压脉冲驱动作用下,一定直径喷嘴对应产生一种尺寸金属微滴,微滴尺寸均匀度较高。图 5.19 还显示采用所建模型模拟得到了微滴直径与喷嘴直径关系(式(5.4)),喷嘴直径增大,产生的微滴尺寸也相应增加,其增加趋势与试验结果十分接近,说明了所建模型准确性。

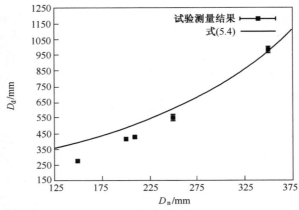

图 5.19　喷嘴直径 D_n 气压脉冲产生的微滴的直径 D_d 之间的关系

综上所述,气压脉冲驱动金属微滴喷射过程微滴初速度小,微滴变形小,可以获得尺寸非常均匀的球形金属微滴。但研究结果也显示,气压脉冲压力波动缓慢,喷射金属微滴的尺寸与喷嘴直径相比较大(约达到 2 倍),难以通过减小喷嘴以进一步减小金属微滴的直径。

5.1.2　均匀铝微滴气压脉冲驱动式按需喷射研究

铝微滴气压脉冲驱动式按需喷射装置的结构及工作原理与铅锡合金微滴气压脉冲驱动式按需喷射装置基本一致,所不同的是,喷射铝微滴时,为耐铝液腐蚀,采用石墨材料制作喷嘴和坩埚。

石墨喷嘴照片和结构如图 5.20(a)、(b)所示,坩埚结构如图 5.20(c)所示。采用数值仿真法研究气压脉冲作用下铝微滴的喷射行为时,也要先根据坩埚、喷嘴结构建立铝微滴气压脉冲驱动式按需喷射二维轴对称有限元模型(图 5.20(d)),该模型包含进出气管、坩埚内空间以及喷嘴下方微滴经过区域的气体空间。

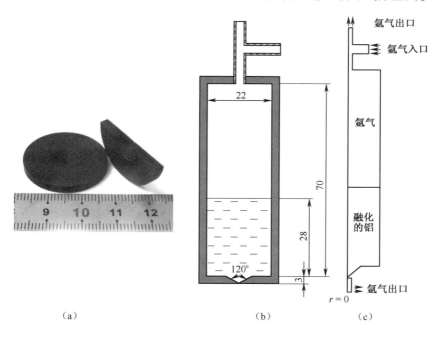

图 5.20　铝微滴按需喷射喷嘴片、坩埚结构及有限元模型(单位:mm)

喷嘴及局部喷射区域的网格划分情况如图 5.21 所示。模型计算区域包含 30800 个结构化的四边形映射网格。喷嘴及其下方微滴产生区域网格划分较细,其中沿喷嘴半径划分 15 个正方形网格;喷嘴为微滴产生区域,此区域的网格与喷嘴内部网格大小相同;在微滴产生区域外部为空气区域,网格尺寸较大。

图 5.22 为有限元模型边界条件。图 5.22(b)是图 5.22(a)中喷嘴区域(虚线所示矩形区域)的放大图。边界编号采用大写字母 $A,B,C,\cdots,S$ 编号:

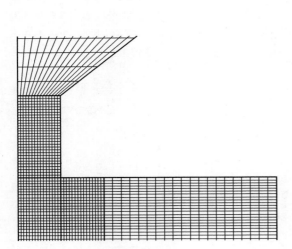

图 5.21　计算区域的结构化网格划分
（喷嘴及其附近区域）

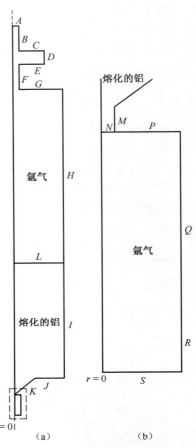

图 5.22　铝微滴按需喷射有限元模型
（a）边界条件编号；（b）图（a）中喷嘴处
矩形区域放大图。

边界 A 和 R 为压力出口边界条件，气体在此边界上可以自由流动，即 $\eta(\nabla u + (\nabla u)^{\mathrm{T}})n = 0, p = 0$。

边界 B、C、E、F、G、H、I、J、K、M、P、Q 为不滑移壁面，即 $u = 0$；边界 S 为润湿的滑移壁面，即 $n \cdot u = 0, t \cdot [\nabla u + (\nabla u)^{\mathrm{T}}]n = 0, n \cdot n_{\mathrm{interface}} = \cos\theta$，接触角 θ 定义为 $90°$，滑动长度为 $25\mu m$。

边界 D 为压力入口边界条件，所施加的气体压力脉冲如图 5.23 所示，可采用正弦衰减函数表示：

$$p_{\mathrm{n}}(t) = p_{\mathrm{p}}\sin(\omega_0 t) = a e^{-\tau t}\sin\left(\frac{\pi}{\tau}t\right) \tag{5.7}$$

此函数具有二阶连续导数，可以平滑压力阶跃变化。将压力脉冲设置为平滑函数有两个优点[7]：一是可增强数值计算的可靠性和收敛性；二是现实中的物理系统通常因惯性而表现出正弦衰减扰动特征，设置压力扰动为平滑变化函数更符合实际情况。

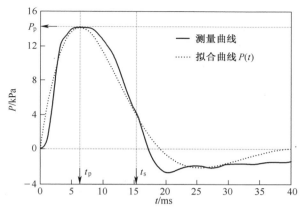

图 5.23　所用气体压力脉冲波形及其拟合曲线

注:脉冲宽度为 1ms,脉冲压力为 100kPa。

初始条件:L 面以下及 N 面以上为铝液,即脉冲施加前视为铝液已充满喷嘴,并与喷嘴下缘平齐;L 面以上和 N 面以下为氩气。采用纯铝进行喷射试验,采用高纯氩气作为保护气体,所用材料的物性参数见表 5.4。

表 5.4　数值模拟用纯铝和氩气物性参数

物性参数	密度/(kg/m³)	动力黏度/(Pa·s)	表面张力/(N·m)
液态纯铝	2368	1.257×10^{-3}	0.868
高纯氩气	1.784	2.217×10^{-5}	—

在铝微滴的喷射试验中,当供气压力为 70kPa、脉冲宽度为 700μs、球阀泄气口的开口角度为 75°、喷射频率为 1Hz、喷嘴直径为 0.6mm 时,可实现均匀铝微滴喷射。坩埚腔内压力随时间的变化关系如图 5.24 所示,采用此压力作为初始条件的模拟仿真结果也示于图中。

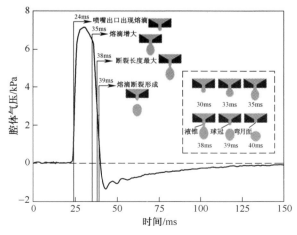

图 5.24　熔滴形成过程随腔体压力变化关系

129

图 5.24 显示,脉冲压力作用下,金属熔液从喷嘴中喷出(<24ms);在喷孔出口处的射流长度逐渐增加(24~33ms);在伸长过程中射流顶端收缩为椭球形(33~35ms);当射流体积足够大时,其重力作用超过表面张力作用,射流根部产生明显颈缩现象,开始迅速颈缩(35~38ms);当射流表面颈缩达到射流半径时,射流最终断裂形成一颗金属微滴(38~39ms);断裂后的剩余的金属射流在表面张力作用下收缩,形成液锥,随后在腔体负压作用下回缩至喷孔中(40ms)。

图 5.25 为采用高速 CCD 采集得到单颗铝微滴的产生过程。喷射试验中,喷嘴直径为 600μm、供气压力为 75kPa、球阀泄气口为 75°~80°、脉冲宽度从 0.75ms 逐渐增大,拍摄帧率为 1000 帧/s。图 5.25 显示,当满足铝微滴稳定喷射条件时,通过调节控制参数系统可以实现单颗铝微滴的可控喷射,喷射微滴直径为 1~1.3mm、喷射速度为 0.3~1m/s。由于初始喷射速度相对较低,但微滴形状在飞行过程略微变化。

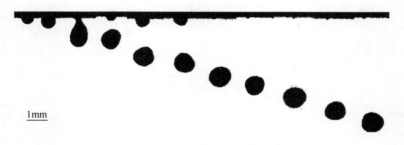

图 5.25　单颗铝微滴喷射过程

图 5.26 为采用高速 CCD 采集得到多颗铝微滴的产生过程。由图可以看出,随着脉冲压力幅值持续增加,会对应产生两颗微滴(图 5.26(a))、多颗微滴(图 5.26(b))的情况。此阶段处于微滴喷射过程不稳定状态,微滴数量和沉积位置均难以控制,应当尽量避免该类现象的发生。

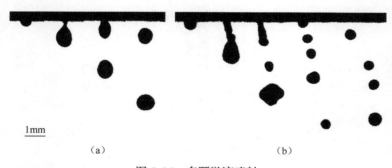

（a）　　　　　　　　　　　　（b）

图 5.26　多颗微滴喷射
（a）喷射压力约为 80kPa;（b）喷射压力约为 90kPa。

图 5.27 为不同气压幅值下,单颗铝微滴喷射模拟结果。模拟时,逐步调节气压峰值,寻求单颗铝微滴的喷射参数组合。喷射结果用能够表征微滴直径、断裂长

度、断裂时间的无量纲数：D_d/D_n（无量纲液滴直径）、L_d/D_n（无量纲射流断裂长度）和 $t_c = 100(\rho R^3/\sigma)^{-1/2}$（无量纲断裂时间）表示。图中显示，随着不同脉冲幅值增加，三个无量纲数中，除无量纲宽脉冲断裂长度外其他两个量变化均不大，说明脉冲压力幅值对微滴断裂时间和大小影响不大。在脉冲较宽时，随着加载气压增加，无量纲断裂长度有所增加，但其断裂得到的微滴直径不变，表明此时，射流断裂后会剩余更多的金属液体缩回喷嘴内部。脉冲宽度较窄时，加载气压幅值增加对金属微滴喷射结果影响不大。

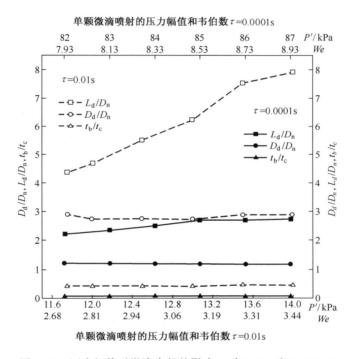

图 5.27　压力幅值对微滴直径的影响（τ 为 0.01s 和 0.0001s）

图 5.28 为不同脉冲宽度时单颗微滴喷射模拟结果。模拟结果显示，不同脉冲宽度下铝微滴断裂形貌迥异：在窄脉冲作用下，微滴相比喷嘴直径较小，微滴形状较圆。在宽脉宽作用下，微滴直径较大，且同时较大的微滴所受重力作用明显，在重力方向上变长，微滴呈现椭球形。

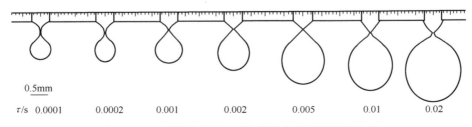

图 5.28　不同脉冲宽度 τ 时铝微滴断裂形貌模拟结果

为定量分析脉冲宽 τ 对金属微滴喷射的影响,取无量纲直径、无量纲断裂长度和无量纲断裂时间为考查对象,进行不同脉冲宽度作用下微滴金属喷射过程模拟(图 5.29),结果表明:在 $\tau=10\text{ms}$ 量级时,微滴无量纲直径和无量纲断裂长度随着脉冲宽度的减小呈指数形式减小;但当 τ 小至 1ms 量级时,两个参数的变化较小。模拟结果也显示,在仿真参数内,即脉冲宽度小至 0.1ms 时,无量纲微滴直径约为 1,说明微滴直径与喷嘴直径相等。然而采用现有结构的气压脉冲喷射装置,欲实现 $\tau=0.1\text{ms}$ 的气压脉冲非常困难,一般气压脉冲宽度为 $10\sim100\text{ms}$ 量级。所以,气压脉冲喷射产生的金属微滴一般比喷嘴直径大。

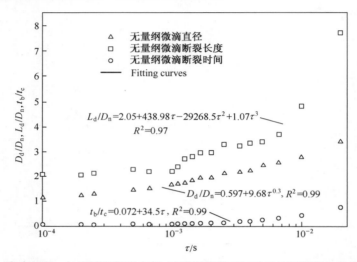

图 5.29 脉冲宽度 τ 与无量纲微滴直径、无量纲断裂时间及无量纲断裂长度之间的关系

上述模拟结果显示,脉冲宽度是影响均匀微滴喷射尺寸的主要参数,脉冲幅值对微滴直径影响很小,但需要注意的是,有一个恰当的取值范围,脉冲幅值过小会导致微滴克服不了其表面张力的作用而喷射不出来,过大又会导致多颗微滴的同时喷射,无法实现金属微滴按需喷射。

为了寻求铝微滴可控喷射参数范围,可以将压力脉冲宽度和幅值作为两个变量,通过所建立数值模型进行逐点计算,来确定单颗微滴可控喷射参数取值区间。模拟时,首先固定脉冲宽度,从无微滴喷射区域开始,以一定的间隔逐渐增加,当有微滴产生时,取此时幅值与前一幅值之差作为微滴产生阈值区间,取此区间中心作为单颗微滴喷射幅值下边界阈值。然后在不同脉冲宽度条件下,重复上述计算,连续计算得到所有下边界阈值,即为铝微滴压力喷射的压力下边界。上边界的确定方法与此类似,只不过是单颗微滴过渡到多颗微滴的压力幅值边界阈值。

图 5.30 为采用此方法寻找到的单颗铝微滴喷射压力脉冲宽度与幅值取值范围,由图可见,当脉冲宽度较大时,能够喷射单颗微滴的参数区间较窄。随着脉冲宽度减小,单颗金属微滴喷射参数区间逐渐增加,喷射最大可达 10kPa($\tau=0.3\text{ms}$)。但小于此脉冲宽度时,参数区域又逐渐减小。另外,图 5.30 还显示,随着

脉冲宽度的减小,能够喷射出单颗铝微滴的压力幅值下边界呈指数形式急剧上升,在 0.1ms 处,其下边界压力幅值达到 80kPa,这对气压脉冲产生装置要求很高。

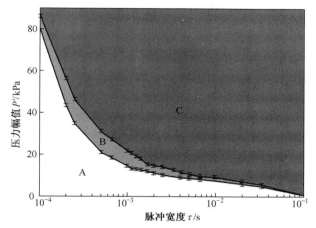

图 5.30　单颗铝微滴喷射脉宽和幅值参数取值范围

在得到单颗铝微滴喷射脉宽和幅值取值区间后,选取 $400\mu m$、$460\mu m$、$500\mu m$、$600\mu m$ 四个尺寸的喷嘴,分别进行铝微滴喷射试验。试验中,固定脉冲宽度为 19ms,从图 5.30 所示区间的下边界开始,逐渐增加喷射压力幅值,直至喷射出单颗铝微滴为止,然后采用石棉坩埚收集铝颗粒的方法来观察其均匀性。图 5.31(a) 为喷嘴直径与铝颗粒无量纲直径之间的关系,图 5.31(b) 为收集的铝微滴颗粒照片。可以看出,脉冲气压喷射的铝颗粒直径约为喷嘴直径 3 倍;得到的铝颗粒尺寸误差较小,均匀性较好;随着喷嘴直径的减小,金属颗粒无量纲直径逐渐增加,这说明气压脉冲喷射法仅通过减小喷嘴直径来减小喷射铝颗粒直径是较为困难的。

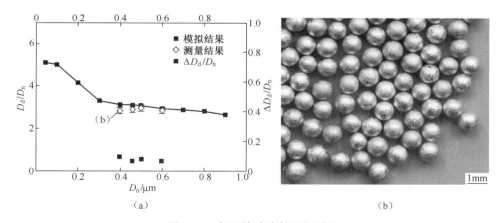

图 5.31　气压脉冲喷射的铝颗粒
(a)不同喷嘴下得到的铝颗粒无量纲直径;(b)收集的均匀铝颗粒。

5.2 应力波驱动式按需喷射行为及其参数影响

通过弹性杆间的碰撞可产生波动宽度极窄的应力波,利用此应力波可迫使金属流体从喷嘴喷出而形成均匀金属微滴。本节重点介绍在应力波驱动下,金属微滴喷射过程、影响参数及其规律以及适用范围。

5.2.1 试验装置参数对金属微滴喷射影响规律

1. 冲击杆行程 S_{rod} 对微滴喷射的影响

冲击杆通过一段距离的加速后撞击传振杆,冲击杆行程 S_{rod} 定义为冲击杆下端与传振杆上端之间的间距(图 5.32(a))。在金属微滴喷射过程中,通过调整冲击杆行程,可以对冲击杆的加速距离进行一定调节。由于冲击杆从静止开始加速,其加速行程直接决定了其与传振杆冲击时的冲击速度,对金属微滴喷射时的应力波能量也有重要影响。

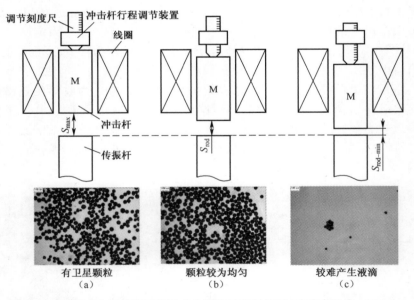

图 5.32 不同冲击杆行程下铅锡合金微滴的喷射情况(喷嘴直径为 100μm)

图 5.32 为采用铅锡合金材料在不同冲击杆行程下进行微滴喷射的试验结果。可以看出,当冲击杆行程处于最大值($S_{rod\_max} \approx 5cm$)时,冲击杆下端与传振杆上端撞击产生的能量较大,喷射过程易产生卫星金属微滴;当冲击杆行程处于最小值($S_{rod\_min} \approx 1cm$)时,撞击能量很小,金属微滴喷射过程不稳定,时有时无。只有当冲击杆行程处于合适范围时,才能稳定喷射出均匀金属微滴。可见,冲击杆行程 S_{rod} 是控制金属微滴喷射的一个有效参数。

2. 振动腔深度对微滴喷射的影响

传振杆下端与喷嘴片内壁构成振动腔,两者的间距定义为振动腔深度 L_{rod}。调整 L_{rod} 可有效改变此振动腔体积,且影响金属微滴的喷射过程。在应力波驱动金属微滴喷射过程中,压缩应力波沿传振杆轴线传递,并在其下端反射为拉伸波,同时将振动传递给传振杆下端流体。若振动腔长度不同,压力波传递至喷嘴的时间及能量损耗不同,转化为微滴喷射的有效动能也就不同。

图 5.33 为不同 L_{rod} 时金属微滴的喷射情况,当传振杆末端与喷嘴之间距离 L_{rod} 较大($L_{rod} > 10mm$)时,由于应力波能量损耗较大,很难保证喷射装置在每次冲击下均能喷射出金属微滴(图 5.33(a));当距离较小时($L_{rod} < 1mm$),由于传振杆传递的能量过大,导致微滴喷射时伴随有卫星微滴产生(图 5.33(c))。仅在距离合适的情况下(L_{rod} 为 1~10mm),喷射装置才可能产生均匀圆滑的金属焊料颗粒(图 5.33(b))。

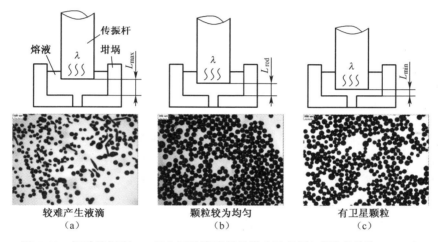

图 5.33　振动腔深度 L_{rod} 对金属微滴喷射的影响示意图(喷嘴直径为 100μm)

5.2.2　应力波脉冲波形对金属微滴喷射的影响

1. 应力波脉冲频率对金属微滴直径的影响

应力波脉冲频率为单位时间内冲击杆与传振杆的碰撞次数。为了研究脉冲频率对微滴直径的影响规律,以锡铅合金为试验材料进行金属微滴喷射试验,喷射脉冲频率分别为 1Hz、2Hz、3Hz、4Hz、5Hz、8Hz、10Hz,喷射后金属熔滴颗粒直径与脉冲频率之间的关系如图 5.34 所示。

由图 5.34 看出,在一定频率范围内,喷射锡铅合金微滴的直径随着脉冲频率的增大呈指数形式减小,其关系式可表示为

$$y = 56.81591 + 81.6695e^{-0.61584x} \tag{5.8}$$

随着冲击脉冲频率提高,撞击杆尚未完全退回初始位置便进行第二次加速,导致其加速行程缩短,从而使得冲击能量减小,传递给金属熔液的能量较小,故喷射

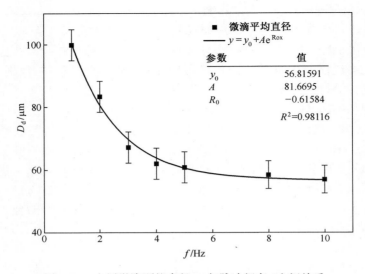

图 5.34　金属微滴颗粒直径 D_d 与脉冲频率 f 之间关系

（注：喷嘴直径为 $100\mu m$，脉冲宽度为 $5ms$，冲击杆行程为 $3mm$，振动腔长度为 $1.5mm$。）

微滴的直径也较小。

2. 应力波脉冲宽度对微滴直径的影响

在气压脉冲按需喷射和压电脉冲按需喷射试验研究中，发现加载压力脉冲脉宽是影响微滴与喷嘴直径之比的重要因素。为分析脉冲宽度对喷射金属微滴尺寸的影响，可将应力波驱动式按需喷射装置改进为可工作于两种状态，即弹性连接（振动杆通过弹簧与喷射装置连接）和刚性连接（通过刚性环与喷射装置连接）。

（1）弹性连接：碰撞后传振杆在弹簧作用下做阻尼振荡运动，传递给金属熔液的振动波形为幅值衰减的正弦振动，其振动周期由弹簧刚度、传振杆质量、金属杆所受的黏滞力等参数决定。采用激光振动仪测量传振杆末端的振动，可拟合出振动速度变化函数为 $v(t) = Ae^{-\frac{t}{\tau_{dump}}}\sin(\pi t/\tau)$，其中 $\tau_{dump} = 115\mu s$，$\tau = 141\mu s$，此时脉宽与轴向压电振动脉冲宽度处于同一量级（图 5.35）。

（2）刚性连接：传振杆工作在应力波状态，其脉冲宽度过小，难以测量，可以通过应力波传递速度进行估计，应力波脉宽取决于碰撞杆长度（约为 $3.5cm$），杆内应力波传动速度约为 $5400m/s$，则应力波脉宽 t_w 为应力波在碰撞杆内一个来回的时间，约为 $13\mu s$，即脉冲宽度减小 1 个数量级，相比弹性连接时小 1 个数量级。

将上述应力波脉冲作为金属微滴喷射模型的振动壁面边界条件进行数值模拟，数值计算方法和计算模型与前面介绍的气压脉冲微滴按需喷射的计算方法类似，仅修改了喷嘴内部形貌参数。不同振动脉宽作用下金属喷射结果如图 5.36 所示。图中显示，随着脉宽的减小，喷射金属微滴所需的应力波幅值稍有提高，但变化不大，而可以产生均匀金属微滴的速度幅值区间几乎没有变化。同时，模拟结果也显示，两种不同脉宽条件下，金属微滴喷射时，其形貌类似，但尺寸相差较大。

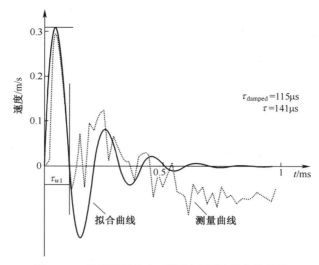

图 5.35　弹簧阻尼状态下的振动杆波形变化曲线

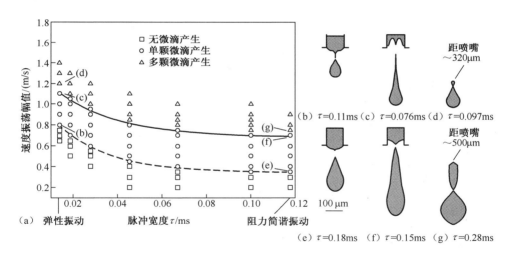

图 5.36　不同脉宽情况下,金属微滴喷射参数取值范围

(a)喷射金属微滴断裂形貌模拟结果;(b)~(d)在 $\tau=13\mu s$ 时,不同振动幅值下金属微滴断裂形貌;
(e)~(g)在 $\tau=100\mu s$ 时,不同振动幅值下金属微滴断裂形貌。

　　图 5.37 统计不同脉宽条件下通过模拟得到的金属微滴尺寸,对于脉宽为 $100\mu s$ 的振动(图 5.37(b)),所产生微滴的直径约是喷嘴直径的 1~1.4 倍,试验结果与模拟结果吻合较好。

　　图 5.37(a)显示,当振动速度脉宽减小到 $10\mu s$ 量级时,微滴直径明显减小,仿真结果和试验结果也表明,微滴的最小无量纲直径(微滴直径和喷嘴直径之比)接近 0.5,即通过应力波驱动喷射得到的金属微滴直径约为喷嘴直径的 1/2,这也显示出应力波驱动方式在减小金属微滴直径方向的巨大优势。

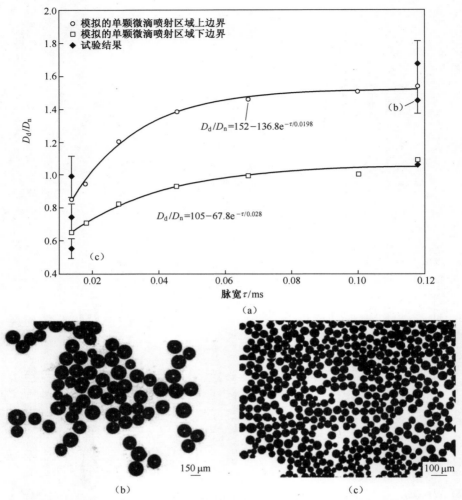

图 5.37　脉冲宽度对液滴直径的影响(a)微滴直径与振动脉宽之间的规律；
(b)$\tau=115\mu s$ 时得到的金属微滴；(c)$\tau=13\mu s$ 时得到的金属微滴。

5.3　各种金属微滴按需技术对比

目前,见报道的金属微滴喷射技术主要有气压脉冲驱动式、压电脉冲驱动式和应力波脉冲驱动式等,其中气压脉冲驱动式是通过气体将振动传递给流体,而压电脉冲驱动式和应力波驱动式均是通过振动杆将振动传递给流体,可以根据振动传递介质大体将金属微滴喷射技术分为两类。

图 5.38(a)总结了不同金属微滴按需喷射技术喷射得到的金属微滴无量纲尺寸(微滴尺寸与喷嘴尺寸之比)及其误差范围的对比情况。采用单脉冲气压喷射

时,脉冲作用时间为毫秒级,金属微滴尺寸一般在喷嘴直径 2 倍以上[2,8](图 5.38(b)、(c));对气压进行调制,使一个脉冲中出现多个气压峰值时,可以迫使喷嘴处自由液面受激波动而使喷射出尺寸极小的微滴(图 5.38(d))。当气压脉冲驱动喷射频率大于 10Hz 时,气压连续小幅振荡,使得金属微滴喷射转换为连续射流喷射,无法形成单颗金属微滴[9]。

采用传振杆将压电陶瓷振动传递进金属熔液中,可极大地减小压力作用时间(一般为百微秒级),喷射得到的微滴无量纲尺寸接近 1[10,11](图 5.38(e)、(f)、(g))。但若传振杆工作在应力波驱动模型下(振动杆与喷射装置刚性连接),振动杆以压缩波的形式驱动流体,可以进一步减小作用于金属熔液的压力脉冲时间(可达十微秒级),金属微滴的无量纲尺寸可以接近 0.55[12],即喷射金属微滴尺寸为喷嘴直径的 1/2(图 5.38(h)),故通过减小驱动脉冲波脉宽,可减小微滴无量纲尺寸。

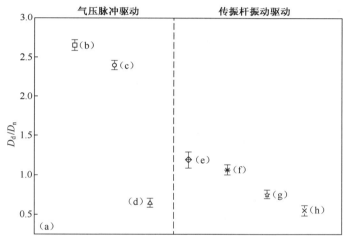

图 5.38　不同方法喷射的金属微滴尺寸对比

参 考 文 献

[1] Luo J, Qi L, Zhou J, et al. Modeling and characterization of metal droplets generation by using a pneumatic drop-on-demand generator[J]. Journal of Materials Processing Technology, 2012, 212 (3):718-726.

[2] Luo J, Qi L, Zhou J, et al. Modeling and characterization of metal droplets generation by using a

pneumatic drop-on-demand generator[J].Journal of Materials Processing Technology,2012,212(3):718-726.

[3] Demeri M,Farag M,Heasley J.Surface tension of liquid Pb-Sn alloys[J].Journal of Materials Science,1973,9(4):683-685.

[4] Kim C S,Sim W,Kim Y,et al.Modeling and characterization of an industrial inkjet head for micro patterning on printed circuit boards[C].Proceedings of the Sixth International ASME Conference on Nanochannels,Microchannels and Minichannels(ICNMM2008),Darmstadt,2008.:1-10.

[5] Hémon P,Wojciechowski J.Attenuation of cavity internal pressure oscillations by shear layer forcing with pulsed micro-jets[J].European Journal of Mechanics - B/Fluids,2006,25(6):939-947.

[6] Bogy D B,Talke F E.Experimental and Theoretical Study of Wave Propagation Phenomena in Drop-on-Demand Ink Jet Devices[J].IBM Journal of Research Development,1984,28(3):314-321.

[7] Sohn H,Yang D Y.Drop-on-demand deposition of superheated metal droplets for selective infiltration manufacturing[J].Materials Science and Engineering A,2005,392(1-2):415-421.

[8] Cheng S X,Li T,Chandra S.Producing molten metal droplets with a pneumatic droplet-on-demand generator[J].Journal of Materials Processing Technology,2005,159(3):295-302.

[9] Amirzadeh A,Raessi M,Chandra S.Producing molten metal droplets smaller than the nozzle diameter using a pneumatic drop-on-demand generator[J].Experimental Thermal and Fluid Science,2013,47:26-33.

[10] Lee T M,Kang T G,Yang J S,et al.Drop-on-demand solder droplet jetting system for fabricating microstructure[J].IEEE Transactions on Electronics Packaging Manufacturing,2008,31(3):202-210.

[11] Takagi K,Seno K,Kawasaki A.Fabrication of a three-dimensional terahertz photonic crystal using monosized spherical particles[J].Applied Physics Letters,2004,85(17):3681-3683.

[12] Luo J,Qi L,Tao Y,et al.Impact-driven ejection of micro metal droplets on-demand[J].International Journal of Machine Tools & Manufacture,2016,106:67-74.

第6章　均匀焊料微滴可控沉积及其3D打印成形控制

采用铅锡合金、锡银合金等焊料均匀微滴喷射沉积可以打印均匀凸点/微柱阵列、微电子线路以及进行电子元器件快速钎焊等，也可用于探索金属件微滴3D打印成形工艺参数组合。本章采用铅锡合金焊料作为喷射材料，研究其喷射沉积规律及其应用技术，包括焊料微滴单颗/多颗微滴沉积行为、焊料凸点/线条形貌参数影响规律及控制技术、电子封装用均匀微滴3D打印技术、金属零件微滴3D打印成形技术等，为该技术在微电子领域应用奠定基础。

6.1　均匀焊料微滴沉积铺展行为及其最终形状影响因素

金属微滴在基板上沉积凝固后形貌取决于基板温度、材质物性等，决定了成形件最终轮廓、表面质量等，是需要考查的重要参数。由于熔融态金属微滴在基板上沉积铺展过程中，涉及与基板的润湿铺展、传热和凝固等一系列复杂动力学和热力学耦合行为，不同参数下熔融态金属微滴的沉积行为及其最终形状参数影响规律仍难以精确预测，还需结合金属微滴沉积铺展试验进行研究。

6.1.1　均匀焊料微滴沉积铺展行为

本节以铅锡合金 S-Sn60PbAA 为喷射材料，研究不同条件下焊料微滴沉积铺展与凝固行为，以揭示试验参数对金属微滴铺展的影响规律。试验中，采用压电脉冲驱动式按需喷射装置进行焊料微滴喷射，喷射微滴直径为 $410\mu m$[1]，通过高速摄像测得微滴碰撞速度约为 1m/s，沉积基板材质为紫铜、不锈钢和钛基板等。此条件下，金属微滴沉积时的 We 和 Oh 分别为 7.05、0.001，根据图 2.35，试验中金属微滴沉积铺展处于 I 区（无黏碰撞驱动区域）下部，此时，材料黏度对铺展影响不大，微滴碰撞铺展运动主要由流体的惯性力及其毛细力共同作用。

图 6.1 为高速 CCD 拍摄的微滴在不锈钢基板上弹跳过程图像，图中显示金属微滴在碰撞时铺展为扁平盘状形状，其与基板接触部分的接触角较大，与基板不润湿，待其回复后发生弹跳。

图 6.2 是铅锡合金微滴在抛光的紫铜基板上的沉积过程，由于一方面紫铜热导率较高，易使金属微滴在与紫铜接触瞬间出现底部局部凝固，另一方面铅锡合金易与紫铜基板表面反应，产生穿越基板表面和微滴底部的高熔点金属间化合物，上

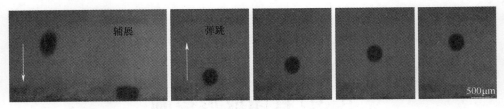

图 6.1　微滴弹跳行为过程(图像每帧时间间隔为 1ms)

述两个因素共同抑制金属微滴反弹。图 6.2(b)~(f)也显示金属微滴在回缩过程中,其表面有一微小振荡,此振荡伴随于金属微滴凝固过程并影响其最终形貌。

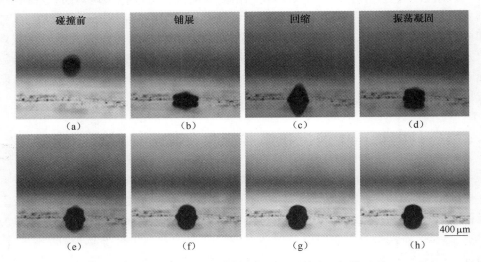

图 6.2　紫铜基板上金属微滴的沉积及其表面振荡过程

6.1.2　试验参数对凝固微滴最终形貌影响因素

焊料微滴沉积试验发现,沉积微滴的表面振荡会导致微滴最终形状不一致,这不利于成形参数选择和成形件表面质量控制。因此,探寻表面形状的参数影响规律,沉积出形状一致的金属凸点是均匀微滴 3D 打印应用的一个基础所在。

1. 基板材料对微滴沉积形貌的影响

单颗微滴在未沉积到基板前可认为是标准球体,沉积凝固后为近似球缺的形状,根据质量守恒定律,可建立微滴形状关键参数描述方程(式(2.88)和式(2.89))。此方程中,凝固角为影响微滴最终形貌的主要参数,微滴在不同材质基板上沉积时,其在基板的凝固角决定了其最终形态。为了分析基板材料对沉积微滴形貌的影响,基板材料分别选用紫铜、黄铜、铝、镍、不锈钢、钛合金等进行沉积试验。

表 6.1 列出了在不同基板上进行试验的结果。可以看出:锡铅合金微滴在不锈钢基板和钛基板上发生弹跳,最后得到金属微滴近似球形;微滴在紫铜、黄铜、

铝、镍基板上均不发生弹跳现象,在紫铜和黄铜基板上的铺展直径较大,近似等于凸点的最大直径,其凝固角小于 100°;沉积微滴在铝板和镍板上的接触直径相对较小,凝固角大于 100°。试验结果说明,锡铅合金与紫铜、黄铜的润湿性优于铝板和镍板,微滴铺展更加充分,故沉积铅锡合金微滴应优先选择紫铜、黄铜基板,以保证均匀微滴的稳定沉积。

表 6.1　不同基板沉积微滴试验结果

基板材料	是否反弹	微滴沉积形貌	凝固角 /(°)	平均凝固微滴高度/μm	与基板接触直径/μm	凝固微滴最大直径/μm
紫铜	否		99.66	407.4	473.4	479.8
黄铜	否		97.49	402.1	472.3	477.7
铝	否		102.09	406.4	424.5	476.6
镍	否		103.431	404.3	427.7	482.9
不锈钢	是		118.44	409.7	381.9	497.9
钛	是		139.53	441.5	284.1	482.9

2. 凝固时间对金属微滴沉积形状的影响

金属微滴在沉积过程中伴随着微滴的欠阻尼振荡和逐层凝固行为的耦合作用,当沉积参数不变时,微滴凝固时间是影响金属微滴最终几何形状的另一重要因素。金属微滴在基板上的凝固时间可以通过凝固时间尺度 τ_{sol} 来估算(详见表 2.1):

$$\tau_{sol} = \frac{D_d^2}{4\alpha}\left(\frac{1}{Ste} + \beta_{super}\right) \tag{6.1}$$

试验中,可以通过控制金属微滴沉积温度来间接控制微滴凝固时间,以得到不同凝固时间下金属微滴的沉积形状。

图 6.3 为不同凝固时间时金属微滴的典型沉积形状,依据其几何轮廓形状,可将微滴形状大致分为灯泡形状、草帽形状和半球形状。

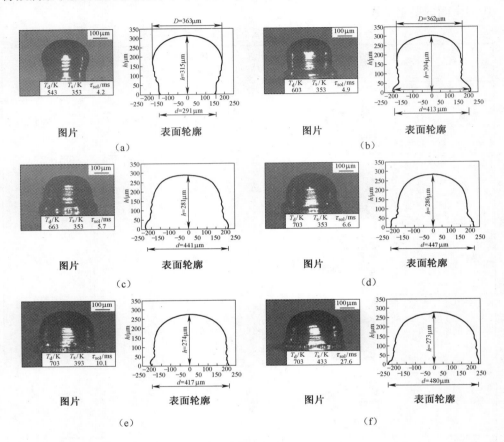

图 6.3 不同凝固时间得到金属凸点轮廓形状

(a)灯泡形状;(b)草帽形状;(c)~(f)半球形状。

当微滴温度为 543K,基板温度为 353K 时,得到的底部窄上部宽的灯泡形状沉积微滴(图 6.3(a)),此时微滴底部与基板接触面直径小于微滴上部最大直径。其原因是金属微滴在基板上铺展时,其底部液态金属迅速凝固阻碍了与其相邻的金属液体的流动,导致最终接触面直径小。

当微滴温度提高为 603K,基板温度保持 353K 不变时,微滴与基板接触直径大于微滴上部的最大直径,形成凸出外沿,呈现出底部宽上部窄的草帽形状(图 6.3(b))。其原因是较高温度微滴与基板发生碰撞时,其底部液态金属凝固速度变缓,使微滴铺展更为充分,从而形成凸起外沿。

进一步提高金属微滴初始温度或基板温度,金属微滴在基板上沉积后会形成半球形状(图 6.3(c)~(f))。其原因是随着微滴初始温度提高,微滴凝固速率进一步减缓,微滴除能充分铺展外,在表面张力作用下还会形成半球状凸起。凝固速率越慢,塌陷程度越大,微滴几何轮廓形状越接近半球形。

图 6.4 显示了沉积金属微滴几何轮廓高度 h 与完全凝固所需时间 τ_{sol} 的关系,图中测量结果为 10 颗微滴测量的平均值和样本标准偏差。可以看出,几何轮廓无量纲高度 h/D_d 开始随着凝固时间 τ_{sol} 增加而迅速减小,当凝固时间增加到一定时间后,其高度变动较小,稳定在 0.67 左右;图中还显示,金属微滴高度几何轮廓高度 h 标准偏差也有类似的变化规律。由于试验很难精确得到上述情况的转变阈值,可依据试验结果建立一过渡区域(图中阴影部分),以大致区分不同形状轮廓的范围:在过渡区间左侧,随着凝固时间延长,金属微滴几何轮廓形貌由灯泡形状、草帽形状向半球形状急剧变化,微滴高度 h 下降;在其右侧,微滴几何轮廓形貌均稳定呈现为半球形状,微滴几何轮廓高度 h 处于稳定状态,无明显变化。

上述研究表明,延长凝固时间有利于保持沉积微滴高度的一致性。

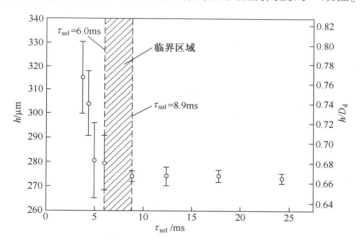

图 6.4　微滴凝固时间对凝固微滴轮廓高度的影响

3. 沉积参数对沉积微滴高度误差的影响

根据上节研究结论,沉积微滴高度 h_{bump} 与其凝固速率有直接关系,而金属微滴凝固速率主要由微滴温度 T_d 和基板温度 T_{sub} 共同决定。本节以微滴和基板温度为主要工艺参数,研究沉积微滴阵列的高度分布和几何轮廓形状特征的参数影响规律,并分析沉积微滴高度误差来源。

定义沉积微滴高度 h_{bump} 的平均值 $\bar{h}_{bump}$ 和标准方差(SD)为

$$\bar{h}_{bump} = \frac{1}{n}\sum_{i=1}^{n} h_{bumpi} \tag{6.2}$$

$$SD = \left[\frac{1}{n}\sum_{i=1}^{n}(h_i - \bar{h})\right]^{\frac{1}{2}} \tag{6.3}$$

采用单因素试验方法分析微滴初始温度和基板温度对 h_{bump} 和 SD 影响的显著性,试验参数如表 6.2 所列,试验中每组参数下共收集 300 颗微滴,在工具显微镜下对微滴直径进行测量统计。

表 6.2 凸点阵列沉积参数

序号	沉积频率 /Hz	沉积距离 /mm	微滴初始温度 /K	基板温度 /K
1	1	10	543、583、623、663、703、743	353
2			623	353、383、413、443、473、503

图 6.5 显示了沉积微滴阵列的平均值 $\bar{h}_{bump}$ 和标准差 SD 随微滴初始温度 T_d 和基板温度 T_s 的变化规律。结果显示,微滴不弹跳,微滴将会在基板上沉积并形成凸点,微滴几何轮廓平均高度 $\bar{h}$ 随微滴初始温度 T_d 和基板温度 T_{sub} 的增加而逐渐减小,说明微滴初始温度或基板温度增加,使得微滴凝固时间增加,使其有充分时间铺展。但当微滴初始温度 T_d 到达 747K 或基板温度 T_{sub} 达 503K 时,微滴几何轮廓平均高度 $\bar{h}_{bump}$ 突然增大,表明微滴此时开始出现反弹,在往复弹跳几次后凝固为近球状形貌,因而无法实现精准沉积。

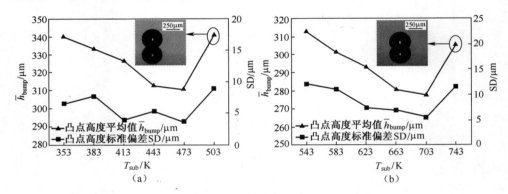

图 6.5 微滴初始温度、基板温度对凸点高度统计分布的影响

图 6.6 显示了微滴初始温度都较低或较高时得到的沉积微滴高度。当微滴初始温度 T_d 与基板温度 T_{sub} 较低时(图 6.6(a)),微滴凝固速率较快,导致沉积微滴呈现出不同的几何轮廓形貌,从而使微滴高度 h 相差较大。这是因为:当微滴凝固速度较快时,微滴凝固时伴随振荡,导致其高度发生随机变化。当微滴初始温度 T_d 与基板温度 T_s 较高时(图 6.6(b)),微滴凝固时间较长(位于图 6.4 中的稳定区域),使得微滴有充分时间从振荡到停止,故凸点高度 h 相近,阵列中凸点几何轮廓形状为较为规则的半球形状。

6.1.3 凸点高度误差修正方法及其精度分析

6.1.2 节研究表明,适当提高微滴初始温度 T_d 与基板温度 T_{sub},有利于抑制凸

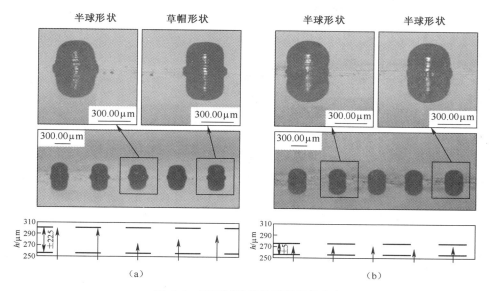

图 6.6　不同试验条件下沉积的凸点

（a）较低温度下沉积的凸点，凸点呈现出半球形状和帽子形状，高度误差达到±22.5μm；

（b）较高温度下沉积的凸点，凸点几何轮廓形状均为半球形状，高度误差达到±5μm。

点阵列高度误差，但沉积结果仍有微小误差。为严格保证凸点高度一致性，避免微滴最终形貌受振荡作用影响，还需对沉积金属微滴进行后续处理。

由于微滴尺寸均匀，一定条件下金属熔液与基板的润湿角恒定，故可以借助尖峰焊工艺以对打印金属微滴进行重熔整形，获得形状高度一致的金属凸点。

图 6.7 显示了重熔整形前后金属微滴几何轮廓形状的对比情况。试验中，直

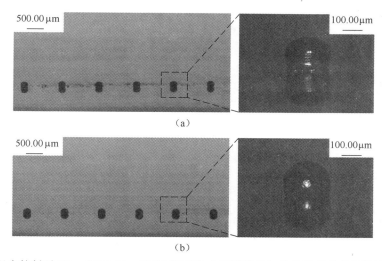

图 6.7　温度较低时（$T_d = 583$K，$T_s = 353$K）沉积的金属微滴及加热重熔后的几何轮廓形状对比

（a）直接沉积的金属微滴；（b）重熔整形后金属微滴。

147

径约为 $200\mu m$ 的微滴沉积在黄铜基板上,拍摄其形貌后,升高基板温度至 533K 并保温 30s,将基板上已凝固的金属微滴重新加热熔化,进行重熔整形,以观察重熔前后的微滴形貌的变化。由于基板温度较低,直接沉积的金属微滴凝固速率过快,沉积微滴呈现底部窄上部宽的灯泡状,沉积微滴放大图片显示其表面有波纹,说明了微滴沉积时流体反复振荡与逐层凝固的耦合作用(图 6.7(a))。重熔整形后,重熔微滴在表面张力作用下回缩成表面光滑的球冠形,冷却凝固后得到几何轮廓规则且圆滑的球冠(图 6.7(b))。

重熔以后,微滴形状较为规则,可采用经典球冠模型表征(式(2.88)~(2.90))。此模型中,微滴与基板接触角决定了微滴轮廓形状。由于铅锡合金微滴在紫铜、黄铜、铝、镍基板上接触角约 60°、101°、142°、115°,将上述润湿角代入式(2.88)~式(2.90)中,可求解微滴形状的无量纲高度 h_{bump}/D_d。

图 6.8 为不同基板上沉积微滴高度的测量结果与球冠模型的对比,图中显示,不同测量结果与理论吻合较好,说明经典球冠模型可以用于描述重熔后金属微滴形状。

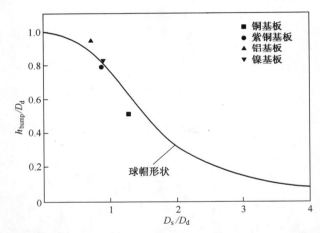

图 6.8　金属微滴无量纲高度 h_{bump}/D_d 与无量纲铺展直径 D_s/D_d 的测量结果
(图中的方形、圆形及三角形点)与模型计算结果(曲线)对比

经典球冠模型中,沉积后的微滴球冠高度为

$$h_{bump} = k_{bump} D_d$$

式中　　　　$$k_{bump} = \frac{1}{2} \left(\frac{4}{(1 - \cos a_v)^2 (2 + \cos a_v)} \right)^{\frac{1}{3}} (1 - \cos a_v) \qquad (6.4)$$

由于微滴直径服从正态分布 $D_d \sim N(\mu_d, SD_d^2)$,可得知沉积微滴最终高度 h_{bump} 也服从正态分布:

$$h_{bump} \sim N(\mu_h, SD_h^2) \qquad (6.5)$$

式中

$$\mu_h = k_{bump} \sum_{i=1}^{n} D_{di} = k_{bump} \mu_d \tag{6.6}$$

$$SD_h = \left[\frac{1}{n} \sum_{i=1}^{n} (h_i - \mu_h) \right]^{\frac{1}{2}} = \left[\frac{1}{n} \sum_{i=1}^{n} (k_{bump} D_{di} - k_{bump} \mu_d) \right]^{\frac{1}{2}}$$

$$= k_{bump}^{\frac{1}{2}} \left[\frac{1}{n} \sum_{i=1}^{n} (h_i - \mu_h) \right]^{\frac{1}{2}} \tag{6.7}$$

$$SD_h^2 = k_{bump}^2 SD_d^2 \tag{6.8}$$

沉积微滴最终几何轮廓高度最大误差为

$$\Delta h_{bump} = h_{bump\_max} - h_{bump\_min} = k_{bump}(D_{max} - D_{min}) = k_{bump} \Delta D_d \tag{6.9}$$

式中：k_{bump} 为误差系数，由沉积微滴与基板间的凝固角 θ 决定，其值反映了金属微滴尺寸误差与沉积高度误差之间的比例系数。

图 6.9(a) 显示了误差系数 k_{bump} 与接触角 a_v 的关系。误差系数 k 恒小于 1，说明喷射微滴尺寸误差传递到沉积金属微滴高度时减小，即沉积微滴高度误差要小于微滴初始直径误差。同时，误差系数 k_{bump} 随接触角 a_v 的增长而单调递增，说明较大接触角不利于减小沉积微滴高度误差。

图 6.9(b) 显示了凸点高度误差 Δh_{bump} 随喷射微滴直径误差 ΔD_d 和凸点几何轮廓的接触角 a_v 的增大而增大。因此，提高喷射微滴的尺寸精度和选用与微滴润湿性好的基板材料均有助于减小微滴凸点的高度误差。

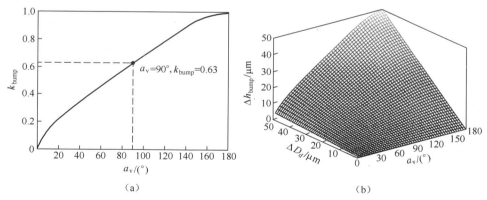

图 6.9　最大高度误差 Δh_{bump} 与误差系数 k_{bump} 随微滴接触角 a_v 的变化关系

6.2　金属微滴可控打印轨迹规划及其影响因素

打印出表面光滑、尺寸精确的线条是实体结构打印的前提，而合适的轨迹扫描策略是决定其打印效率的主要因素。本节重点探讨试验参数（微滴温度、基板温度、打印步距、扫描策略等）对打印线条形貌的影响规律以及打印轨迹规划对成形效率的影响规律。

6.2.1 连续式打印参数对打印线条形貌的影响

微滴连续式打印是指线条打印时按照逐颗微滴依次搭接而成(图6.10),影响线条最终形貌的因素主要有微滴尺寸、喷头温度、基板温度、打印间距、喷射频率等。打印时,由于喷嘴直径不变,喷射微滴尺寸基本恒定,且喷射温度恒定,故可将上述参数视为常量。这里,仅改变打印频率、基板温度、打印间距和扫描方式,来研究这些参数对打印线条的影响规律。

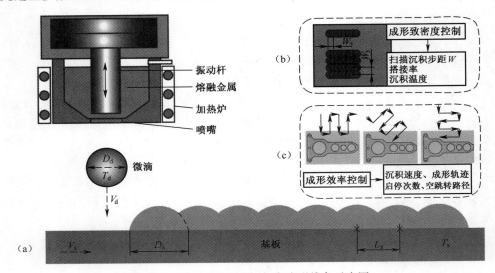

图6.10 逐滴连续方式下打印成形线条示意图

1. 连续打印方式及其影响参数定义

假定金属微滴按连续打印方式进行沉积(图6.11(a)),按照逐行栅格路径扫描(图6.11(b)),定义相邻两颗微滴的中心距离为扫描沉积步距 W,沿 x、y 方向的扫描步距分别为 W_x 和 W_y(图6.11(c)),定义相邻位置沉积搭接的两个微滴重叠部分的最大宽度占单个微滴直径的比值为搭接率 $\eta(\eta = L_x/D_d)$,其中,L_x 为在坐标系 x 轴方向上微滴 a 与微滴 b 重叠部分的最大宽度,D_d 为微滴直径。在打印线

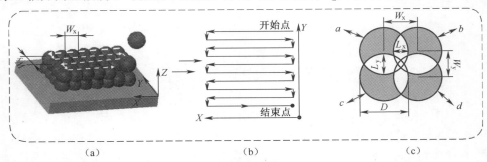

图6.11 微滴打印步距和搭接率示意图

条时，x 方向上的步距 W_x 影响线条成形质量；打印层面时，除 W_x 外还需考虑在 y 方向上步距 W_y 对层面成形质量的影响。若两者选取不当，均将导致零件内部出现孔洞缺陷，降低制件成形精度。

图 6.12 为扫描步距控制模型，x 方向的扫描步距 W_x 主要由微滴喷射频率 f 和基板运动速度 V 来控制。图中，f 为微滴喷射频率，D_d 为微滴直径，u_s 为基板运动速度，S 为微滴打印长度。设在 n 秒内，打印微滴个数为 N，则打印长度与基板运动速度、微滴喷射频率之间存在如下关系：

$$S = nV = W_x N = W_x nf \tag{6.10}$$

根据上式可得

$$W_x = V/f \tag{6.11}$$

式（6.11）表示，零件成形过程中扫描步距 W_x 可通过基板运动速度 V 和微滴喷射频率 f 来控制。

根据搭接率定义，x 方向的搭接率可表示为

$$\eta_x = \frac{L_x}{D_d} = \frac{D_d - W_x}{D_d} = 1 - \frac{V}{fD_d} = 1 - \frac{W_x}{D_d} \tag{6.12}$$

式（6.11）表示，搭接率 η_x 与 W_x 和 D_d 有关。

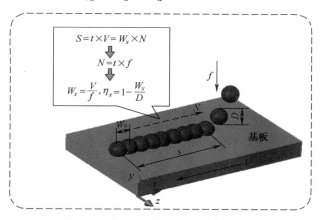

图 6.12　扫描步距 W_x 控制模型示意图

y 方向扫描步距 W_y 可通过控制相邻线之间打印间距 D_s 控制（图 6.13（d））。图 6.13（a）为示例零件 STL 模型图，图 6.13（b）、（c）和（d）为此零件在同一个层面上微滴铺展直径 D_s 分别为 0.1mm、0.3mm 和 0.5mm 时所生成的层面扫描路径模拟情况。

2. 连续打印最优步距计算模型

如假设金属微滴连续沉积时，相邻两颗微滴搭接部分的金属熔液能够充分铺展并填满微滴相邻空间，则可根据质量守恒定律建立扫描步距优化模型，计算出 x 方向和 y 方向上的最优扫描步距。

X 方向最优步距（W_{XP}）计算模型。在单颗微滴沿 x 轴方向逐点打印线条的过

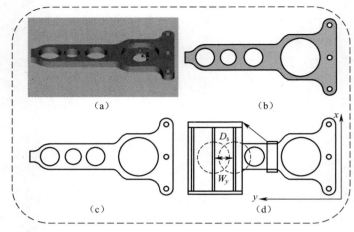

图 6.13　扫描步距 W_y 示意图

(a)零件 STL 模型;(b)~(d)D_s分别为 0.1mm、0.3mm、0.5mm 时的扫描轨迹情况。

程中,设微滴沉积后的形状参数(凝固角 a_v,沉积微滴最大直径 W_d、沉积高度 h_{bump}、铺展半径 R_b 和球形半径 R_c,见图 2.21)保持不变。当相邻微滴间空间被完全填充时(图 6.14(a)),定义此时扫描步距 W_{XP} 为最优扫描步距,其计算原理:微滴 1 和微滴 2 以最优扫描步距 W_{XP} 进行搭接时,两个微滴重叠部分的微滴体积(图 6.14(a)-3)可填充满两个微滴上表面形成的凹陷区域(图 6.14(a)-4),形成图 6.14(a)-5 所示的理想形态,该理想形态可以用图 6.4(a)中的 6、8 两个半球缺体和不规则圆柱体 7 三部分形体表示。

根据质量守恒定律,形体 7 体积应等于单颗球体微滴体积,则有:

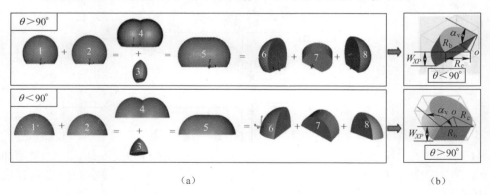

图 6.14　x 方向最优扫描步距 W_{XP} 计算模型

$$V_{drop} = V_7 \tag{6.13}$$

$$\frac{4}{3}\pi\left(\frac{D_d}{2}\right)^3 = \left[a_v R_c^2 + R_b R_c \sin\left(a_v - \frac{\pi}{2}\right)\right] W_{XP} \tag{6.14}$$

$$W_{XP} = F(a_v, D_d) = \cfrac{2\pi D_d}{3\left[\cfrac{4}{(1-\cos a_v)^2(2+\cos a_v)}\right]^{2/3}(a_v - \sin a_v \cos a_v)} \quad (0° < a_v < 180°)$$

(6.15)

$$\eta_{xp} = 1 - \frac{W_{XP}}{D_d}$$

(6.16)

式(6.15)显示,最优扫描步距 W_{XP} 只与微滴直径 D_d 和凝固角 a_v 有关。图 6.15 显示了最优扫描步距 W_{XP} 与微滴直径 D_d、凝固角 a_v 之间的关系。可以看出,凝固角 a_v 相同时,最优扫描步距 W_{XP} 与微滴直径 D_d 之间呈线性递增关系;微滴直径 D_d 相同时,最优扫描步距 W_{XP} 与凝固角 a_v 之间呈非线性递增关系。

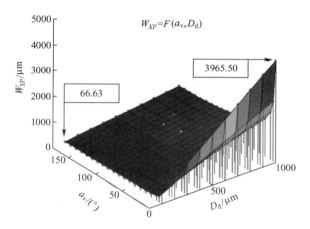

图 6.15 不同微滴直径和凝固角下与最优扫描步距 W_{XP} 关系

定义层面成形的理想搭接扫描步距为 W_{YL}(图 6.16(b)),其计算模型如图 6.16 所示。图 6.16(a)是两条沉积线条以最优扫描步距 W_{YL} 进行搭接时,两沉积线条之间的重叠体积,能够填满两条沉积线上表面形成的凹陷区域。图 6.16(b)是两条沉积线横截面示意图,由质量守恒定理可知,其中重叠部分曲边三角形 CDE 中金属熔液刚好充满曲边三角形 ACB 区域,即四边形 $ABMN$ 的面积 S_{ABMN} 应与两个曲边三角形 AME 和 BND 的面积 S_{AME} 和 S_{BND} 之和相等。依据图 6.16 可得

$$S_{ABMN} = S_{AME} + S_{BND}$$

(6.17)

$$W_{YL}\left[R_c\sin\left(a_v - \frac{\pi}{2}\right) + R_c\right] = \left[a_v R_c^2 + rR_b R_c\sin\left(a_v - \frac{\pi}{2}\right)\right]$$

(6.18)

$$W_{YL} = F(a_v, D_d) = \cfrac{D_d\left[\cfrac{4}{(1-\cos a_v)^2(2+\cos a_v)}\right]^{1/3}(a_v - \sin a_v \cos a_v)}{2(1-\cos a_v)}$$

$$(0° < a_v < 180°)$$

(6.19)

153

$$\eta_{YL} = 1 - \frac{W_{YL}}{D_d} \qquad\qquad (6.20)$$

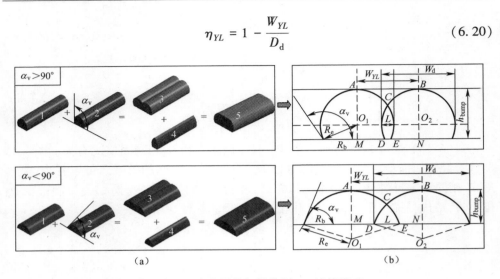

（a）　　　　　　　　　　　　　　　　　　　　（b）

图 6.16　y 方向最优扫描步距 W_{YL} 计算模型

　　式（6.19）显示，层面成形最优扫描步距 W_{YL} 与微滴直径 D_d、凝固角 a_v 有关。图 6.17 显示了微滴直径 D_d、凝固角 a_v 与最优扫描步距 W_{YL} 之间的关系。最优扫描步距 W_{YL} 与微滴直径 D_d、凝固角 a_v 的关系和图 6.15 中最优扫描步距 W_{XP} 与微滴直径 D_d、凝固角 a_v 之间的关系基本一致。由此可知，最优扫描步距（W_{XP} 和 W_{YL}）与微滴直径 D_d 及其沉积后凝固角 a_v 有关，可由此推算出最优扫描步距的数值。

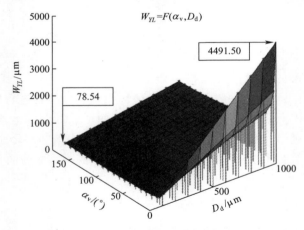

图 6.17　不同微滴直径和凝固角与最优扫描步距 W_{YL} 的关系

3. 连续打印沉积试验

　　为了验证最优扫描步距理论计算模型的正确性与可行性，选用铅锡合金（S-Sn60PbAA）为喷射材料，在紫铜基板上进行线条、层面和三维结构的沉积验证试验。

线条打印验证试验。采用不同的扫描步距在沿 x 轴方向进行线条打印,以验证 W_{XP} 计算模型的正确性,试验参数如表 6.3 所列。

表 6.3 线条沉积试验相关工艺参数

参数名称	数值	参数名称	数值	
微滴温度 T_d/℃	270	微滴喷射频率 f/Hz	1	
沉积基板温度 T_s/℃	90		(a)	0.90
沉积距离 H_s/mm	5~10		(b)	0.75
		基板运动速度 V_s/(mm/s)	(c)	0.60
凝固角 a_v/°	121.5		(d)	0.37
			(e)	0.294
微滴直径 D_d/μm	400		(f)	0.20

在线条打印试验中,微滴直径 D_d(400μm) 和微滴凝固角 α_v(121°) 保持不变,依据式(6.15)和式(6.16)可以计算出此条件下,理论最优打印步距 $W_{XP}=294$μm,搭接率 $\eta_{xp}=26.5\%$。试验中,微滴的喷射频率 $f=1$Hz,运动平台的运动速度 V 从大到小分别设定为 0.9mm/s、0.75mm/s、0.6mm/s、0.37mm/s、0.294mm/s 和 0.20mm/s。计算出对应的扫描步距 W_x 分别为 900μm、750μm、600μm、370μm、294μm 和 200μm。

图 6.18 为不同扫描步距 W_x 打印的线条。可以看出:当 W_x 为 900μm 和 750μm

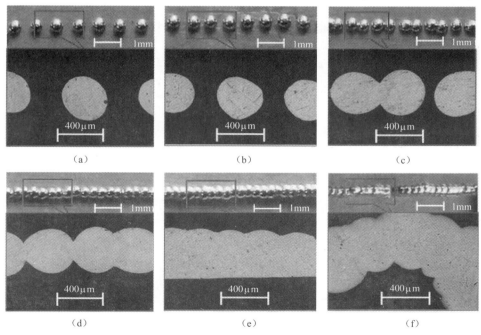

图 6.18 采用不同扫描步距 W_x 打印的金属线条

(a) $W_x=900$μm;(b) $W_x=750$μm;(c) $W_x=600$μm;(d) $W_x=370$μm;(e) $W_x=294$μm;(f) $W_x=200$μm。

时,金属微滴间距过大,相邻微滴无搭接,无法形成连续线条;当 W_x 为 600μm 和 370μm 时,金属微滴之间出现局部搭接,但成形出的金属线条较为疏松,表面起伏较明显;当 W_x 等于 $W_{XP}(294μm)$ 时,金属微滴之间获得较好的搭接状态,成形的金属线条结构致密、表面较为平滑。W_x 继续减小至 200μm 时,由于金属微滴之间的间距过小,微滴过分搭接并向空间生长,成形出的金属线条弯曲变形明显。试验结果显示,随着扫描步距由大到小变化,金属微滴之间的搭接状态出现离散、部分搭接、充分搭接和拱起四种搭接状态,且在 $W_x = W_{XP}$ 时,获得较好的搭接结果,验证了所选 W_{XP} 计算模型的正确性。

在微滴打印过程中,基板温度是另一需要考虑的参数。图 6.19 为不同基板温度和微滴间距下打印的线条。从图中可以看出,当基板温度为 453K 时,线条局部表面虽然很光滑,但在 6 种微滴间距下所成形的线条均出现局部团聚现象,且较易出现在打印起始位置处。随着微滴间距增大,团聚现象由刚开始的一处逐渐变多。说明此参数无法保证打印质量。

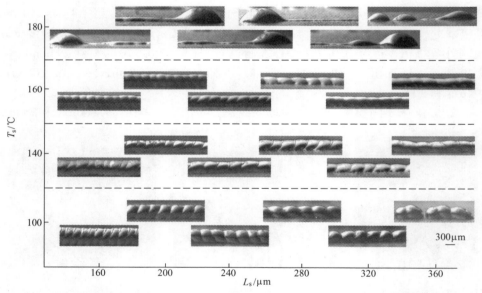

图 6.19　逐滴连续打印方式下不同基板温度 T_s、微滴间距 L_s 对线条成形形貌的影响

当基板温度为 373K 时,此时基板温度较低,微滴与微滴之间熔合程度较差,线条表面较粗糙,且有明显贝壳状形貌,这是因为沉积在较低温度基板上的微滴迅速凝固形成微滴球状形貌,造成打印线条表面粗糙。

当基板温度分别为 403K 和 433K、微滴的间距偏大或偏小时,线条表面出现局部凹陷或凸起,导致成形表面质量差。在合适的打印间距下,线条表面质量相对于低温基板情况的打印成形有一定提高,但线条表面仍然存在明显贝壳状形貌。从图中还可以看出,其他参数不变,基板温度为 433K 和 403K 时,前者沉积微滴之间的重熔程度优于后者,其打印质量也优于较低基板温度成形的线条。

从线条的形貌可以看出,即使微滴之间重熔良好,线条上仍然可以看出单颗微滴形貌,致使线条表面粗糙度较大,即便最优参数下打印线条表面的贝壳状形貌也难以避免。

层面打印验证试验。采用不同扫描步距($W_x + W_y$)进行层面打印,以验证 W_{YL} 计算模型的正确性。试验参数如表 6.12 所列。在层面打印试验中,微滴直径 D_d ($D_d = 700\mu m$)和微滴凝固角 a_v($a_v = 120.5°$)基本保持不变,依据式(6.15)、式(6.16)、式(6.19)和式(6.20)计算此时 x 方向的理论最优扫描步距 $W_{XP} = 514\mu m$,搭接率 $\eta_{XP} = 26.5\%$;y 方向理论最优扫描步距 $W_{YL} = 620\mu m$,搭接率 $\eta_{YL} = 11.4\%$。在试验中,微滴喷射频率 $f = 1Hz$,运动平台移动速度 $V = 0.514mm/s$,y 方向扫描步距 W_y 通过不同线沉积间距 D_s 来实现控制,其数值由大至小依次为 $1000\mu m$、$850\mu m$、$750\mu m$、$700\mu m$、$620\mu m$ 和 $600\mu m$。

表 6.4　层面沉积试验相关工艺参数

参数名称	数值	参数名称	数值	
微滴温度 T_d/℃	270	喷射频率 f/Hz	1	
沉积基板温度 T_s/℃	90	基板运动速度 u_s/(mm/s)	0.514	
沉积距离 H_s/mm	5~10	线沉积间距 D_s/mm	图 6.20(a)	1.0
凝固角 a_v/(°)	120.5		图 6.20(b)	0.85
			图 6.20(c)	0.75
微滴直径 D_d/μm	700		图 6.20(d)	0.70
			图 6.20(e)	0.62
			图 6.20(f)	0.60

图 6.20 为不同扫描步距 W_y 下打印的金属层面。可以看出:当扫描步距 W_y 为

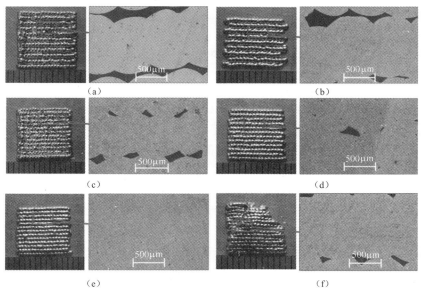

图 6.20　不同扫描步距 W_y 下打印得到的层面

(a) $W_y = 1000\mu m$;(b) $W_y = 850\mu m$;(c) $W_y = 750\mu m$;(d) $W_y = 700\mu m$;(e) $W_y = 620\mu m$;(f) $W_y = 600\mu m$。

$1000\mu m$、$850\mu m$、$750\mu m$ 和 $700\mu m$ 时,相邻两条金属线条的间距较大,打印层面中可以看到明显的间隙和孔洞;当 W_y 等于最优步距($W_{YL} = 620\mu m$)时,相邻金属线条之间有较好的搭接状态,打印层面上无明显孔洞,具有较高的致密度,且表面较为平整;当 W_y 减小至 $600\mu m$,相邻沉积线条间距过小,搭接过度,沉积的微滴向空间生长,层面拱起变形。

为了表征致密度,定义孔隙区域的面积与整个截面的面积之比为沉积层面的孔隙率。对图 6.20 所示不同扫描步距下打印层面的孔隙率进行计算,结果列于图 6.21 中。可以看出,当扫描步距 $W_y = 620\mu m$ 时,孔隙率最小。

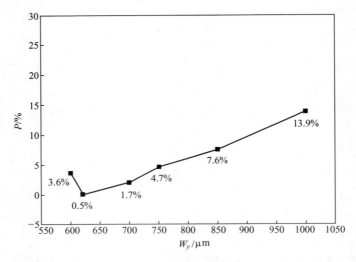

图 6.21　不同扫描步距 W_y 下沉积得到层面的孔隙率 P

6.2.2　选域择向沉积成形线条试验研究

采用逐滴连续沉积打印成形时,线条表面会呈现贝壳状形貌,为获得表面更为光滑平整的线条,可以采用选域择向沉积方法,其原理如图 6.22 所示。首先通过金属微滴按需喷射装置在基板上以单颗间隔的方式打印离散点阵,以此进行打印轨迹的初始定位(称为锚定)。然后在沉积微滴中间交错地填充第二层金属微滴,利用沉积微滴重熔已凝固微滴及平衡铺展现象[2],实现锚定微滴间隙的完全填充,从而获得较光滑的轨迹形貌。

1. 选域择向沉积最大微滴间距和最优间距计算

在两颗锚定微滴之间打印填充熔融微滴时,三颗打印微滴的形貌随着微滴间距的不同而不同,需要寻求微滴步距取值范围。锚定微滴间距为最大微滴步距 $L_{\max}$,应是沉积金属微滴恰好搭接的沉积步距,若凝固角小于 $90°$,$L_{\max}$ 为填充微滴铺展后恰好与两边已凝固微滴边缘接触的步距(图 6.23(a));若凝固角大于 $90°$,则 $L_{\max}$ 为填充微滴沉积铺展后恰好与两边已凝固微滴的形状最大直径相接触的步

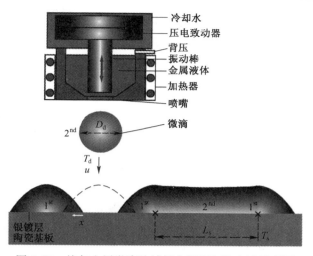

图 6.22　均匀金属微滴选域择向沉积打印方法示意图

距(图 6.23(b))。最大微滴步距构成了线条有效打印步距最大边界条件,微滴间距小于最大间距,则三颗打印能形成搭接;反之,微滴无法连接。

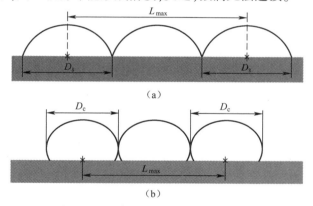

图 6.23　选域择向打印最大步距示意图

(a)凝固角小于 90°时应与已铺展微滴底部直径接触;(b)凝固大于 90°是应与沉积铺展微滴最大直径接触。

两颗锚定微滴之间形成有效填充的最大微滴间距分别为

$$L_{\max} = 2D_s = 2D_d \left(\frac{4(\sin a_v)^3}{(1 - \cos a_v)^2(2 + \cos a_v)} \right)^{\frac{1}{3}}, a_v \leqslant 90° \quad (6.21)$$

$$L_{\max} = 2D_c = 2D_d \left(\frac{4}{(1 - \cos a_v)^2(2 + \cos a_v)} \right)^{\frac{1}{3}}, a_v > 90° \quad (6.22)$$

为计算选域择向打印微滴打印的最优微滴间距,假定沉积后的微滴形态参数 $(a_v, R_b$ 和 $R_c)$ 均保持不变,在计算过程中忽略液态金属微滴的表面张力,并假定所打印的填充熔融微滴能够充分完全地填补、铺展到所需空间。当打印填充熔融微滴理想搭接时,定义此时的锚定微滴间距为最优微滴间距 L_{opt}。由质量守恒定律可

知,空缺处体积等于 2 倍单颗球体微滴的体积,可得到如下关系式:

$$V_6 = 2V_d \tag{6.23}$$

$$L_{opt}\left[\frac{a_v}{\pi}\pi R_c^2 + R_b R_c \sin\left(a_v - \frac{\pi}{2}\right)\right] = V_6 \tag{6.24}$$

联立式(6.23)、式(6.24)可得

$$L_{opt} = \frac{\sqrt[3]{4}}{3}\pi D_d \left[(1 - \cos a_v)^2(2 + \cos a_v)\right]^{2/3}(a_v - \sin a_v \cos \alpha_v)^{-1} \tag{6.25}$$

从式(6.25)可以看出,锚定微滴的最优间距仅与微滴初始直径和凝固角有关,在相同的凝固角下,锚定微滴的最优微滴间距与微滴初始直径之间呈线性递增关系。

2. 选域择向沉积成形线条形貌影响规律研究

图 6.24 为在温度 400℃、沉积距离 5~15mm 的条件下打印的三颗微滴。可以看出,当基板温度为 175℃时(接近微滴熔点 183℃),打印微滴发生局部团聚(图 6.24(a)~(c)),熔融微滴在表面张力的作用下最终团聚成凸起形貌,难以形成均匀线条。

当基板温度为 100~150℃、微滴间距稍小(图 6.24(d))或稍大(图 6.24(f))时,三颗微滴形貌均具有一定的起伏,微滴间距较小时,其打印轨迹为向上略微外凸,较大时中间向下沉。当间距适中时(图 6.24(e)),填充熔融微滴体积与锚定微滴之间的空间相当,打印后该空间在流体表面张力作用下完全铺展实现良好填充,最终形成的凝固宽度及高度较为均匀。

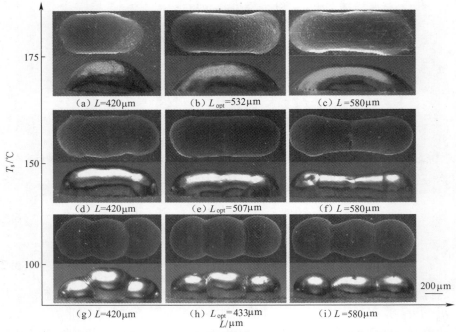

图 6.24   不同基板温度 T_s、微滴间距 L 下三颗打印微滴的形貌

(俯视形貌由扫描电子显微镜拍摄,侧视形貌由 CCD 显微拍摄平台拍摄)

当基板温度降为 50~100℃时,由于在较低温度基板上,沉积后的微滴冷却迅速,填充熔融微滴和锚定微滴之间重熔比例较少,三种微滴间距情况下三颗打印微滴均显示为珠串状形貌(图 6.24(h)~(j))。且在该基板温度下,不论微滴间距如何改变,搭接后的形貌均为珠串状。此情况下,三颗打印微滴的俯视图显示,微滴间距较小时的打印轨迹为纵向外凸波形状,微滴间距适中时在打印轨迹为纵向内凹弧形状,而微滴间距较大时打印轨迹为纵向内凹波形状。另外,从图 6.24(d)~(j)中可以看出,沉积微滴表面存在的一些共性现象,如在填充熔融微滴和锚定微滴搭接处存在波纹状形貌、微滴顶面中间位置处存在小浅坑等。

如图 6.25 所示在基板温度约为 100℃时打印的三颗微滴局部照片。从图 6.25(a)中可清晰看出,锚定部分微滴表面呈鳞片状形貌,这是因为在较低温度基板上,微滴振荡与凝固同时进行,使沉积微滴表面布满小坑。在沿着基板移动方向,填充微滴与锚定微滴之间有波纹,且越在靠近填充微滴时波纹越密。图 6.25(b)显示了熔融微滴顶部的小浅坑,其原因有可能是打印填充熔融微滴时,锚定微滴对熔融流体产生了约束,此时在熔体表面张力的作用下,中间部分的流体分别流向两侧已凝固部分进行补缩,最后在顶面形成小浅坑形貌。

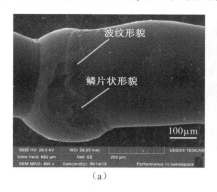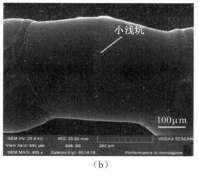

(a)   (b)

图 6.25 三颗打印微滴的局部形貌
(a)锚定部分微滴的形貌;(b)填充熔融微滴凝固后的形貌。

为定量分析打印参数对三颗微滴形貌的影响情况,定义所打印的三颗微滴高度差 ΔH(图 6.26)来定量描述其顶面形貌的起伏程度。当微滴间距较小时(图 6.26(a)),填充微滴凸起,则 ΔH 为填充微滴顶点与微滴交界处的高度差;当微滴间距较大时(图 6.26(b)),填充微滴塌陷,ΔH 为先锚定微滴顶点与沉积微滴交界处的高度差。在实际打印三颗微滴时,微滴喷射受扰动、填充熔融微滴润湿铺展不均匀等因素影响,会导致所打印的三颗微滴不对称。故测量时,分别量取三颗微滴左右两边高度差 ΔH_l 和 ΔH_r,然后取平均值作为打印结果的高度差 ΔH。

图 6.27 为不同基板温度、微滴间距下打印形成的三颗微滴高度差与微滴间距的关系,其中每一高度差均由同一试验参数下的 10 次测量数据计算得到。对测量结果拟合,发现其变化规律与二次拟合曲线基本吻合。由图可知,基板温度一定

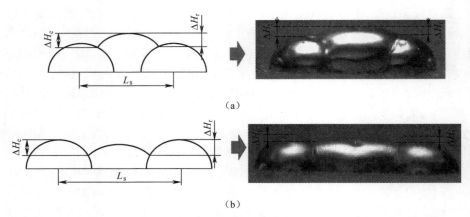

图 6.26　三颗打印微滴高度差 ΔH 测量说明示意图

（a）凝固角小于 90°；（b）凝固角大于 90°。

时，三颗打印微滴的高度差均随着微滴间距的增大而减小，但当微滴间距超过某一数值时，其高度差又呈增大趋势。其原因是：在打印填充熔融微滴时，因锚定微滴间距过小，导致中间部分微滴凸出，由此产生了高度差。但随着锚定微滴间距变大，能够容纳填充微滴的容积也越多，故高度差随之减小；接近最优微滴间距时，高度差最小；随后，微滴间距继续增大，中间微滴开始塌陷，使得高度差又变大。

　　从图中还可以看出，基板温度约为 100℃ 时，高度差最小值约为 45μm，说明较低的基板温度，难以获得高质量表面形貌线条。基板温度为 150℃ 时，高度差最小值约为 15μm，表面形貌最为平整。对比三组基板温度：可以看出，基板温度为 100℃ 时，无论在何种微滴间距下，三颗微滴的高度差总是最大；另外基板温度 120℃ 和 150℃ 时高度差均小于基板温度 100℃ 时高度差，且两者在不同微滴间距下高度差值并不显著。

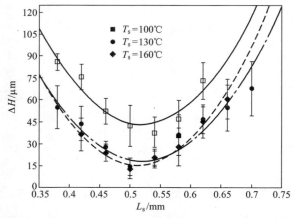

图 6.27　不同基板温度下三颗打印微滴的高度差与锚定微滴间距之间的关系

图 6.28 为不同基板温度和步距条件下打印的铅锡合金线条。图 6.28(a)是基板温度为 180℃、微滴间距为 570μm 时打印的波形状线条。从线条侧视图可以看出,熔液在凝固过程中存在局部聚集现象,但线条表面比较光滑。另外,线条俯视图显示熔融微滴填充区域打印轨迹的宽度收缩不明显,表明微滴打印过程较为稳定。试验表明,在该基板温度下,各种微滴间距(350~800μm)均获得了"波形"状线条。

图 6.28(b)是基板温度为 165℃、微滴间距为 460μm 的情况下打印成形的珠串状线条。从侧视图可以看出,由于基板温度较低,微滴凝固快,且微滴间距较小,微滴填充体积超出两颗锚定微滴之间的空间,使线条最终形成珠串状形貌,填充微滴在锚定微滴之间凸起。从线条的俯视图可以看出整个线条轨迹宽度收缩不明显,说明在 165℃ 基板上打印线条的轨迹具有较好的稳定性。

图 6.28(c)是基板温度为 140℃、微滴间距为 600μm 的情况下打印成形的凹陷状线条。从侧视图可以看出,由于基板温度较高,熔融填充微滴沉积后凝固过程得到延缓,而且微滴间距较大,导致熔融微滴体积不足以充满两颗锚定微滴之间的空间,使填充微滴较锚定微滴高度低,在其中间形成内凹弧形状,使线条呈凹陷状。线条俯视图显示,填充熔融微滴在锚定微滴之间填充凝固后,在高度上存在一定程度的塌陷。另外,可以看出无论是珠串状线条还是凹陷状线条上,填充微滴的中间位置处均存在小浅坑。

图 6.28(d)为基板温度为 140℃、微滴间距为 1080μm 的情况下打印的断裂状线条。从侧视图可以看出,由于锚定微滴间距过大,第二层微滴打印在基板上后,填充微滴在两侧表面张力作用下,中间断裂并收缩到两侧,形成断裂的线条。

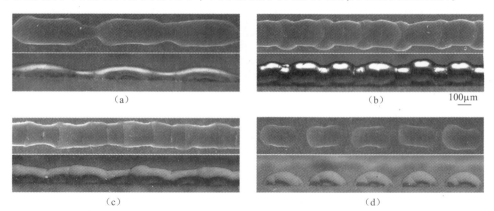

图 6.28 选域择向沉积成形的四类典型形貌的线条

(俯视形貌由扫描电子显微镜拍摄,侧视形貌由 CCD 显微拍摄平台拍摄)

(a)高温基板情况下打印成形的波形状形貌线条;(b)较低基板温度、较小微滴间距情况下珠串状形貌线条;(c)较高基板温度、较大微滴间距情况下凹陷状形貌线条;(d)微滴间距大于最大微滴间距情况下打成形的断裂形貌线条。

在基板温度为 160℃ 时,微滴间距为 500μm 的情况下进行打印,可获得具有平滑形貌的金属线条(图 6.29(a))。可以看出,填充熔融微滴在锚定微滴之间的空缺处平衡铺展作用下,线条的珠串状形貌得到有效抑制,形成光滑均匀的线条。图 6.29(b)为选定区域的放大图。图 6.29(c)为对应的的 SEM 俯视图。可以看出打印线条表面光滑,高度较为一致,无明显起伏。

图 6.29(d)为金属线条表面形貌的共聚焦显微图像,从所示的高度云图中可以看出打印线条高度变化较小。图 6.29(e)为共聚焦显微测量得到的线条横截面轮廓,图 6.29(f)为线条纵截面轮廓。在取样长度为 2mm 时,该线条顶面粗糙度为

$$Ra = (\,|Z_1| + |Z_2| + \cdots + |Z_N|\,)/N \tag{6.26}$$

式中:N 为测量点的数量;Z_N 为第 N 个测量点的高度。

通过式(6.26),可以计算得出线条 $Ra \approx 5\mu m$,约为沉积微滴直径的 1.8%。

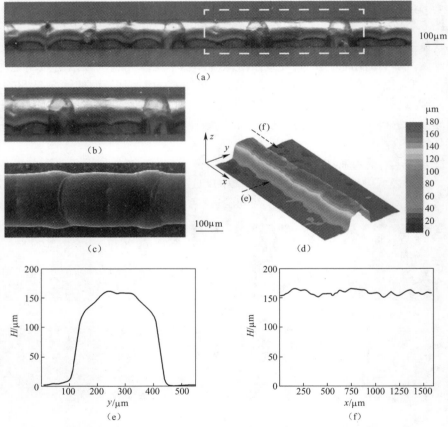

图 6.29 选域择向打印成形的具有平滑顶面形貌的金属线条

(a)线条侧视图(线条长度约为 2mm);(b)金属条指定区域的侧视放大图;

(c)金属线条指定区域的 SEM 形貌;(d)金属线条的 3D 扫描结果;

(e)金属线条沿截面方向轮廓的变化情况;(f)金属线条顶面轮廓的变化情况。

图 6.30 中实线为最优锚定微滴间距 L_{opt} 的预测曲线,由式(6.24)计算获得;

虚线为最大锚定微滴间距 $L_{\max}$ 预测曲线,由式(6.20)和式(6.21)计算获得。图中总结了不同基板温度和微滴间距试验条件下,5 种典型金属线条形貌成形参数取值范围。5 种典型形貌主要包含:波浪状线条、贝壳状线条、下沉状线条、均匀线条和不连续线条。从图中可以看出,在基板温度接近于微滴的熔点时,无论微滴间距如何改变,波浪状形貌始终存在,显然此时该打印参数不利于打印成形。

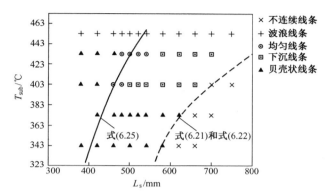

图 6.30　选域择向沉积方法下,基板温度 T_{sub} 与打印步距 L 组合区域中线条形貌图谱

基板温度为 160℃和 130℃时,均可打印出表面形貌均匀一致的线条(定义为 $Ra \leqslant 5\mu m$ 的线条)。但在打印获得表面均匀一致的线条方面,基板温度 160℃时较基板温度为 130℃时微滴间距的参数选择范围更大,此时微滴间距均近似为最优微滴间距。

对于基板温度为 150℃和 120℃时,当微滴间距小于最优微滴间距时,所成形线条均为贝壳状;当微滴间距大于最优微滴间距时,所成形线条均为下沉状;但当微滴间距继续增大时,线条便会出现断裂情况。

当基板温度低于 100℃时,无论微滴间距如何变化,所成形的线条形貌基本以贝壳状为主,这是由于此时基板温度较低,填充熔融微滴冷却较快,其与锚定微滴重熔比例少,故填充微滴仍然呈向上凸起状。但当微滴间距过大时,则会出现断裂形貌的线条。

图 6.31 总结归纳了文献中金属微滴打印线条表面粗糙度 Ra、无量纲粗糙度 Ra/D_0 与上述方法打印结果的对比情况。其中,Fang 等[3] 使用直径为 $750\mu m$ 的纯锡微滴打印了由 10 层线条依次累积而成的薄壁“墙”件,其 $Ra \approx 63\mu m$,$Ra/D_0 = 8.4\%$;Lass 等[4] 使用直径为 $144\mu m$ Sn95Ag4Cu 微滴打印薄壁“墙”件,其 $Ra \approx 20\mu m$,$Ra/D_0 = 13.9\%$;Qi 等在 2012 年[5] 和 2015 年[6] 分别使用 $400\mu m$ 和 $290\mu m$ 焊料微滴(S-Sn60P₆AA)打印线条,其 Ra 分别约为 $17\mu m$、$9\mu m$,对应无量纲粗糙度 Ra/D_0 分别为 4.25% 和 3.2%,以上金属微滴打印方式均为逐滴连续打印。

采用所提出的微滴选域择向沉积打印方法,在经过优化的参数后,使用 $270\mu m$ 焊料微滴在银层基板上打印线条,得到其表面粗糙度 $Ra \approx 5\mu m$(对应无量纲粗糙度 $Ra/D_0 = 1.8\%$,表明所提出的打印策略可以提表面高打印质量。

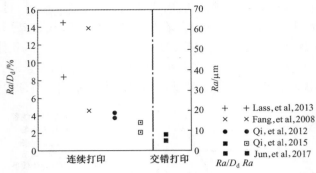

图 6.31　不同打印方法成形的金属线条顶面粗糙度 Ra 比较

由上述对比分析可知,微滴选域择向沉积打印时制件表面的贝壳状形貌得到了抑制,制件表面质量较微滴逐滴连续打印时有显著提高;同时,金属微滴的交错沉积,可使其热应力得到充分离散,有助于降低热应力集中。但选域择向沉积打印较逐滴连续打印方法的打印效率低,同时,该方法对打印微滴的稳定性要求较高,故在实际打印时,在打印表面质量要求不高时,可使用逐滴连续打印方法直接打印;对于打印表面质量要求高、希望减小应力集中时,选域择向沉积打印方法则较为适用。

6.2.3　均匀金属微滴打印微小零件沉积轨迹控制方法

采用均匀金属微滴逐点、逐行、逐层打印可快速成形金属零件,在成形零件之前,需首先获得均匀微滴打印轨迹,即需要对成形零件模型分层离散,以得到层面轮廓数据,进而依据层面轮廓数据规划出均匀金属微滴沉积轨迹。因此,开发零件模型成形数据处理软件,进行零件模型分层处理和生成微滴沉积轨迹,是进行均匀金属微滴 3D 打印的前提。本节重点介绍自行开发的金属微滴 3D 打印成形数据处理软件。

1. 沉积轨迹生成软件及其总体系统架构

图 6.32 为依据金属微滴喷射沉积成形工艺特点,建立的均匀金属微滴沉积成形数据处理软件的总体功能及模块划分。该成形软件采用模块组件方法设计,由五大模块组成:

(1) 数据预处理模块:该模块主要实现 STL 格式零件模型数据文件读入、数据错误诊断、冗余数据滤除和拓扑关系重构等,为后续分层处理、切片轮廓数据获取提供正确的零件模型数据。

(2) 分层处理模块:该模块采用分区划分、追踪求交等处理算法对处理后的 STL 格式模型进行分层处理,并判定每层轮廓线位置关系,进而获得每一层切片轮廓数据。

(3) 轮廓数据优化模块:该模块对切片得到的轮廓数据中冗余数据进行滤除,去除多余顶点、短边等,以最终得到满足沉积工艺需求的轮廓数据。

(4) 沉积成形轨迹生成模块:该模块依据获得的每一层面轮廓数据,采用栅格扫描方式生成层面轮廓的填充路径,并生成包含微滴按需喷射启停控制和沉积基

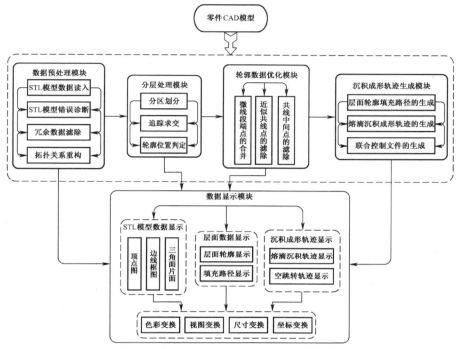

图 6.32　沉积成形数据处理软件功能模块

板运动轨迹信息的联合控制文件。

（5）数据显示模块：该模块利用 OpenGL 虚拟显示技术，对上述四个模块生成的 STL 格式模型数据、层面轮廓及填充路径数据、沉积成形轨迹数据等进行动态实时显示。

上述模块功能上彼此相对独立，可采用开放式设计，以便通过对各模块进行单独升级来提升软件整体性能，从而满足成形工艺改进对软件更新的要求。

采用 Visual C++6.0 环境，将软件各个功能模块集成，开发出面向金属微滴喷射沉积成形工艺的数据处理软件（图 6.33）。该软件主要包括标题栏、工具条、状态栏和显示区域几大部分，可有效实现上述各个模块功能。工具条中的按钮可以实现 STL 模型数据文件的读入和保存、模型的动态显示和坐标变化、分层切片处理、层面数据的显示和保存、扫描填充路径的生成和联合控制程序文件的输出等。状态栏可以实现零件 STL 模型数据参数和分层切片信息的实时显示。显示区域主要实时显示零件 STL 模型数据和分层处理后得到的层面数据。该软件具有良好的交互操作性，基本能够满足金属微滴按需喷射沉积成形工艺的相关要求。

2. 零件数字化模型分层处理及轮廓打印

图 6.34 为一箱状零件的 STL 模型分层处理实例，首先通过三维造型软件建立该零件的三维模型，然后输出为二进制格式的 STL 数据文件。该零件 STL 文件的大小为 500KB，共包含 9998 个三角面片、4939 个顶点、14997 条边。在分层切片处

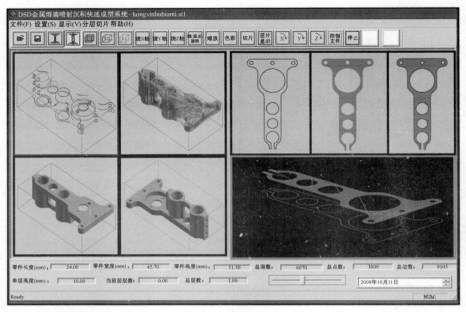

图 6.33　开发的软件界面

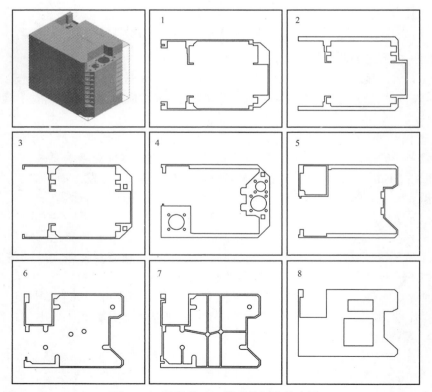

图 6.34　零件的 STL 模型及切片轮廓图

理时,分层厚度选为 0.5mm,分层方向选 Z 轴高度方向,采用分区划分、追踪求交算法[7]进行分层切片,零件模型经分层处理后共得到 246 个层面轮廓,图中显示各个层面轮廓闭合,说明模型重构、切片处理及轮廓生成模块功能的正确性。

图 6.35 对不同模型进行切片、数据处理、轮廓生成以及最终打印的结果,图中轨迹生成结果(中间列)显示获得的切片轮廓封闭完整、内外轮廓分明、棱角清晰、曲线过渡平滑,具有较好的分层质量。图 6.35 右列是依据所获得轮廓,利用直径为 200μm 的锡铅合金微滴沉积成形出的零件切片轮廓,可以看出均匀金属微滴衔接良好,形成了完整的轮廓,说明了利用所建立的软件及相应模块可以打印出完整轮廓。

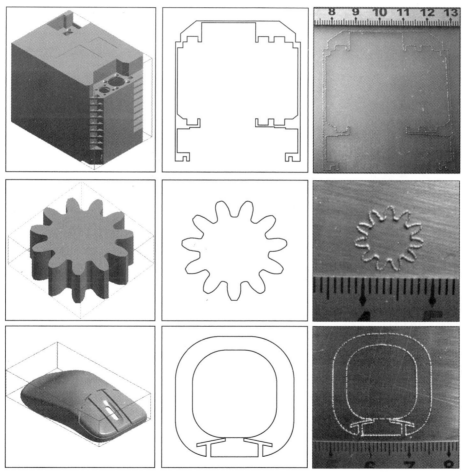

图 6.35　三种零件的 STL 模型、切片轮廓以及采用均匀微滴打印的轨迹

3. 成形轨迹对成形效率的影响

轮廓填充效率影响因素。进行零件层面打印时,首先打印轮廓,然后对轮廓进行填充。定义填充轮廓时,填充面积总和与成形时间的比值为成形效率。影响成

形效率的因素主要包括微滴喷射频率、沉积平台运动速度、喷射启停次数、沉积平台启停次数、微滴打印轨迹和空跳转路径等。在微小金属微滴填充轮廓过程中,当微滴喷射频率与打印平台运动速度匹配设定后,所选取的扫描成形轨迹不同,会造成成形过程中喷射启停的次数、沉积平台启停次数、微滴沉积路径及空跳转路径的不同,它是影响零件成形效率的主要因素。

因此,在零件沉积成形过程中,如果不考虑运动平台启停所消耗的时间,则在指定的扫描沉积速度和分层切片厚度下,零件成形效率将由沉积平台的运动路径总长度 S_{totAl} 来确定,它由微滴沉积路径 S_{depd} 和空跳转路径 S_{jump} 两部分构成,可表示为

$$S_{\text{totAl}} = S_{\text{depd}} + S_{\text{jump}} \quad (6.27)$$

式中,在填充每一个层面时,不同扫描模式下的微滴沉积路径均由一系列有向线段 P_i 组成,因此长度可按下式计算得出:

$$S_{\text{depd}} = L_n \times \sum_{i=1}^{n} \| P_i \| \quad (6.28)$$

式中: L_n 为沉积的总层数; $\sum_{i=1}^{n} \| P_i \|$ 为单个层面的微滴沉积路径。

对于栅格式填充模式而言,任意两相邻有向线段 $\sum_{i=1}^{n} \| P_i \|$ 间、相邻沉积层之间都需要停止微滴喷射进行空转跳,因此该模式的空转跳路径长度可按下式进行计算:

$$S_{\text{jump}} = L_n \times \sum_{j=1}^{n-1} \| P_j \| + \sum_{k=1}^{M-1} \| S_k \| \quad (6.29)$$

式中: P_i 为有向线段 P_i 间每次空跳转的有向线段, L_n 为沉积的总层数; $\sum_{k=1}^{M-1} \| S_k \|$ 为层间空跳转路径。

下面以连接杆状零件成形为例进行成形效率实例分析。

图 6.36 为微小支架零件的同一个层面在栅格扫描模式下按不同旋转角度生成的沉积填充路径结果(线沉积间距设为 1mm)。制件模型显示(图 6.36(a)),其层面轮廓长宽比较大、包含 7 个圆孔。图 6.36(b)~(d) 为采用三种不同旋转角度(0°、60°和90°)生成的沉积填充路径,其中图中的虚线代表沉积过程中的空跳转路径,实线代表微滴的沉积路径。则根据式(6.27)~式(6.29)可计算出三种不同旋转角度下沉积成形试样一个层面所需的喷射启停次数、跳转路径、微滴沉积路径和总的平台运动路径。

图 6.37 为计算得到的不同旋转角度下喷射启停次数和跳转路径对比;图 6.38 为计算得到的不同旋转角度下微滴沉积路径和总的平台运动路径对比。通过对图 6.37 和图 6.38 进行分析比较可知:

(1)当微滴直径和扫描沉积步距一定时,同一层面的不同旋转角度下,扫描沉

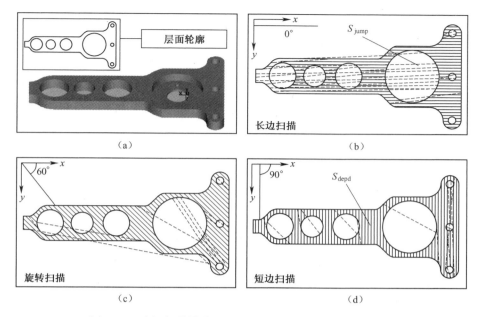

图 6.36　光栅扫描模式下按不同旋转角度生成的沉积路径

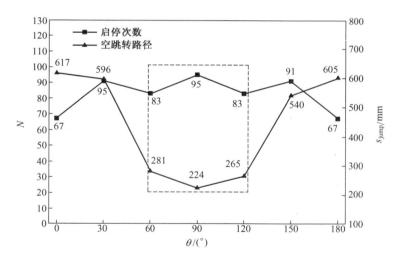

图 6.37　不同旋转角度下喷射启停次数和跳转路径对比

积模式所产生打印路径的长度基本相同(为 430mm),但空跳转路径长度不同。实际上,微滴扫描沉积出的每一层面面积应等于零件的截面面积,因此各扫描沉积模式下,微滴打印路径的近似长度可用下式计算:

$$S_{depd} \approx \frac{A_{cross}}{D_d(1 - \eta_{overlap})} \tag{6.30}$$

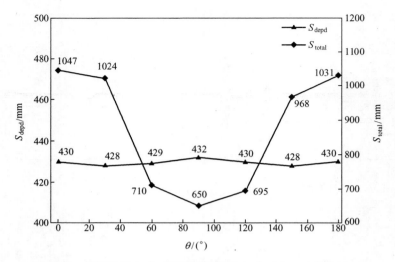

图 6.38　不同旋转角度下微滴沉积路径与总平台运动路径对比

式中：A_{cross} 为截面面积；η_{overlap} 为搭接率，$0<\eta_{\text{overlap}}<1.0$。

（2）空跳转路径长度是影响各扫描沉积模式总路径长度 S_{totAl}（成形效率）的一个重要因素。扫描路径中的间断次数则是影响层面成形效率另一重要因素。在路径总长度相当的情况下，路径间断次数越少，运动平台需要启停的次数就越少，路径的平均运行速度就越高，截面成形效率相应也就越高；反之，则降低。因此，对于图 6.36（a）中的微小支架件，合适的扫描轨迹模式应该选择图 6.36（d）所示的沉积轨迹，在此模式下沉积平台运动路径最短，且喷射启停次数最少。

由于篇幅所限，本节对上述金属微滴 3D 打印软件功能不再逐一赘述，后续章节将通过具体零件打印实例说明零件打印成形时均匀金属微滴打印轨迹选择策略。

6.3　微小金属零件微滴按需打印成形

微小金属件，特别是微小金属薄壁件在航空、航天以及民用领域具有重要的应用，如反射镜镜框、雷达波导、散热翅片等，此类件重量轻，刚度较弱，难以采用传统切削加工工艺加工。金属微滴按需喷射打印技术，可通过微小金属微滴逐滴堆积，成形出壁厚仅为单颗微滴直径的薄壁结构，无加工应力和成形模具限制，极具发展前景。

采用均匀微滴喷射技术打印微小金属件时，需考虑微滴铺展直径、定位精度、打印轨迹扫描策略等因素，如果是薄壁件，还需考虑最小壁厚、高深比等因素。图 6.39 示出了薄壁件成形精度影响因素。

在不同形状的薄壁件成形过程中，各因素的影响程度有所不同，所需选取的打

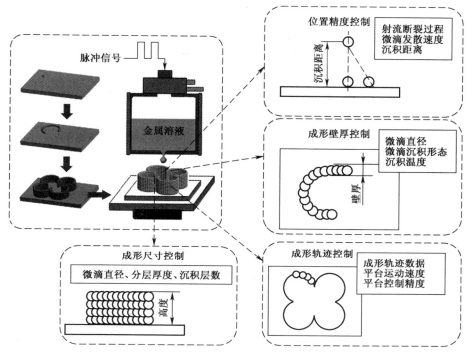

图 6.39　微小金属薄壁件沉积成形影响因素分析

印轨迹也有所不同。下面就微小散热翅片件、微小薄壁蜂窝件以及微小实体零件等打印成形实验进行介绍。

6.3.1　微散热翅片成形

随着高功率电子器件的能量密度越来越高,对散热器件的冷却提出了苛刻要求,具有大比表面积的微小薄壁散热翅片成为一个关注热点。采用切削或电火花加工时,由于受加工刀具或加工电极的限制,成形翅片的壁厚、间距和深宽比等也会受到限制。采用均匀微滴喷射成形微小散热翅片,可以在一定程度上改善上述问题。

表 6.5 列出了微小散热器件沉积成形实验工艺参数。喷射材料为铅锡合金(S-Sn6oPbAA),沉积基板为黄铜基板,采用气压脉冲驱动式微滴喷射装置进行喷射。

表 6.5　微小散热器件沉积成形试验工艺参数

参数名称	数值	参数名称	数值
微滴温度 T_d/℃	270	扫描沉积步距 W/μm	175
基板温度 T_s/℃	110	分层切片厚度 H_z/μm	185
微滴直径 D_d/μm	235	沉积层数 L_n	7
平台运动速度 u_s/(mm/s)	0.35		

图 6.40(a)为微小散热件的 STL 模型,其长度为 10mm、宽度为 5.2mm、高度为 1.3mm,翅片厚度为 0.3mm,每个流道的宽度为 0.4mm。图中散热件包含 7 个流道和 8 个翅片;分层厚度为 185μm,分层数为 7。采用均匀微滴打印时,其轨迹规划策略:首先采用栅格路径逐行扫描以打印出金属底层(图 6.40(b)中实线路径所示),然后沿翅片长度进行逐个翅片打印,每个翅片打印一层(图 6.40(b)中虚线路径所示),基板下降一个切片高度。按照此策略进行重复打印直至成形出整个制件(图 6.40(c)~(e))。

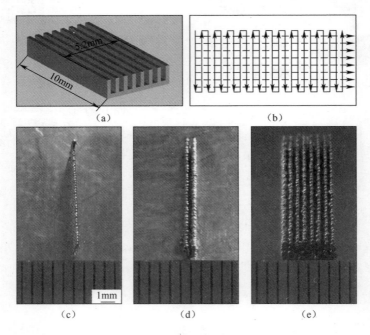

图 6.40 沉积成形出的微小散热器件
(a)STL 模型;(b)沉积成形轨迹;(c)单壁;(d)双壁;(e)多壁翅片。

表 6.6 列出了成形尺寸(试样长度、高度、壁厚和流道宽度)的测量结果。可以看出,成形试样长度和高度的相对误差较小,而单壁厚度和流道宽度相对误差较大。其原因:成形件长度和高度相对微滴尺寸较大,可以通过控制沉积步距来减小尺寸偏差;但由于单壁厚度和壁间距尺寸非常小(分别为 0.3mm 和 0.4mm),其不超过微滴直径的 2 倍,故很难通过步距等参数调整加以修正和控制,导致成形误差较大,只能采用减小微滴尺寸来提高成形精度。

上述试验结果显示,采用均匀金属微滴可以直接打印出微小翅片,成形试样整体长度、宽度误差较小;翅片壁厚和流道宽度等结构尺寸接近微滴直径,成形精度较差,需减小微滴直径以提高精度;通过修改数据模型,可以快捷成形出不同形状的大高深宽比翅片结构,可为复杂微小散热翅片增材制造提供一种新途径。

6.3.2　微小蜂窝件成形

金属蜂窝结构是一种典型的轻质高强结构。此类件大多采用塑性成形+焊接方法制造,但毫米级薄壁金属蜂窝结构较难成形。

表 6.7 列出了采用均匀金属微滴打印微小蜂窝结构件沉积成形试验工艺参数。喷射材料为铅锡合金(S-SnboPbAA),仍采用气压脉冲驱动式均匀微滴喷射装置进行试验。

表 6.6　微小散热器件成形尺寸测量结果

试样高度				试样长度			
测量次数	测量值/mm	平均尺寸/mm	相对误差/%	测量次数	测量值/mm	平均尺寸/mm	相对误差/%
1	1.235			1	10.25		
2	1.245	1.243	4.3	2	10.18	10.11	2.1
3	1.250			3	10.20		
单壁厚度				流道宽度			
测量次数	测量值/mm	平均尺寸/mm	相对误差/%	测量次数	测量值/mm	平均尺寸/mm	相对误差/%
1	0.320			1	0.373		
2	0.325	0.328	9.3	2	0.382	0.377	5.7
3	0.336			3	0.375		

表 6.7　微小蜂窝结构件沉积成形试验工艺参数

参数名称	数值	参数名称	数值
微滴温度 T_d/℃	270	扫描沉积步距 W/μm	256
基板温度 T_s/℃	110	分层切片厚度 H_z/μm	192
微滴直径 D_d/μm	312	沉积层数 L_n	21
平台运动速度 v_s/(mm/s)	0.512		

图 6.41(a)为微小薄壁蜂窝件的 STL 模型,整个制件由 7 个独立的小六边形单位组成,每个单元高度为 4mm,壁厚为 0.4mm,直径为 2mm,单元与单元间距为一个壁厚。图 6.41(b)为模型分层切片处理结果,分层切片厚度为 192μm,层数为 21。图 6.41(c)为任一层面上微滴沉积轨迹,图 6.41(d)为沉积成形出的微小蜂窝件。轨迹规划时,微滴仅需沿着切片轮廓进行打印,以成形壁厚仅一个微滴直径的薄壁结构。

表 6.8 列出了薄壁蜂窝件高度和壁厚多次测量平均值测量结果。结果显示,其成形高度与设计高度的相对误差为 1.5%,成形壁厚相对误差为 4.0%,可见成形精度较好。

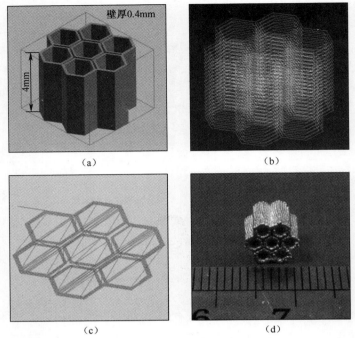

图 6.41　沉积成形出的微小蜂窝结构件

(a)STL 模型;(b)模型分层切片处理结果;(c)沉积成形轨迹;(d)沉积的微小蜂窝件。

表 6.8　微小蜂窝结构件成形尺寸测量结果

试样高度				成形壁厚			
测量次数	测量值/mm	平均 尺寸/mm	相对 误差/%	测量次数	测量值/mm	平均 尺寸/mm	相对 误差/%
1	4.1			1	0.419		
2	3.90			2	0.422		
3	3.95	3.94	1.5	3	0.41	0.416	4.0
4	4.06			4	0.416		
4	3.85			5	0.415		
6	3.92			6	0.418		

6.3.3　微小方形件成形

结合微滴喷射和层面轮廓与填充轨迹规划,可通过均匀微滴的逐层打印,实现复杂实体零件的 3D 打印。本节列举了中空方块件的打印试验,以初步分析打印效率、尺寸精度及致密度,并证实均匀金属微滴打印复杂零件的可行性。

本试验成形件为壁厚为 0.25cm、变长为 1cm,高度为 0.5cm 方形件(图 6.42 (a))。打印策略为:首先打印出截面的内外轮廓,再对该轮廓逐行填充,直到重复

176

此过程成形出实体零件。

表 6.9 列出了方形件打印试验相关参数,喷射材料为铅锡合金(S-Sn6oPbAA),采用气压脉冲驱动均匀微滴喷射装置进行试验,喷嘴直径为 150μm,喷射微滴直径约为 235μm。此参数下,微滴打印最优扫描步距($W_x = W_{XP}$ 和 $W_y = W_{YL}$)采用式(6.14)和式(6.18)计算得到。

表 6.9　方形件沉积试验相关工艺参数

参数名称	数值	参数名称	数值
微滴温度 T_d/℃	270	x 方向搭接率 η_x/%	26.4
基板温度 T_s/℃	90	y 方向扫描步距/μm	227
微滴直径 D_d/μm	235	y 方向搭接率 η_Y/%	11.3
x 方向扫描步距 Wx/μm	188		

图 6.42(b)为规划的层面填充路径,打印出内外轮廓后,采用栅格扫描方式填充轮廓层面,填充轨迹的步距与轮廓打印均相同。图 6.42(c)为设定扫描步距下,打印得到的方形制件。由试验结果可知,制件形状规则,过渡角清晰,最终成形表面微隆起,但表面较为光滑;图 6.42(d)为制件的局部放大图和内部剖面光镜图,可以看出,打印件内部无明显的孔洞,微滴冶金结合较好。采用阿基米德排水法对成形件进行相对密度测量,结果大于 96%,致密度较好。

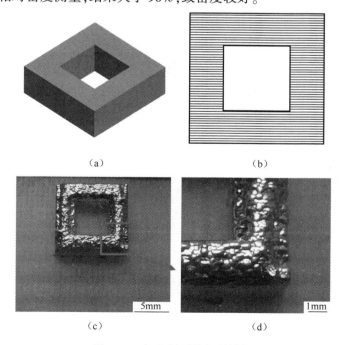

（a）　　　　　　　　　　（b）

（c）　　　　　　　　　　（d）

图 6.42　打印得到的方形制件
(a)零件 STL 模型数据;(b)层面填充路径数据;(c)沉积出的制件;(d)局部放大图。

6.3.4 微小齿轮件成形

本试验件为齿数为 11、齿宽为 3mm、齿根圆直径为 6mm、齿顶圆直径为 10mm 的直齿圆柱齿轮(图 6.43(a))。

表 6.10 为微小齿轮件打印参数,喷射材料为铅锡合金(S-Sn60PbAA),采用气压脉冲驱动均匀微滴喷射装置进行试验。x、y 沉积步距计算方法与上述试验相同。

表 6.10 微小齿轮件沉积成形试验工艺参数

参数名称	数值	参数名称	数值
微滴温度 T_d/℃	270	y 方向扫描沉积步距:W_{YL}/μm	201
基板温度 T_s/℃	110	分层切片厚度 H_z/μm	122
微滴直径 D_d/μm	200	沉积层数 L_n	24
x 方向扫描沉积步距 W_{xp}/μm	171		

图 6.43(b) 为模型分层切片处理结果,层面采用栅格扫描填充轨迹,即打印出轮廓后,再进行逐行打印填充。图 6.43(c) 为沉积出的层面轮廓,可以看出轮廓清晰、线层均匀,但齿根处有少许过堆积。图 6.43(d) 为成形出的轮廓清晰的微小齿轮件,成形件表面有少许微滴堆积。将微小齿轮的模型与沉积后得到三维实体对比,测量齿宽、齿根圆直接、齿顶圆直径等尺寸,结果显示测量结果与设计尺寸相对

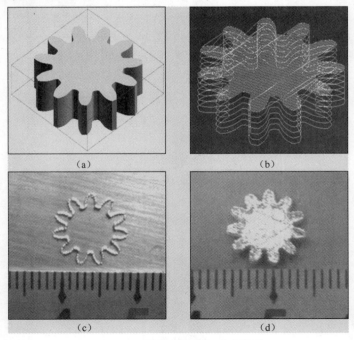

(a)   (b)

(c)   (d)

图 6.43 微小齿轮沉积试验结果

(a)STL 模型;(b)分层切片处理结果;(c)沉积出的层面轮廓;(d)成形出的微小齿轮。

误差小于 4%;采用阿基米德排水法对成形试样进行相对密度测量,其相对密度大于 95%,说明成形件具有较好的致密度。

6.3.5　微小支架件成形

图 6.44(a)为试验沉积的支架 STL 模型,制件的轮廓尺寸如图 6.44(a)所示,内部分布有 9 个大小不一的贯通孔和一浅台阶孔,最小孔直径为 1mm。

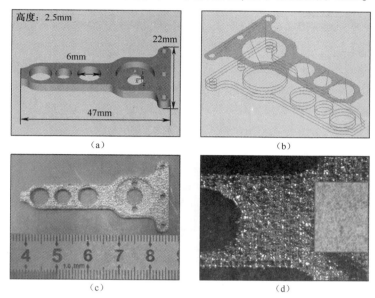

图 6.44　微小支架成形

(a)STL 模型;(b)模型分层切片结果;(c)成形出的微小支架件;(d)内部微观形貌。

喷嘴直径为 125μm,喷射微滴直径约为 200μm,喷射材料为铅锡合金(S-Sn60PbAA),采用气压脉冲驱动均匀微滴喷射装置喷射,成形参数见表 6.11。x、y 沉积步距计算方法与上述试验相同,成形最优步距可由式(6.14)、式(6.15)、式(6.18)和式(6.19)计算得到。金属微滴沉积扫描轨迹如图 6.44(b)所示,即采用栅格扫描轨迹,微滴沿制件短边逐滴沉积,沿制件长边逐行沉积;成形出的微小支架零件如图 6.44(c)所示,可以看出,制件内外轮廓清晰,9 个贯通孔和浅台阶孔均能成功沉积。沉积的微小支架表面形貌及其放大照片如图 6.44(d)所示。照片显示,成形试样较为致密,无明显孔洞、裂纹等缺陷。

表 6.11　微小支架件沉积成形试验工艺参数

参数名称	数值	参数名称	数值
微滴温度 T_d/℃	280	y 方向扫描沉积步距 W_{YL}/μm	201
基板温度 T_s/℃	100	分层切片厚度 H_z/μm	122
微滴直径 D_d/μm	200	沉积层数 L_n	21
x 方向扫描沉积步距 W_{XP}/μm	171		

表 6.12 为成形微小支架关键尺寸的测量结果,可以看出,成形试样尺寸与设计尺寸的相对误差小于 4%。采用阿基米德排水法对成形试样进行相对密度测量,其值大于 96%,说明有较好的内部致密度。

对于上述五种典型样件的沉积试验表明,采用均匀微滴喷射技术,可以沉积出具有一定尺寸精度和致密度的复杂结构。

表 6.12　微小支架零件成形尺寸测量结果

试样高度				试样长度			
次数	测量值/mm	平均 尺寸/mm	相对 误差/%	次数	测量值/mm	平均 尺寸/mm	相对 误差/%
1	2.42			1	47.5		
2	2.48	2.45	1.8	2	47.8	47.16	3.1
3	2.46			3	47.2		
试样宽度				孔洞直径			
次数	测量值 尺寸/mm	平均 尺寸/mm	相对 误差/%	次数	测量值 尺寸/mm	平均 尺寸/mm	相对 误差/%
1	21.5			1	5.83		
2	21.8	21.7	1.5	2	5.86	5.87	2.1
3	21.7			3	5.92		

6.4　电子封装用均匀铅锡合金微滴 3D 打印技术

随着电子线路朝微型化、多功能、大规模方向的发展,其连接管脚日益密集,连接形式也日益复杂,如何在狭小的微电路上完成高密度或复杂线路的互连,对传统封装和焊接工艺提出了严峻挑战,如果能够精确控制均匀微滴(焊点)精准定点沉积,便可运用均匀金属微滴喷射技术来实现微小焊点快速制备、线路快速钎焊以及电路快速打印和微小电子器件封装。本节重点介绍均匀焊料微滴在此领域的可能应用。

6.4.1　球格阵列及焊柱阵列快速打印

球格阵列(Ball Grid Array,BGA)是在封装体基板底部制作的焊球阵列,以实现电路 I/O 端与印制电路板(PCB)互接的一种表面贴装型封装。该封装 I/O 端子以圆形或柱状凸点按阵列形式分布在封装下面,具有 I/O 数量多、密度高等优势。为了达到良好的电气结合,倒装芯片封装技术对凸点阵列精度要求很高,如凸点直径小于 $300\mu m$,凸点高度误差不大于 $\pm 2\mu m$,凸点间距不小于 $100\mu m$ 等。将均匀微滴喷射技术用于打印凸点阵列,首先需要满足上述要求。

根据 6.2.3 节,在微滴不发生弹跳的工艺参数范围内,适当提高微滴初始温度

T_d 与基板温度 T_{snb}，可延长凝固时间，有利于减小凝固行为对凸点高度 h_{bump} 的影响程度，提高沉积阵列中凸点高度的一致性。为了寻求工艺参数对沉积微滴高度一致性的影响规律，此处进行双因素（微滴初始温度 T_d、基板温度 T_{snb} 参数）凸点阵列打印试验。试验结果显示，在微滴初始温度 $T_d = 643K$，基板温度 $T_{snb} = 393K$ 的组合参数下，打印的凸点阵列高度一致性最佳，平均高度 $\bar{h}_{bump}$ 和标准差 σ 分别为 $402\mu m$、$4.96\mu m$，打印阵列中凸点的几何轮廓形状一致，均呈现接近半球形态（图 6.45）。

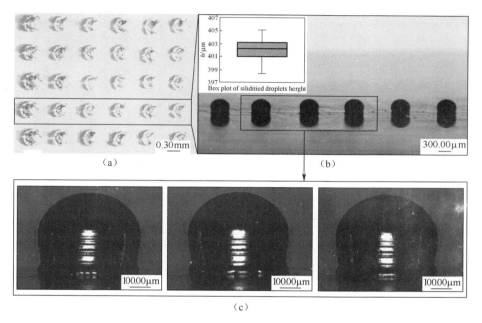

图 6.45　在微滴初始温度为 643K、基板温度为 393K 的组合参数下打印的凸点阵列
（a）焊料微滴打印的均匀凸点阵列；（b）其中一行凸点侧视显微照片；（c）其中三颗微滴轮廓形状。

为进一步减小凸点高度误差，改善其表面形貌，又打印了 15×10 的凸点阵列，并经前面所介绍的重熔整形处理，而后统计阵列中凸点的高度，计算高度分布的均值与标准差。打印点阵的扫描电镜照片如图 6.46 所示，试验测量结果如表 6.13 所列。

从图 6.46（a）可以看出，阵列中的凸点排列整齐，凸点之间间距均匀。图 6.46（b）也显示，凸点几何轮廓形状一致，均为规则球冠形体，高度 h 的统计数据为（223±2）μm，具有较好的一致性。表 6.13 显示，喷射的焊料微滴尺寸偏差为其直径的 0.97%，打印成凸点阵列后，凸点高度误差与微滴直径之比减小 0.6%，表明沉积凸点具有较高一致性。由此说明重熔整形方法可有效修正凸点几何轮廓，保证了沉积凸点高度的一致性，为均匀微滴喷射技术在微电子封装中的应用奠定基础。

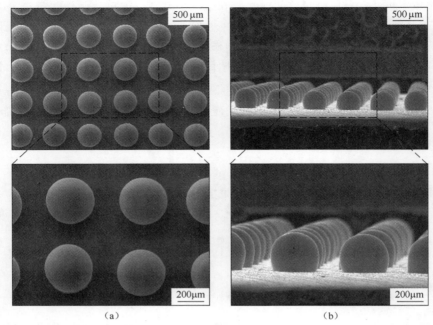

图 6.46　在黄铜基板上采用加热重熔方法打印的凸点阵列

表 6.13　统计的微滴直径分布与凸点高度分布结果

	均值 /μm	标准差 /μm	与微滴初始直径之比 /%
微滴初始直径分布	203.4	1.98	0.97
凸点高度分布	130.2	1.25	0.614
试验得到的误差系数 k_{bump}	0.64	0.63	—
理论计算的误差系数 k_{bump}	0.67	0.67	—

在电子封装中,除凸点阵列外,通常还需要制备一定高度的焊柱阵列,以实现芯片立体封装,采用多颗均匀焊料微滴多点重复沉积可方便成形出此类焊柱阵列,具有工艺柔性好、效率高等优点。这里介绍所进行的均匀焊柱阵列打印实验。

图 6.47 为利用压电脉冲按需喷射方法沉积的焊柱阵列。其俯视图显示(图 6.47(a)),焊柱顶部微滴圆形度较好、尺寸均匀、微滴之间的间距也较均匀;俯视图局部放大图显示(图 6.47(b)),微滴可以精确定位,个别微滴定位有少许偏差;其侧视图显示,每个焊柱由 16 颗微滴沉积成形,焊柱直径虽有少许起伏但整体较为均匀,其高度较为均匀。说明采用此方法可用于沉积均匀焊柱阵列。

图 6.48 显示了每次沉积微滴数不同时,焊柱增加情况。图中显示,三种情况下,焊柱高度都线性增加,最小高度分辨力为一颗沉积微滴的高度,约为 $100\mu m$(图 6.48(a));当沉积微滴数量分别为 2 和 3 时,焊柱高度分辨力为 $240\mu m$、$350\mu m$(图

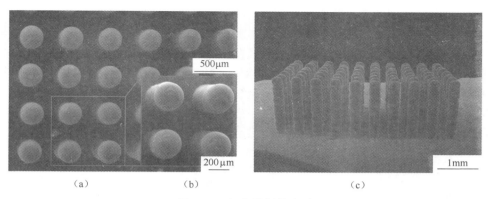

图 6.47 打印的焊柱阵列

(a)焊柱阵列俯视图;(b)焊柱阵列局部放大图;(c)焊料阵列侧视图。

6.48(b)和(c))。在打印焊柱过程中,还可通过控制微滴直径、微滴温度、基板温度等参控制最终焊柱高度。

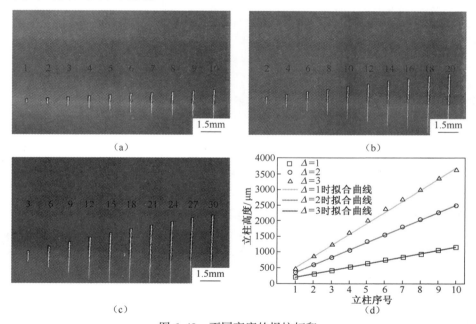

图 6.48 不同高度的焊柱打印

6.4.2 电子线路快速打印及钎焊

在个性化电子电路研发过程中,通常需要依据设计快速打印出电子线路并对制备的电子线路(或器件)进行快速钎焊实现电气互连。控制均匀焊料微滴的可控喷射及按需打印,可直接打印个性化的电路,并可实现电路的自动化钎焊,为微小电路快速制造提供了可行方法。本节通过列举电感线圈以及柔性金手指引脚封装两个实例,说明均匀焊料微滴在电子线路快速打印及钎焊领域的引用。

图 6.49 为采用均匀金属颗粒按照螺旋线轨迹沉积得到的电感线圈,沉积基体为高分子塑料。试验结果显示,焊料微滴在连续沉积过程中,绝热性能良好的基体使得金属微滴热量耗散大大降低,使得熔融态微滴将基体表面微熔后实现牢固连接,同时促使金属微滴之间产生良好冶金结合,从而形成了良好的导电性。实验结果显示,采用均匀焊料微滴按需喷射打印方法,可以方便地实现电子器件或线路的定制,这为个性化电路前期研究打印提供了有效方法。

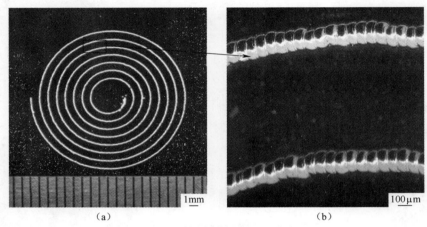

图 6.49 焊料微滴打印的电感线圈

图 6.50(a)是一需要与外部导线连接的柔性金手指,其接口线宽与间距均为 0.5mm、数量多,人工钎焊工作量大,且钎焊质量不高。为实现金属指与外部导线的快速钎焊,先将导线定位在接口上,然后喷射焊料微滴,使其精确地打印在金手指引脚上导线的一侧(图 6.50(b)),试验结果同时显示,由于金手指引脚和导线均

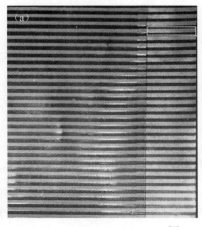

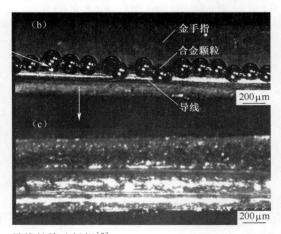

图 6.50 导线的快速钎焊[8]

(a)柔性金手指焊接导线示意图;(b)在导线与金手指之间沉积的微滴;(c)经过加热重熔实现的良好焊接。

为室温,金属微滴沉积后迅速凝固,保持球形,并未完全铺展以完全填充导线与金手指接口之间空隙。

　　通过对打印焊料微滴的金手指引脚进行加热重熔可实现良好钎焊。此过程中,基板加热最高温度为 190℃,保温时间约为 20s;加热时,在金属微滴上施加少许的助焊剂以助于微滴铺展。重熔结果显示(图 6.50(c)),焊料在毛细力作用下,均匀铺展在导线表面与金手指接口表面,形成了较为均匀的焊料层,从而实现了导线与引脚间良好钎焊。

参 考 文 献

[1] Xiong W, Qi L, Luo J, et al. Experimental investigation on the height deviation of bumps printed by solder jet technology[J]. Journal of Materials Processing Technology, 2017,243:291-298.

[2] Avron J E, Van Beijeren H, Schulman L S, et al. Roughening transition, surface tension and equilibrium droplet shapes in a two-dimensional Ising system[J]. Journal of Physics A General Physics, 1982,15(2):92291B.

[3] Fang M, Chandra S, Park C B. Building three-dimensional objects by deposition of molten metal droplets[J]. Rapid Prototyping Journal, 2008,14(1):44-52.

[4] Lass N, Riegger L, Zengerle R, et al. Enhanced liquid metal micro droplet generation by pneumatic actuation based on the starJet method[J]. Micromachines, 2013,4(1):49-66.

[5] Qi L, Chao Y, Luo J, et al. A novel selection method of scanning step for fabricating metal components based on micro-droplet deposition manufacture[J]. International Journal of Machine Tools and Manufacture, 2012,56:50-58.

[6] Qi L, Zhong S, Luo J, et al. Quantitative characterization and influence of parameters on surface topography in metal micro-droplet deposition manufacture[J]. International Journal of Machine Tools and Manufacture, 2015,88:206-213.

[7] 晁艳普,齐乐华,罗俊,等. 金属熔滴沉积制造中 STL 模型切片轮廓数据的获取与试验验证[J]. 中国机械工程, 2009(22):2701-2705.

[8] Luo J, Qi L H, Zhong S Y, et al. Printing solder droplets for micro devices packages using pneumatic drop-on-demand (DOD) technique[J]. Journal of Materials Processing Technology, 2012,212(10):2066-2073.

第7章 均匀铝微滴喷射沉积成形与控制技术

铝合金零件具有质量轻、强度高等优点,在航空航天及民用领域具有广泛的应用前景。本章重点讨论铝微滴喷射沉积规律及其影响因素,为均匀铝微滴喷射3D打印技术的应用奠定基础。

7.1 均匀铝微滴沉积行为

铝微滴在基体上凝固后的轮廓形貌对成形质量有较大的影响,基板材料、温度及微滴温度、沉积高度等都会对其形貌产生影响,下面分别加以讨论。

7.1.1 铝微滴碰撞沉积行为

铝微滴沉积时,可能直接沉积在基板上,也可能沉积在已凝固的金属微滴表面,根据其沉积表面情况,可以将沉积表面分为刚性实体、弹性实体、刚性多孔体、弹性多孔体以及粉体(表7.1)。铝微滴喷射沉积大多采用金属基板,故本章仅对铝微滴在刚性基板上沉积碰撞、变形情况进行研究。

表7.1 微滴与沉积表面的碰撞情况分类

沉积表面	表面变形情况	液体浸渗情况
刚性实体	不变形	不浸渗
弹性实体	变形、可恢复	不浸渗
刚性多孔体	不变形	浸渗
弹性多孔体	变形、可恢复	浸渗
粉体	变形、不可恢复	浸渗

采用气压脉冲按需喷射装置进行喷射试验,单颗铝微滴喷射及沉积试验参数如表7.2所列。首先确定微滴直径与沉积速度参数:采用高速CCD记录拍摄金属铝微滴与不同基板的沉积碰撞过程,拍摄帧频为500帧/s,通过测量两帧图像上微滴位置差,以推算微滴碰撞速度(本试验中约为0.8m/s);将铝微滴喷射到油中,收集铝颗粒测量并统计其尺寸,得到所喷射的铝微滴直径约为0.9mm,尺寸误差小于0.1mm。

表7.2 铝微滴喷射及沉积试验参数

喷射材料	微滴初始温度/℃	沉积距离/mm	基板温度/℃
2A12	700~1000	20~200	200~500

选择黄铜作为沉积基板,进行铝微滴沉积试验,图 7.1 为铝微滴沉积碰撞瞬间高速照片。设微滴碰撞前时间为 -1ms(图 7.1(a)),微滴与沉积板接触后的第一帧图像的时刻为 1ms(图 7.1(b)),随后各帧时间按此顺序确定,时间间隔为 2ms。图 7.1 显示,微滴碰撞基板的瞬间(约 1ms)变形成为圆饼状,达到最大铺展半径,随后发生回弹,约在 3ms 接近第一次回缩极限位置,垂直拉伸成椭圆状,出现弹离基板的趋势(图 7.1(c))。但微滴与基板始终保持接触,经回缩后的微滴进入平衡振荡阶段,微滴动能被流体黏度力做功所耗散,其变形量逐步减小。微滴在 45ms 以后形貌变化很小(图 7.1(m)),在 75ms 后几乎不再发生变化(图 7.1(n)),趋于静止。此沉积碰撞过程显示,微滴在黄铜基板上虽发生弹跳现象,但未脱离基板,容易实现黏结和稳定沉积。

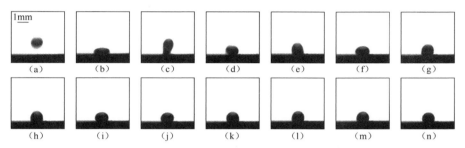

图 7.1 微滴碰撞变形过程(黄铜基板)[1]

(a)-1ms;(b)1ms;(c)3ms;(d)5ms;(e)7ms;(f)9ms;(g)11ms;
(h)13ms;(i)15ms;(j)17ms;(k)19ms;(l)21ms;(m)45ms;(n)75ms。

其他试验条件保持不变,仅改变铝微滴直径(增加至 1.2mm),进行微滴碰撞试验。试验结果(图 7.2)显示,由于碰撞速度增加,微滴碰撞韦伯数($\text{We}=\rho_1 d_\text{d} u^2 / \sigma_1$)增加,即微滴惯性力相对于毛细力的比例增加,微滴变形更为激烈。微滴在约 3ms 时达到最大铺展半径(图 7.2(b)),微滴铺展时间较短。随后微滴进入平衡振荡阶段,在 7ms 时接近第一次回缩极限位置(图 7.2(d)),几乎完全脱离基板。之后微滴回缩,且在基板上不断振荡直至静止,在 100ms 时微滴完全静止(图 7.2(n))。由于微滴尺寸较图 7.1 中大,故碰撞变形时间较长,微滴完全静止时长约 25ms。

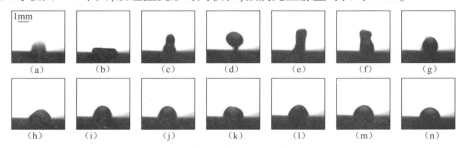

图 7.2 微滴碰撞变形过程(临界状态)

(a)1ms;(b)3ms;(c)5ms;(d)7ms;(e)9ms;(f)11ms;(g)13ms;
(h)15ms;(i)21ms;(j)27ms;(k)33ms;(l)39ms;(m)45ms;(n)100ms。

对比直径为 0.8mm、0.9mm 和 1.2mm 的微滴铺展过程的直径变化(图 7.3),发现微滴直径越大,最大铺展直径越大,达到最大铺展直径所需时间也越长。同时,1.2mm 直径的微滴达到第二次最大铺展直径的时间也来得较晚,约为第一次铺展时刻的 3 倍,且其振荡程度比小微滴明显。从图 7.3 可以看出,微滴直径越大,其铺展直径、振荡幅度以及振荡次数均较高。这是因为直径较大的微滴在沉积过程具有较大的动能,微滴需要通过不断的振荡以耗散其能量。

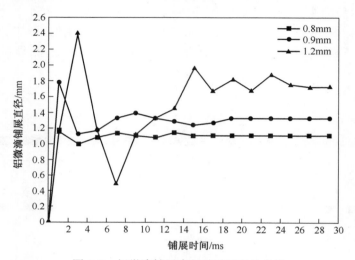

图 7.3　铝微滴铺展直径随时间变化曲线

图 7.4 为金属微滴在不锈钢基板(温度为 400℃)上沉积后的弹跳情况。微滴直径约为 0.8mm,初始温度为 900℃,飞行距离为 20mm,碰撞沉积板瞬间的速度约为 1m/s。碰撞结果显示,由于微滴初始温度和沉积板温度均较高,微滴在与沉积板碰撞后发生弹跳(滴在第一次回缩至极限位置后完全脱离基板)。其铺展阶段所用时间不到 2ms(图 7.4(b)),并在约 4ms 时发生弹跳(介于图 7.4(c)和(d)之间时刻),在 5ms 时刻已经完全脱离基板(图 7.4(d))。微滴约在 67ms 时刻上升至最高点,然后开始下落。在 111ms 时与基板发生第二次碰撞(图 7.4(h))。其后在基板上振荡直至达到平衡状态(图 7.4(n)~(p))。

微滴在基板(或已沉积微滴层)上弹跳会影响打印成形精度,需尽量避免。采用两种方法避免微滴弹跳:一是可通过选取合适的坩埚温度和基板温度,保证微滴底部在接触基板时发生局部凝固,从而快速耗散微滴动能以实现精准沉积;二是选择与熔融微滴润湿性较好的材料(如与微滴同材质的基板),在微滴与基板接触时,微滴在其表面发生浸润,从而抑制金属微滴的弹跳行为。

7.1.2　工艺参数对铝微滴轮廓形貌的影响

本节以纯铝为喷射材料、抛光黄铜为沉积基板,进行不同参数(温度、沉积距离等)下铝微滴沉积试验,研究铝微滴形貌的变化规律及其影响因素。

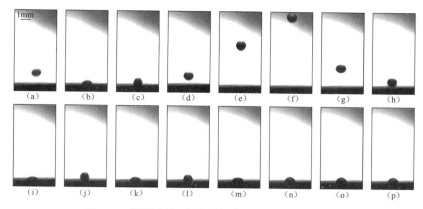

图 7.4　微滴碰撞、弹跳及沉积过程(不锈钢基板)

(a)−1ms;(b)1ms;(c)3ms;(d)5ms;(e)15ms;(f)27ms;(g)107ms;(h)111ms;
(i)113ms;(j)115ms;(k)117ms;(l)119ms;(m)121ms;(n)159ms;(o)161ms;(p)163ms。

1. 喷射温度对微滴最终沉积轮廓形貌的影响

在不同初始温度下进行铝微滴喷射沉积试验,参数见表 7.3,所得到的微滴侧面轮廓形貌如图 7.5 所示。可以看出,微滴沉积后颗粒形貌随微滴初始温度改变而发生明显变化,当微滴初始温度较低时,微滴沉积后的凝固角较大,形成球缺状形貌;当初始温度较高时,凝固角变小,其沉积后形貌为球帽状。

表 7.3　微滴初始温度对沉积影响试验工艺参数

参数名称	数值
微滴直径/μm	800
平台预热温度/℃	350
初始温度/℃	750,800,850,900,950

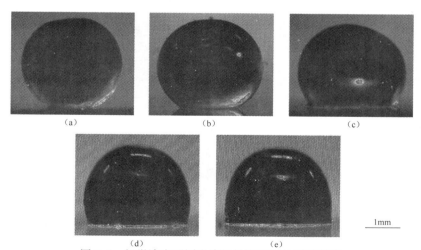

图 7.5　铝微滴在不同微滴初始温度下的沉积形貌

(a)初始温度为 750℃;(b)初始温度为 800℃;(c)初始温度为 850℃;
(d)初始温度为 900℃;(e)初始温度为 950℃。

189

在同一试验条件下沉积多颗微滴,测量其平均凝固角及标准偏差(图 7.6),结果显示,铝微滴沉积后凝固角随其初始温度的升高而线性减小。原因是:当沉积距离一定时,铝微滴初始温度越高,其接触沉积基板的瞬时微滴温度也越高,其与基板接触后的流动性较好,故铺展较大,凝固角也相应地减小。

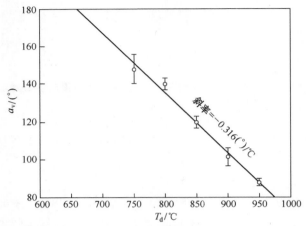

图 7.6　凝固角 a_v 与铝微滴初始温度 T_d 的关系

2. 沉积距离对单颗沉积微滴轮廓形貌的影响

改变铝微滴的沉积距离(表 7.4),得到其侧面形貌如图 7.7 所示。由图可以看出,沉积微滴与基板之间的接触角随沉积距离的改变而发生变化,当沉积距离较小时,微滴温度较高,沉积微滴铺展呈球帽形貌;当沉积距离较大时,微滴温度较低,沉积后凝固较快,呈球缺形貌。

表 7.4　沉积距离对沉积影响试验工艺参数

参　数　名　称	数　　　值
微滴直径/μm	800
初始温度/℃	950
平台预热温度/℃	350
沉积距离/mm	20,30,50,80,120,200

对不同沉积距离下得到的多颗铝微滴凝固角进行测量,可以得到沉积距离与凝固角之间的关系(图 7.8)。结果显示,沉积铝微滴凝固角随沉积距离增大而增大,其原因是沉积距离越大,微滴飞行时间越长,其到达基板时的微滴温度也愈低,其铺展时间短,凝固角也就愈大。

3. 沉积基板温度对沉积微滴轮廓形貌的影响

当沉积基板温度不同时(表 7.5),沉积铝微滴的侧面轮廓形貌随基板温度变化而发生显著变化(图 7.9)。沉积基板温度较低时,沉积形貌为球缺形态,铺展半径较小,接触角较大;当沉积基板温度较高时,微滴铺展直径较大,接触角较小,微滴最终铺展形貌呈球帽形。

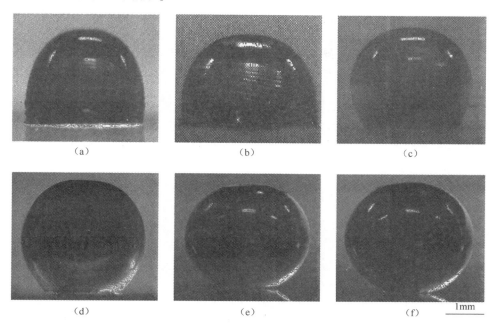

（a） （b） （c）

（d） （e） （f）

1mm

图 7.7 沉积距离不同时铝微滴沉积后侧面轮廓照片

（a）20mm；（b）30mm；（c）50mm；（d）80mm；（e）120mm；（f）200mm。

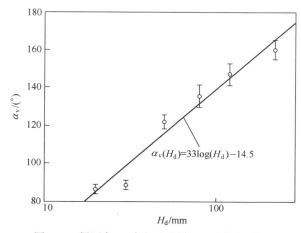

$$\alpha_v(H_d) = 33\log(H_d) - 14.5$$

图 7.8 凝固角 α_v 与沉积距离 H_d 之间的关系

表 7.5 沉积基板温度对沉积影响试验工艺参数

参数名称	数　　值
微滴直径/μm	800
初始温度/℃	950

（续）

参数名称	数　值
沉积距离/mm	10～20
平台预热温度/℃	200,250,300,350,400,450

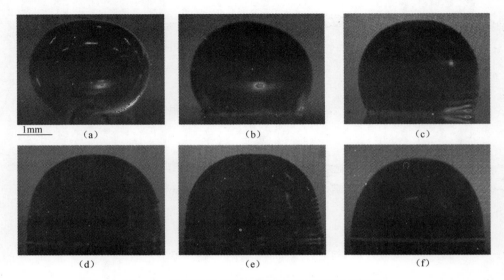

图 7.9　基板温度不同时沉积铝微滴侧面轮廓照片

（a）平台预热温度为 200℃；（b）平台预热温度为 250℃；（c）平台预热温度为 300℃；
（d）平台预热温度为 350℃；（e）平台预热温度为 400℃；（f）平台预热温度为 450℃。

　　图 7.10 为沉积金属微滴接触角的测量结果，可以看出，沉积铝微滴的凝固角随基板温度升高而线性减小。这是因为基板温度越高，沉积微滴与基板之间的温

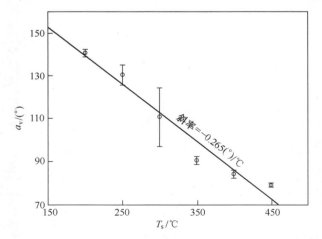

图 7.10　凝固角 a_v 与沉积基板预热温度 T_s 之间的关系

差越小,微滴向平台的传热速度越慢,其在基板上的铺展时间就越长,铺展面积相应也越大,故凝固角就越小。

7.2　均匀铝微滴线条沉积

线条沉积(成形)质量对制件成形精度有较大影响。由前述研究可知,沉积参数(微滴初始温度、沉积距离等)会影响微滴的沉积形貌,进而影响其打印线条的成形质量:

(1)当沉积频率和微滴铺展直径一定时,决定微滴沉积步距的主要参数为平台运动速度,可结合最优步距理论计算模型(式(6.15))计算出最优步距,并反推最优平台运动速度,在理论最优速度附近选择试验参数,以探究不同平台运动速度下打印线条的质量。

(2)打印线条时,沉积金属微滴需重熔已凝固的部分,与已凝固微滴实现良好冶金结合。由于单颗微滴携带热量有限,影响重熔效果的主要因素为基板温度,故选择基板温度为考查重熔效果的主要参数。

7.2.1　平台运动速度对线条沉积的影响

试验中铝微滴初始温度、沉积距离、基板温度取为定值,沉积平台运动速度按表 7.6 所列值发生变化。结合最优打印间距计算公式和上节中凝固角测量结果,计算出最优打印间距为 0.68mm。亦即在沉积频率为 1Hz 时,沉积平台的理想运动速度应取 0.68mm/s。

表 7.6　沉积平台运动速度对沉积影响试验参数

参数名称	数值
微滴直径/μm	800
初始温度/℃	950
沉积距离/mm	10~20
平台预热温度/℃	350
沉积平台运动速度/(mm/s)	1.5,1.2,1,0.9,0.8,0.7,0.6,0.5,0.4

在上述参数下,进行铝合金线条打印试验,打印结果示于图 7.11。可以看出:当沉积平台运动速度较大(≥0.9mm/s)时,打印出的铝线条不连续。当沉积平台运动速度小于 0.8m/s 时,可打印出连续的铝线条,速度不同时,线条的表面形貌不同。速度为 0.9mm/s、0.8mm/s 时,线段表面凹凸较大;速度为 0.7mm/s、0.6mm/s 时,线条表面较光滑,尺寸一致性好;速度为 0.5mm/s 时,虽然线条表面光滑,但是局部地区有隆起现象;速度为 0.4mm/s 时,打印线条表面出现明显褶皱。

沉积平台运动速度对线条沉积的影响可以通过沉积微滴间距表现出来,过大的微滴间距会导致线条不连续,过小的微滴间距导致线条起伏不平,通过最优步距

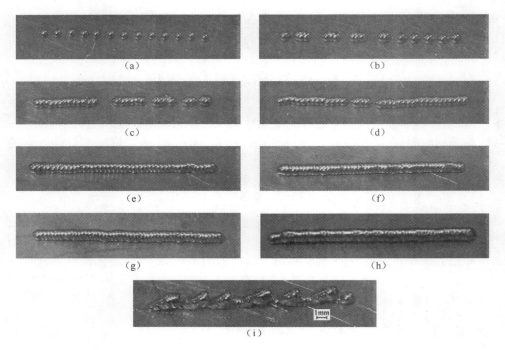

图 7.11　沉积平台运动速度不同时铝微滴线沉积照片

(a)沉积平台运动速度为 1.5mm/s;(b)沉积平台运动速度为 1.2mm/s;
(c)沉积平台运动速度为 1mm/s;(d)沉积平台运动速度为 0.9mm/s;(e)沉积平台运动速度为 0.8mm/s;
(f)沉积平台运动速度为 0.7mm/s;(g)沉积平台运动速度为 0.6mm/s;
(h)沉积平台运动速度为 0.5mm/s;(i)沉积平台运动速度为 0.4mm/s。

模型(式(6.15))可以计算出最优打印步距,然后辅以试验进行修正,即可打印出较为光滑和均匀的铝合金线条。

7.2.2　沉积基板温度对打印线条的影响

沉积基板温度对金属微滴之间的冶金结合及融合形貌均有较大影响。为考查沉积基板温度对金属线条的影响规律,在不同基板温度下进行金属线条打印试验。试验中,沉积平台运动速度取上节中较优值(0.7mm/s),保持铝微滴初始温度、沉积距离为不变,具体的工艺参数见表 7.7,相应的打印线条照片如图 7.12 所示。

表 7.7　不同基板温度时线条沉积试验参数

参 数 名 称	数 值
微滴直径/μm	800
初始温度/℃	950
沉积距离/mm	10~20
沉积平台运动速度/(mm/s)	0.7
平台预热温度/℃	500,450,400,370,350,330,300,270,240

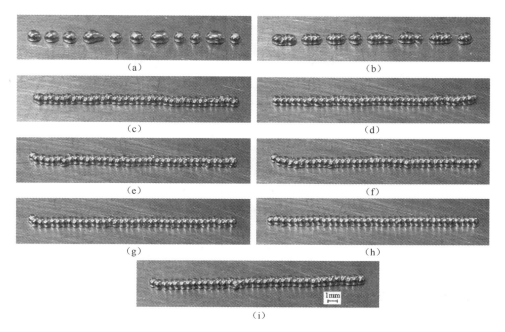

图 7.12　基板温度不同时铝微滴沉积线条照片

(a)平台预热温度为 500℃;(b)平台预热温度为 450℃;(c)平台预热温度为 400℃;
(d)平台预热温度为 370℃;(e)平台预热温度为 350℃;(f)平台预热温度为 330℃;
(g)平台预热温度为 300℃;(h)平台预热温度为 270℃;(i)平台预热温度为 240℃。

　　由于沉积间距取的较优值,理论上微滴可实现较好搭接,但当沉积基板温度较高时(图 7.12(a)、(b))时,微滴不能及时凝固,会因微滴间的团聚现象而导致线段断裂。预热温度适当(相对较低)时,微滴沉积到基板后部分凝固,下一颗沉积微滴与前一颗已凝固微滴发生部分重熔,依次进行形成连续线条(图 7.12(c)~(i))。

　　图 7.13 为两颗沉积微滴搭接的扫描电镜照片。照片显示,两颗搭接的熔滴表

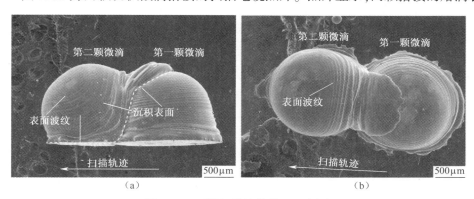

图 7.13　两颗铝微滴搭接 SEM 图片

(a)侧视图;(b)俯视图。

面形貌差异较大。首颗熔滴直接沉积在基板上,形成带有水平波纹的球帽状。第二颗铝微滴沉积在其侧边,熔滴与下方基板接触后凝固,同时与相邻微滴发生局部重熔。剩余未凝固熔液在基板和已凝固微滴表面上边振荡边凝固,最终形成有弧形波纹的表面。

图 7.14 为多颗均匀熔滴水平搭接成形线条的扫描电镜照片。照片中线条由若干相同熔滴逐点搭接凝固组成,其中每颗熔滴的外形轮廓和表面形貌均相近,说明打印过程的重复性较好,线条表面呈贝壳状起伏,整体较为均匀。

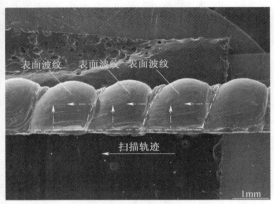

图 7.14　多颗铝微滴沉积(搭接)SEM 照片[2]

7.3　铝合金柱状件金属微滴按需打印

实现制件的打印成形,不仅需控制金属微滴在水平基板上逐滴打印,以成形铝线条或平面,还需垂直方向的逐滴堆叠,以实现三维成形。本节在前述单颗微滴沉积、线条打印的基础上,进一步探讨金属微滴逐滴堆积过程的打印规律。

7.3.1　铝微滴沉积过程温度变化

金属微滴逐点堆积沉积过程中,后沉积微滴可局部重熔已凝固微滴表面以实现冶金结合,在此过程中,微滴间界面重熔程度在很大程度上决定了微滴之间的结合质量,进而影响其力学性能。

影响微滴重熔效果的主要因素有微滴沉积温度和沉积基板温度。当两者温度均较低时,在微滴结合界面有可能形成局部孔洞和冷隔,或形成机械结合,这种情况下,在凝固收缩和热应力等作用下容易产生裂纹。当沉积微滴温度和沉积基板温度过高时,相邻微滴的结合界面温度也较高,会使微滴与前颗微滴完全重熔,进而发生坍塌,难以保证制件成形精度。故保证微滴间的良好冶金结合和成形几何尺寸,需合理匹配沉积微滴温度与已沉积层的表面温度。

本节建立了用于预测柱状件打印过程温度变化的一维热传导模型,以分析柱状件打印过程中影响柱体表面温度的因素,并在采用不同微滴初始温度和基板温度进行金属柱状件打印,以获得实现良好冶金结合的参数组合。

1. 微滴打印重熔模型

图 7.15 为微滴沉积量熔结合过程。

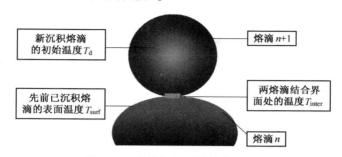

图 7.15　微滴沉积重熔结合过程

在很短时间内,当金属微滴在已凝固微滴表面沉积重熔时,沉积微滴与已凝固微滴可假定为半无限体,在忽略微滴的界面热阻的条件下,T_{inter} 可用下式进行预测[3]:

$$T_{inter} = \frac{T_{surf} \left(\sqrt{c_l k_d} \right)_{surf} + T_d \left(\sqrt{c_l k_d} \right)_d}{\left(\sqrt{c_l k_d} \right)_{surf} + \left(\sqrt{c_l K_d} \right)_d} \tag{7.1}$$

式中:c_l 为微滴材料在不同温度下的比热容;k_d 为微滴材料在不同温度下的热导率;$\left(\sqrt{c_l k_d} \right)_{surf}$ 为采用已沉积微滴温度 T_{surf} 计算值;$\left(\sqrt{c_l k_d} \right)_d$ 为新沉积微滴在初始温度 T_d 时对应的计算值。

选用 7075 铝合金(88.9%Al,1.6%Cu,5.6%Zn,2.5%Mg,0.5%Fe)作为试验材料,并假定:①当 $T_{inter} \geqslant T_{sold}$ 时($T_{sold} = 450℃$,为 7075 铝合金微滴的固相线温度),连续沉积微滴结合界面处出现重熔;②当 $T_{inter} \geqslant T_{liqu}$ 时($T_{liqu} = 680℃$,为 7075 铝合金微滴的液相线温度),相邻搭接微滴在结合界面处完全处于液体状态。因此,当设定 $T_{inter} = T_{sold}$ 和 $T_{inter} = T_{liqu}$ 时,依据式(7.1),可建立 T_{inter}、T_{surf} 和 T_d 三者之间关系,如图 7.16 所示。

图 7.16 中,曲线 1 和曲线 2 为计算得到的重熔临界温度,整个区域可划分为不重熔区域、重熔区域和完全熔合区域:①当 $T_{surf} = 350℃$ 和 $T_d = 520℃$ 时,该组合位于曲线 1 的下面区域,此时微滴间将不会发生重熔结合现象;②当 $T_{surf} = 600℃$ 和 $T_d = 680℃$ 时,该组合位于曲线 1 的上面和曲线 2 的下面的区域,此时微滴间发生重熔结合,且结合强度随 T_{surf} 和 T_d 的升高逐渐增强;③当 $T_{surf} = 650℃$ 和 $T_d = 700℃$ 时,该组合位于曲线 2 之上的区域,此时相邻搭接微滴基本上处于完全熔合状态,会出现重熔坍塌,较难保证成形制件的几何形状。

2. 沉积微滴表面温度影响因素

由上面的分析可知,有效控制温度 T_d 和 T_{surf} 是保证相邻微滴良好冶金结合、成

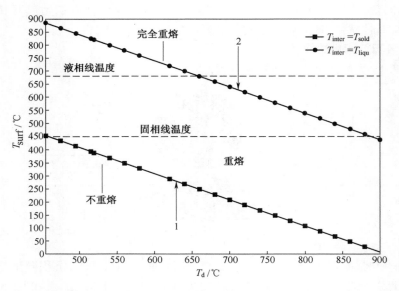

图 7.16　$T_{inter}=T_{solid}$ 和 $T_{inter}=T_{liqu}$ 时 T_d 与 T_{surf} 之间的关系

形出完好制件的关键。但在金属微滴沉积成形过程中,影响沉积基体表面温度 T_{surf} 的因素较多,包括沉积基板温度 T_b,金属微滴温度 T_d,金属微滴喷射沉积频率 f 和沉积层的高度 p 等,需进一步进行分析(图 7.17)。

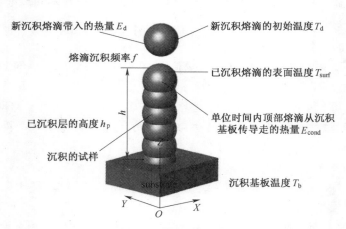

图 7.17　沉积柱体顶端已沉积微滴表面温度 T_{surf} 计算模型

　　为了分析沉积工艺参数 T_d、T_b、f 和 h_p 与柱体顶端表面温度 T_{surf} 之间的关系,可建立一维热传导模型。此模型中,将先沉积微滴柱体与将要沉积的新微滴假定为一个半无限体系统,忽略微滴因其周围环境间的热对流和热辐射造成的热损失,仅考虑金属微滴与沉积基板之间的热传导,则微滴携带的能量 E_d 与从沉积柱体顶端传导给沉积基板的热量 E_{cond} 分别为

$$E_d = f \frac{\rho_1 \pi D_d^3}{6} \left[c_1 (T_d - T_{surf}) + \Delta h \right] \tag{7.2}$$

$$E_{cond} = \frac{T_{surf} - T_b}{R_h + R_{t,c}} \cdot A_c \tag{7.3}$$

式中：D_d 为微滴直径；ρ_1 为微滴金属微滴密度；Δh 为金属微滴熔化潜热；c_1 为微滴金属微滴比热容；A_c 为沉积柱体的平均截面面积；$R_{t,c}$ 为基板与打印微滴之间的接触热阻；R_h 为成形柱体内热阻（$R_h = hp/K_d$，hp 为沉积层到基板的距离；k_d 为金属微滴的热导率）。

$$f \frac{\rho_1 \pi D_d^3}{6} \left[c_1 (T_d - T_{surf}) + \Delta h \right] = \frac{(T_{surf} - T_b)}{R_h + R_{t,c}} A_c \tag{7.4}$$

$$T_{surf} = \phi(T_d, T_b, f, h_d) = \frac{(h_d/k_d + R_{t,c}) f \frac{\rho \pi D_d^3}{6} (c_1 T_d - \Delta h) + T_b A_c}{A_c + (hp/k_d + R_{t,c}) f \frac{\rho_1 \pi D_d^3}{6} \cdot c_l} \tag{7.5}$$

为实现均匀微滴的稳定沉积，需保持已沉积柱体顶端表面温度 T_{surf} 不变，故定义新微滴带入的热量 E_d 与从通过柱体和基板耗散的热量 E_{cond} 相等。图 7.18(a)~(c)显示，T_{surf} 与各沉积工艺参数呈线性关系。沉积高度 h_d 一定时，T_{surf} 随沉积频率、基板温度、微滴温度的增大而增加。其他参数不变时，已沉积高度 h_d 对 T_{surf} 的影响显著，这是由于导热路径增加热阻增大，柱顶温度积累所造成。当 h_d 较小时，微滴温度对 T_{surf} 的影响不明显，基板温度影响较为突出；当 h_p 增大后，微滴温度对 T_{surf} 的影响逐渐凸显。

7.3.2　沉积微滴柱形貌特征

沉积微滴柱示意图如图 7.19(a)所示，微滴半径为 r_d，喷射频率为 f，在沉积平台上沉积一颗微滴后，沉积平台下降一定距离，再沉积第二颗微滴，如此反复直至沉积结束。成形柱体件底面半径为 R_b、柱体半径 R_c，可通过单颗微滴沉积铺展计算公式（式(2.88)，式2.89)计算。

图 7.19(a)显示，要使得打印的柱体形貌均匀，需保证每颗微滴的沉积条件相同，即保证微滴沉积距离 H_d 不变。图 7.19(b)为 f 颗微滴沉积后形成的理想柱体，假设它由一高为 l_p 的圆柱体和一半径为 r_p 的半球组合而成，根据质量守恒定律，l_p 可表示为

$$l_p = \frac{4f R_d^3 - 2 r_p^3}{3 r_p^2} \tag{7.6}$$

则沉积平台每次下降的理想距离为

$$H_d = \frac{l_p + r_p}{f} = \frac{4f R_d^3 + r_p^3}{3 f r_p^2} \tag{7.7}$$

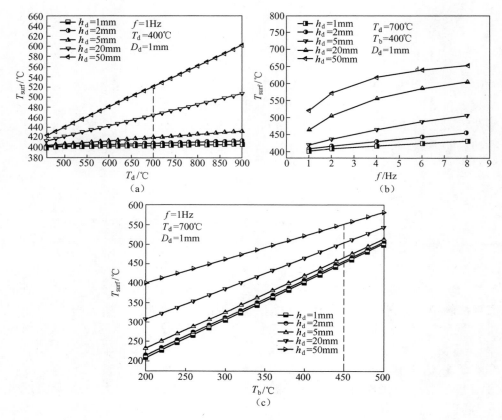

图 7.18　沉积表面温度的影响因素

（a）T_{surf} 与 T_d 和 h_p 的变化关系；

（b）T_{surf} 与 f 和 h_p 的变化关系；（c）T_{surf} 与 T_b 和 h_p 的变化关系。

　　式（7.7）显示，沉积微滴柱的形貌由微滴半径 R_d、铺展半径 r_p 和沉积平台每次下降距离 H_d 决定。要得到理想沉积柱体，关键在于保证每颗微滴的沉积条件一致。

7.3.3　铝微滴按需打印柱状件成形

1. 气压脉冲按需喷射柱状件打印参数选取

　　采用气压脉冲按需喷射装置进行铝柱件成形，喷射的铝微滴直径为 800μm，初始温度为 950℃，基板温度为 350℃。假设铝微滴沉积后凝固角约为 90°，颗粒半径约为 500μm，根据式可以初步计算理想下降距离为 0.34mm。

　　1）沉积高度对铝柱沉积的影响

　　选择沉积平台下降距离 0mm、0.2mm、0.3mm、0.34mm、0.4mm、0.5mm 以研究沉积平台间歇下降距离对柱沉积的影响，试验中具体工艺参数见表 7.8。

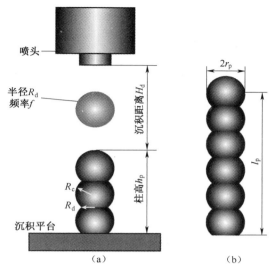

图 7.19　柱体打印示意图

(a)微滴沉积成柱示意图;(b)打印柱体关键尺寸。

图 7.20 为在表 7.8 所列工艺参数下,通过气压脉冲驱动式按需打印的铝合金柱状件的光学和扫描电镜照片。图中显示,在沉积平台每次下降的距离不同时,所沉积的铝微滴柱体的特征也不同:当沉积平台下降距离分别为 0、0.2mm 时,柱状体具有上端粗、下端细的外貌特征(图 7.20(a)、(b));当沉积平台依次下降距离分别为 0.3mm、0.34mm、0.4mm 时,柱状体形貌则上下粗细一致(图 7.20(c)~(e));当沉积平台依次下降距离均为 0.5mm 时,柱状体具有上端细、下端粗的外貌特征(图 7.20(f))。

表 7.8　沉积平台间歇下降距离对柱沉积影响参数

参数名称	数值
微滴直径/μm	800
初始温度/℃	950
基板温度/℃	350
沉积平台间歇下降距离/mm	0,0.2,0.3,0.34,0.4,0.5

通过式(7.7)计算得到沉积平台下降距离的理想值为 0.34mm,即理论上沉积一颗微滴后,沉积平台需下降 0.34mm,这样就能保证每颗微滴的沉积距离一致。故当沉积平台下降距离为 0、0.2mm 时,比理想值小,第二颗微滴相对第一颗微滴沉积距离分别减少 0.34mm、0.14mm,第三颗微滴相对第一颗微滴分别减小 0.68mm、0.28mm,这使得微滴沉积距离越来越小。由于微滴初始温度恒定,沉积距离越小,微滴到达沉积点时的温度越高,微滴重熔能力也就越强,柱体直径也较大。所以越位于上方,柱体直径就越大,从而形成上粗下细的柱状体。

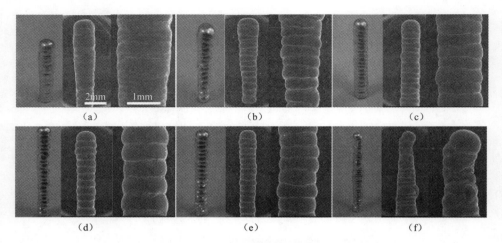

图 7.20　沉积平台下降距离不同时铝微滴柱沉积照片
（a）沉积平台间歇下降距离为 0mm；（b）沉积平台间歇下降距离为 0.2mm；
（c）沉积平台间歇下降距离为 0.3mm；（d）沉积平台间歇下降距离为 0.34mm；
（e）沉积平台间歇下降距离为 0.4mm；（f）沉积平台间歇下降距离为 0.5mm。

当沉积平台依次下降距离为 0.3mm、0.34mm、0.4mm 时，与理想值 0.34mm 相差不大，微滴到达沉积点时温度几乎一样，基体被熔化的体积相近，微滴冷却后的直径基本一致，故沉积柱状体上下粗细也基本一致，说明试验参数较为理想。

当沉积平台下降距离为 0.5mm 时，比理想沉积值 0.34mm 大，且随着沉积距离增加而越来越大。由于微滴初始温度恒定，沉积距离越大，到达沉积点时微滴温度越低，对先沉积微滴的熔化能力越弱，其被熔化体积越小，冷却后的直径越小，所以越位于上方，柱状体直径越小，由此得到上端细下端粗的柱状体。

综上所述，微滴沉积柱状体时，沉积平台每次下降的距离不同，其实质是微滴的沉积距离不同。下降距离小时，微滴沉积距离越来越小，形成上粗下细的柱状体。下降距离大时，微滴沉积距离越来越大，形成上细下粗的柱状体。

2）微滴温度和基板温度对铝柱沉积的影响

为揭示基板温度和沉积温度对铝微滴沉积形状的影响，进行了不同温度组合下的金属微滴打印试验，其主要工艺参数如表 7.9 所列。在试验过程中，沉积基板在 x 轴和 y 轴方向上静止，铝合金微滴按照设定的沉积位置逐颗沉积，每打印一颗微滴，沉积平台在 z 轴方向上下降一个固定高度，以保持每颗微滴的沉积距离相同。

表 7.9　沉积试验相关工艺参数（材料 7075 铝合金）

参数名称	数值
微滴直径 D_d/mm	1.2
沉积距离 H_s/mm	5~10

（续）

参数名称	数值
微滴温度 $T_d/℃$	660,670,680,690,700,740
基板温度 $T_s/℃$	350,370,400,420,450,500
基报材料为铜	

图 7.21 为上述实验条件下沉积的铝合金柱状体[4]。结果显示,当微滴温度为 660℃,沉积基板温度为 350℃时(图 7.21(a)),打印铝微滴基本上呈球形,微滴间的搭接结合界面较小、重熔效果差,成形的铝合金柱体外形近似串珠状。随着微滴温度不断升高(670℃、680℃、690℃)和沉积基板温度不断升高(370℃、400℃、420℃),微滴间的搭接结合界面和重熔程度逐渐增大,沉积微滴逐渐铺展至盘状,柱体外形逐渐接近圆柱体。当微滴温度为 700℃和沉积基板温度为 450℃时(图 7.21(e)),沉积微滴铺展充分,在结合界面处获得了较为理想的重熔结合状态,成形的铝合金柱状体接近圆柱体 6℃时(图 7.21(f)),铝合金柱体顶部热量大量聚集,使新沉积微滴与柱体顶部先沉积微滴完全熔合形成一颗大微滴,且局部坍塌,无法得到均匀的柱状件。

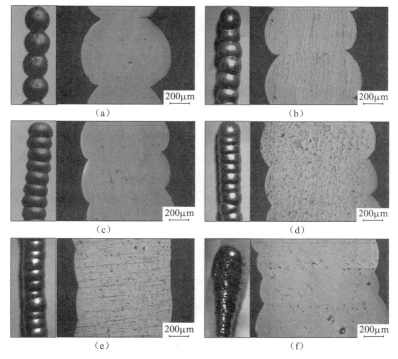

图 7.21　不同金属微滴温度 T_d 和基板温度 T_s 时沉积成形的铝合金柱状体[4]
(a) $T_d=660℃$, $T_s=350℃$;(b) $T_d=670℃$, $T_s=370℃$;(c) $T_d=680℃$, $T_s=400℃$;
(d) $T_d=690℃$, $T_s=420℃$;(e) $T_d=700℃$, $T_s=450℃$;(f) $T_d=740℃$;$T_s=500℃$。

由上述沉积试验结果可知,要实现相邻搭接金属微滴良好的冶金结合,且保持零件成形轮廓和精度,选取合适的工艺参数至关重要。前述研究表明,当微滴初始温度 T_d = 700℃、沉积基板 T_s = 450℃时,试验结果显示微滴冶金结合较好。采用式 (7.5),可计算出不同沉积层高度 h_p 下,T_{surf} 变化范围为 450 ~ 550℃,即此温度组合下,T_{surf} 位于重熔区域内(参考图 7.16),能实现良好融合,与试验结果吻合较好,说明了理论模型的正确性。

2. 压电脉冲驱动式按需喷射柱状件打印参数影响规律

气压脉冲驱动式按需喷射的微滴直径较大,沉积件较为粗糙,采用压电振动脉冲驱动式按需喷射装置喷射可大大减小铝合金微滴的直径。但随着金属微滴直径的减小,微滴冷却速度会增大,工艺参数也要随之发生变化。因此,本节采用压电脉冲驱动式按需喷射装置,以 ZL104 为喷射材料,在 300μm 直径喷嘴下进行铝柱打印试验,重点研究小直径微滴下的打印频率、温度、沉积高度对铝柱沉积过程的影响,为高精度铝微滴 3D 打印技术应用奠定基础。

1)沉积高度对铝柱沉积的影响

微滴直径减小后,微滴喷射的不稳定性对打印件精度的影响更为显著。由于喷嘴出口缺陷、氧化、不均匀润湿等原因,金属微滴脱离喷嘴时相对喷嘴径向有一个随机扰动,此时微滴速度可分解为垂直方向的速度分量和水平方向的速度分量。水平速度分量会使微滴实际沉积位置与理想沉积位置之间产生一定的偏差(常称的横向不稳定性),进而产生沉积误差,且随沉积距离增加,这种沉积误差会逐渐增大。

图 7.22 为基板固定时沉积成形出的铝柱。沉积开始时,基板距离喷嘴为 14.5cm,铝微滴沉积位置误差较大,出现同一高度处有多颗微滴堆积在一起的情况(图中 5 处);当沉积距离减小为 6cm 时(图中 4 处),微滴的沉积位置相对于中心位置的偏移减小,但仍有随机偏移;当沉积距离减小至 5.5cm 时(图中 3 处),微滴

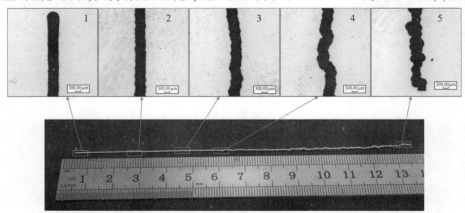

图 7.22　铝微滴打印的铝柱及局部显微镜照片(铝柱高 13cm,高径比为 190)

(注:图中 1、2、3、4、5 分别是在沉积距离约为 1.5cm、3.5cm、5.5cm、6cm 及 15cm 处沉积得到铝柱部分。)

打印精度有所提高,沉积位置相对于中心位置有一定的摆动;沉积距离进一减小至 1.5cm 时(图中 1 处),打印位置稳定,打印铝柱尺寸均匀、垂直度较好。此沉积试验显示了沉积高度是影响铝微滴沉积位置误差、成形质量的重要参数。

2) 沉积频率对铝柱沉积的影响

图 7.23 为在 4 组不同喷射频率下沉积铝柱直径的变化情况,均匀微滴沉积频率在很大程度上决定了铝柱的热量输入速率,不同沉积频率下得到的柱状件最终形态不同。从图 7.23 可以看出,随着频率的增大,铝柱直径随之线性增加,而单颗铝微滴沉积后的高度则线性减小。铝柱直径与频率的关系为

$$D_{c} = 397.5 + 15.4f \tag{7.8}$$

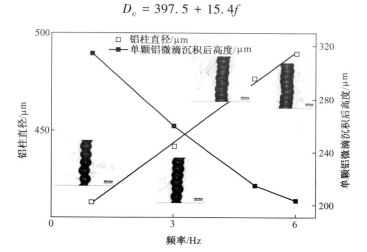

图 7.23　铝柱直径随频率的变化曲线

其原因是:喷射温度一定时,每颗微滴携带的热量相同,随着喷射频率增加,铝微滴热量散失的时间变短,因此,高频沉积时微滴表面容易出现热量积累。一旦出现热量积累,铝柱表面温度逐渐增加,当后续微滴落在铝柱顶端时,其铺展直径变大,融合深度增加,相应地铝沉积微滴的高度也会降低。若喷射频率过高,铝柱顶端温度随之增高,下落微滴难于凝固,从而出现“塌陷”现象。图 7.24 是在频率分别为 15Hz、20Hz,其他沉积参数相同条件下沉积得到的铝柱。由图可见,其表面光滑,铝柱直径均随高度增加而变大,近似呈现倒锥形,且在相同高度位置频率 20Hz 时沉积的铝柱直径要大于频率 15Hz 时沉积的铝柱直径。

3) 微滴温度对铝柱沉积的影响

铝微滴的喷射温度决定了沉积时的热量输入,进而影响微滴间的熔合状况。喷射温度需保持在合理范围内,过高时会导致微滴重熔出现塌陷现象,而温度过低又会影响铝微滴间的充分熔合。

保持其他参数不变,微滴初始温度为 650~750℃时进行铝柱沉积试验,试验结果如图 7.25 和图 7.26 所示。图 7.25(a)为初始温度为 650℃时,铝微滴堆积形成的珠串状结构,此状态下铝微滴铺展直径较小,铝柱直径为(385±5)μm,高度为

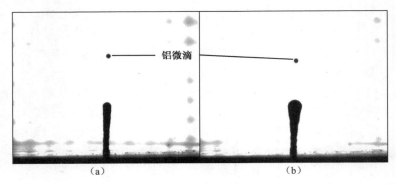

图 7.24　铝柱沉积过程照片

(a)频率为 15Hz;(b)频率为 20Hz。

300μm。将喷射温度升高至 750℃,发现单颗铝微滴铺展直径增大为(423±5)μm,而单颗铝微滴沉积后的高度明显降低,约为 240μm,表面也呈现部分珠串结构,但起伏现象明显减小。

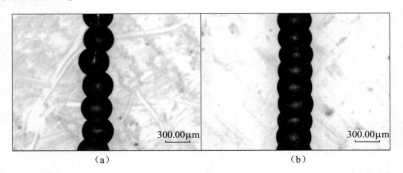

图 7.25　铝柱局部光镜显微镜照片

(a)微滴温度 650℃;(b)微滴温度 750℃。

(注:喷嘴直径为 300μm,沉积距离为 15mm。)

　　图 7.26 为铝柱直径随喷射温度的变化曲线,由图可知铝柱直径随喷射温度的升高而线性增大,两者之间的关系为

$$D_c = 150 + 0.36t_1 \qquad (7.9)$$

式中:t_1 为微滴初始温度。

　　由上述试验结果可知,沉积高度主要影响铝微滴的沉积位置精度,而温度和频率则会影响铝微滴沉积过程中的热状态,因此需要合理选择沉积高度、喷射温度、喷射频率等参数,以保证打印质量和精度。

　　基于以上试验与分析,确定合理的参数组合,即沉积间距 15mm,喷射温度为 750℃,沉积频率 6Hz。按照参数的组合进行柱状件打印。图 7.27 展示了此参数下柱状件沉积过程,可见铝微滴喷射稳定,铝合金柱不同高度处直径一致,成形质量较好。图 7.28 为打印的铝合金柱状件扫描电镜照片,可以看出铝微滴具有沉积

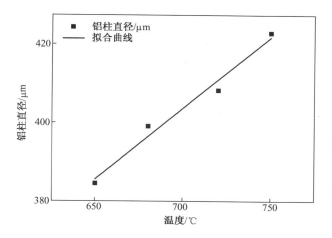

图 7.26　铝柱直径与温度的关系

位置精确,均匀度和稳定性较好,微滴结合区过渡均匀。

图 7.27　微滴飞行及沉积过程照片

（注:相邻图像时间间隔 1ms。）

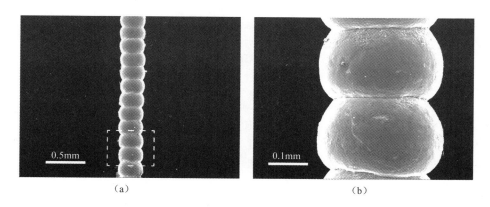

（a）　　　　　　　　　　　　　（b）

图 7.28　铝柱 SEM 照片

（a）铝柱全貌;（b）铝柱局部视图。

（注:喷嘴直径为 300μm,喷射频率 6Hz,温度 750℃,沉积高度 15mm。）

7.4 铝合金薄壁件成形

研究表明,铝微滴沉积形貌可通过调节铝微滴初始温度、沉积距离以及基板温度等参数进行控制;调节沉积平台水平运动速度以及沉积平台的温度,可控制微滴沉积后形成光滑线条的形貌;调节沉积平台间歇下降的距离,可控制微滴沉积后形成柱体的形貌。合理调节工艺参数,可实现复杂零件成形。

采用气压脉冲驱动式按需喷射装置进行铝微滴打印成形。在试验中,喷射频率为1Hz、初始温度为950℃、沉积距离为10~20mm、基板温度为350℃、沉积平台扫描速度为0.7mm/s、沉积平台间歇下降距离为0.34mm,喷射的铝微滴的直径约为800μm。沉积时,铝微滴喷射与运动平台联动,沉积平台按照预定路径进行运动,微滴沉积在扫描路径上,完成一层扫描沉积后,沉积平台下移一定距离,然后进行下一层沉积,如此反复,直到试验结束。

从沉积的铝制件外形(图7.29(a))及局部(图7.29(b))可以看出,铝制件表面形貌一致性较好,说明选择合理的工艺参数,便可沉积出完好的制件。

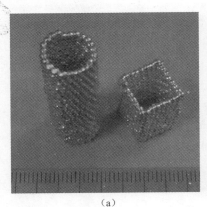
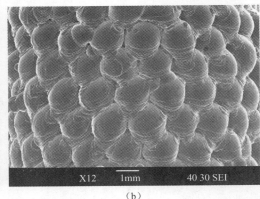

| (a) | (b) |

图7.29 简单铝制件
(a)铝制件实物照片;(b)局部SEM放大照片。

气压脉冲驱动式按需喷射技术可实现较大直径铝微滴的可控沉积,在提高成形效率方面较为有利,但成形件精度不高。压电脉冲驱动式按需喷射技术可小直径铝微滴喷射沉积,从而提高成形件精度、降低成形件表面粗糙度,可用于微小喇叭波导、散热空腔、异形壳体等薄壁件成形。

这里,采用7075铝合金打印倾斜角度为75°的薄壁喇叭管件。并选择两种沉积条件进行对比试验,来考查工艺参数对制件成形的影响:①铝微滴直径为450μm、产生频率为1Hz、初始温度为700℃、沉积距离约为10mm、基板温度为200℃、沉积平台扫描速度为10mm/s、沉积平台间歇下降距离为0.2mm,成形的样件如图7.30(a)所示;②其他参数相同,仅改变沉积频率和预热温度,将产生频率调整为 10Hz、基板温度调整为 400℃,成形的样件如图 7.30(b)所示。

对比图 7.30(a)和(b)中的打印试验结果,可以发现,提高沉积频率和基板温度可以显著提高微滴间的融合程度和降低表面粗糙度。图 7.30(b)所示,铝微滴直径为 450μm 时,在良好的融合条件下,自由成形的薄壁零件表面粗糙度 Ra 可以达到 10~15μm。

（a）　　　　　　　　　　（b）

图 7.30　压电喷射沉积成形薄壁零件

（a）基板温度为 200℃,喷射频率为 1Hz;（b）基板温度为 400℃,喷射频率为 10Hz。

7.5　铝合金实体件成形

控制铝微滴的逐层沉积,可直接成形出实体零件。图 7.31 为均匀铝微滴沉积成形过程示意图。在一层中,铝微滴采用光栅扫描方式进行沉积,铝微滴沉积轨迹为相邻的往返直线。在完成一层以后,基板下降一个层厚,进行第二层沉积,如此反复直至成形出三维实体零件。

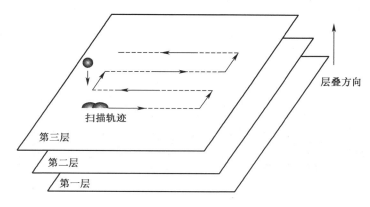

图 7.31　均匀微滴沉积成形三维实体轨迹示意图

采用气压脉冲驱动铝微滴喷射沉积成形实体零件,喷嘴直径为 0.5mm、铝微滴沉积时其温度为 700℃、基板温度为 450℃、微滴直径为 1.2mm、沉积距离约为 5mm、沉积频率为 1Hz、基板速度为 1mm/s、x 和 y 方向的扫描步距设定为 0.85mm、1mm,层间距设定为 2mm。在沉积时,微滴首先沉积出一条水平线条,然后运动平台水平侧移一定距离,在已沉积线条侧方继续沉积第二条线条(扫描方向相反),相邻两线条间保证一定的搭接率以形成致密层面,重复上述过程即可沉积出一层金属层面。

图 7.32(a)为采用气压脉冲驱动式按需喷射成形出的 7075 铝合金实体件,成形制件尺寸为 60mm×16mm×8mm(长×宽×高),制件各表面平整,形状清晰,在成形制件右端,制件略有起伏,有可能是热应力集中所致。

沉积件顶面光学显微照片(图 7.32(b))显示,沉积得到金属层面由若干不同扫描方向的金属线条相互搭接互熔而成,层面上金属微滴呈明显贝壳状形貌,沉积线条的扫描方向可通过微滴搭接次序判断出。沉积件侧面光学显微照片(图 7.32(b)和(c))显示,在每层金属层面的沉积成形过程中,金属微滴可准确地沉积在已凝固微滴顶部,形成贝壳状形貌,微滴结合处微滴表面可见波纹状形貌。

上述铝实体件成形试验表明,通过微滴逐滴打印及层面的垂直堆叠可成形出三维实体件,沉积成形路径可通过目标零件模型分层及层面扫描轨迹规划生成,这为复杂铝件成形提供了一种可行方法。

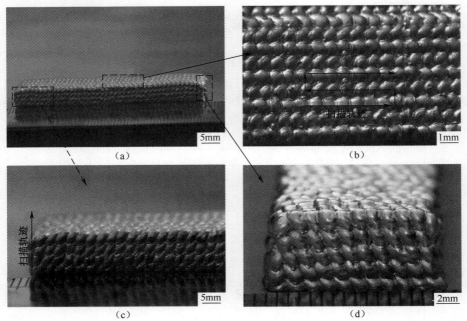

图 7.32　铝合金沉积体
(a)整体形貌;(b)俯视图;(c)正视图;(d)侧视图。

综上,铝微滴沉积可以实现薄壁、实体等铝合金零件成形,在成形成本、成形件最小壁厚、成形精度等方面均具有突出优势,但由于受铝微滴稳定喷射及精准沉积控制技术的限制,目前该技术仍处于实验室研究阶段,尚未进入工业应用。

参 考 文 献

[1] 曾祥辉. 基于均匀熔滴喷射的 Al/Ti 非均质件制备技术基础研究[D]. 西安:西北工业大学,2011.

[2] 左寒松. 均匀铝微滴沉积成形微观组织演化机理研究[D]. 西安:西北工业大学,2015.

[3] Cheng X. Development of a molten metal droplet generator for rapid prototyping[D]. Toronto:University of Toronto,2002.

[4] 晁艳普. 微小金属件熔滴喷射沉积成形技术基础研究[D]. 西安:西北工业大学,2012.

第8章 均匀铝微滴沉积成形组织形貌演化过程

铝微滴沉积过程涉及流体流动、非稳态传热及凝固等行为,此类行为决定了成形件的微观组织形貌,并影响其最终力学性能,是微滴沉积成形需考查一个重点。本章主要阐述铝微滴沉积过程中热力学、动力学行为对其凝固结晶和固态相变的影响规律,明确成形件微观组织演化机理、力学性能影响因素以及内部缺陷产生原因,为高质量铝件成形提供试验及理论基础。

8.1 均匀铝微滴沉积微观组织形成规律研究

铝微滴在沉积过程中,会因冷淬作用实现亚快速凝固($10 \sim 10^3 \mathrm{K/s}$)甚至快速凝固($10^3 \sim 10^6 \mathrm{K/s}$),其冷却速率远大于铸造冷却速率($10^{-3} \sim 10 \mathrm{K/s}$)。同时,铝微滴沉积过程的碰撞铺展与反复振荡也会影响金属微滴的凝固过程,使其微观组织形貌与缓慢凝固的(铸态)微观组织不同。

另外,在逐滴沉积成形过程中,高温金属微滴作为移动点热源,被周期性地添加于沉积表面,通过再加热、重熔的方式与已凝固微滴实现冶金结合,沉积参数直接影响了成形件内部组织形貌,进而影响打印件的力学性能及其内部缺陷形式。

本章通过采用金相组织观察、X射线衍射分析、扫描电子显微镜观察、对典型沉积成形件(单颗微滴、垂直柱体和水平线条以及实体件)微观组织形貌的观察分析,并结合致密度测量、显微硬度测量、拉伸性能测试等方法对制件内部缺陷及力学性能进行检测,以阐述成形件微观组织形貌的特点,揭示成形工艺与成形件最终微观组织、力学性能以及内部缺陷之间的关系。

采用H112态的7075铝合金棒材为喷射材料,喷射装置为气压脉冲驱动微滴喷射装置,喷射熔滴直径约为1mm,喷射温度为850℃,喷射频率为1Hz,采用黄铜作为基板,其表面温度为250℃。待沉积铝微滴沉积在黄铜基板上完全凝固后,从其中心垂直剖开(图8.1(a)),来观察到凝固微滴内部微观组织,可以看出,它可分为微滴底部接触区(图8.1(b))、中部定向组织区(图8.1(c))以及上部非定向组织区(图8.1(c))。

底部接触区直接与基板接触,非常薄,形成于微滴碰撞铺展阶段。理论上,此区域内上、下温差大,冷却速率快,故可形成细小晶粒。但底部接触区并非全是快速凝固所致的微细组织(图8.1(b)),较多区域呈现无明显方向性的较粗大晶粒。这和微滴在铺展时与基板间的实际接触条件有关,在液态铝微滴的铺展过程中,由于受基板粗糙度和气体卷入的影响,微滴与基板间会出现一些局部点接触(图 8.2)[1,2],这导致热传导效率相对较低,微滴内部更多地通过对流进行热交换,故形成无明显方向性的粗大晶粒。

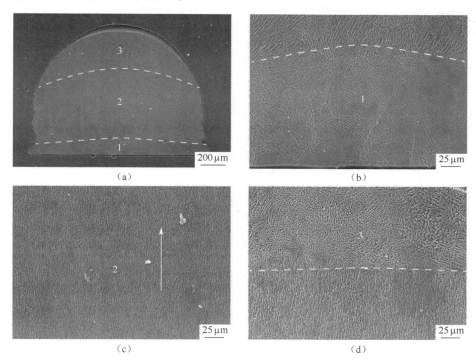

图 8.1　沉积铝微滴微观组织 SEM 照片(纵剖面)

(a)整体形貌;(b)底部接触区;(c)中部定向组织区;(d)上部非定向组织区。

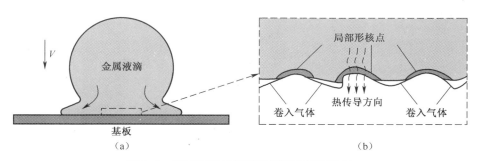

图 8.2　铺展铝微滴与基板界面接触示意图

(a)整体形貌;(b)局部放大图。

铝微滴底部中心部位处可观察到少量定向生长的微小枝晶组织(图 8.3(a))。其形成原因:在沉积时,微滴底部中心区域熔体与基板间的相对运动速度近似为零,热对流作用不显著,且界面接触条件相对较好[1],热导率相对较高,故可获得较大凝固速率。与此同时,高温熔体优先在界面接触点结晶形核(图 8.3(b)),并

213

沿热流反方向迅速生长,最终形成定向的微小枝晶组织。

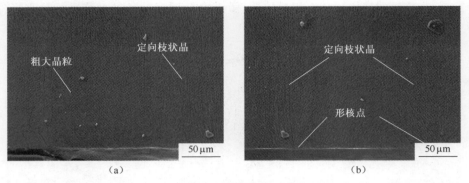

图 8.3　沉积铝微滴底部微观组织形貌 SEM 照片

(a)底部中心区域;(b)接触点凝固区。

微滴底部逐渐凝固形成一定厚度的局部凝固层后,该凝固层与未凝固液体之间通过热传导方式换热,故凝固结晶方式为定向枝晶生长,生长方向与热流方向相反(即垂直基板向上,图 8.1(c))。凝固微滴的中间部分垂直与基板表面剖面为细小片状有规律平行排列的 α(Al)初生相树枝晶(图 8.4(a)),该部分枝晶间为第二相组织。平行于基板方向剖面晶相图(图 8.4(b))显示,一次枝晶臂平均间距约为 5μm,且这些细微组织树枝状分支不发达,接近胞状形态。

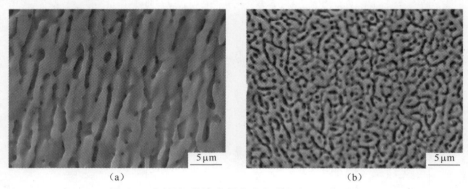

图 8.4　沉积铝微滴中部定向细微组织 SEM 照片

(a)纵剖面;(b)平剖面。

凝固微滴上部为非定向区域(图 8.1(d)),其内存在大量粗大枝晶,呈现无方向性等轴晶形态。当大体积金属熔液离散为微小微滴时,微滴内异质形核核心数量少,使得微滴中部柱状枝晶具有沿热流反方向持续生长的趋势。但微滴铺展、振荡所致的内部剪切力会撕裂柱状枝晶生长尖端,从而为未凝固金属熔液提供额外的形核质点[3]。随着凝固前沿不断上移,微滴温度梯度逐渐变小,凝固速度也随之降低,微滴上部出现转向枝晶甚至粗大等轴枝晶组织。此外,微滴自由表面会因黏附杂质、氧化作用[4]、内部撕裂的固态晶核上升等,形成表面形核点,进而产生由表面向微滴内部生长,呈图 8.5 所示的组织形态。

图 8.5   形成于表面形核点的粗大枝晶组织

8.1.1   均匀铝微滴垂直堆叠组织形貌演化过程

图 8.6 为在已凝固铝微滴表面垂直沉积的第二颗铝微滴的内部微观组织,它与在基板上沉积的单颗微滴相同,该堆叠微滴内部微观组织也分为底部接触区、中部定向组织区和上部非定向组织区。底部接触区内仍以无明显取向但尺寸均匀细小的等轴晶为主(图 8.6(b))。这是由于垂直堆叠两微滴间的界面接触条件较好,已凝固的微滴表面为后续沉积的微滴提供了结晶所需的大过冷度和大量形核条件,使其晶粒得以细化。微滴中部的定向组织区明显变窄(图 8.6(c)),柱状枝晶组织粗化,微滴上部(图 8.6(d))非定向组织区变宽,且等轴枝晶二次枝晶臂发达粗壮,说明由于热阻增加,沉积微滴凝固时间增加,其顶部温度梯度变小。

在微滴垂直沉积时,后沉积微滴会对其下方接触区的凝固组织产生明显的热影响。当第二颗微滴沉积于已凝固微滴顶部时,其携带的热量通过后者迅速传入基板,使得首颗微滴上表面在极短时间内经历快速升温-降温过程。后续微滴沉积中,第一颗微滴经历多次相似的加热-急冷过程,其上表面温度表现为周期性变化,变化周期即为微滴喷射间隔时间。

当铝微滴连续沉积成垂直柱时(图 8.7),首颗沉积微滴要经历多次加热-冷却过程,通过观察此类微滴微观组织可了解热循环次数对沉积制件微观组织的影响。

进一步观察首颗沉积微滴微观组织形态,在基板上沉积的单颗铝微滴未经受热循环效应影响,其枝晶组织细小,经过化学腐蚀后微滴内视野较暗,无法分辨出明显的晶粒形貌(图 8.8(a))。当第二颗微滴沉积在其顶部后,首颗微滴经历一次热循环,非平衡的微细枝晶组织向接近平衡态的晶粒形貌转变(图 8.8(b))。垂直沉积第三颗微滴时,首颗微滴已经历两次热循环过程,微滴内视野逐渐变白,晶粒形貌及其晶界也逐渐清晰(图 8.8(c))。随着热循环次数的继续增加,微观组织变

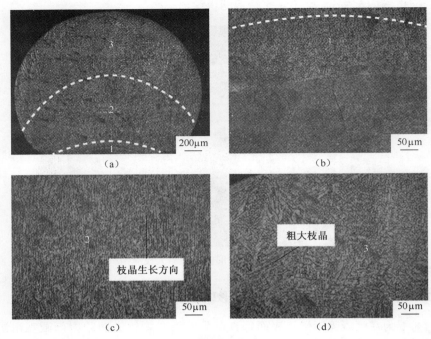

图 8.6　垂直沉积的第二颗铝微滴微观组织(纵剖面)

(a)整体形貌;(b)底部接触区;(c)中部定向组织区;(d)上部非定向组织区。

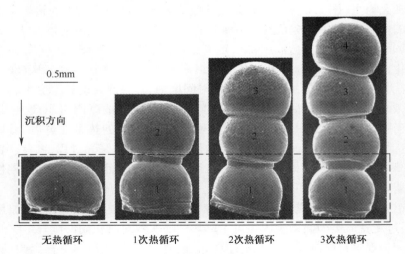

图 8.7　不同数量垂直堆叠铝微滴

(注:打印条件,微滴沉积温度为 1173K,基板温度为 300K,喷射频率为 1Hz。)

化不再明显,说明此时其组织已趋于稳态(图 8.8(d))。

　　图 8.9 为不同热循环次数条件下的首颗沉积铝微滴第二相分布变化情况。可以看出,该距离微滴中的第二相晶粒组织沿枝晶生长方向均匀分布(图 8.9(a)),

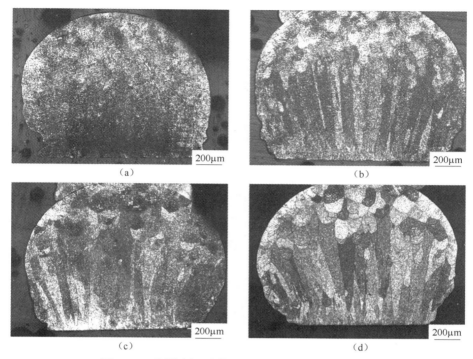

图 8.8　不同热循环次数下首颗沉积铝微滴微观组织
（a）直接沉积；（b）一次循环；（c）二次循环；（d）三次循环。

受到第二颗微滴瞬时传热影响，其尺寸变粗，数量也有所减少，同时分布方向性也不十分明显（图 8.9（b））。随着热循环次数继续增加，首颗微滴内第二相晶粒尺寸并未增长，只是沿晶界轮廓分布的特征变得更加明显（图 8.9（c）和（d））。说明晶内微小第二相晶粒在晶界发送偏聚，使得整体视野变亮，晶界形貌清晰。

　　微滴的层间热累积效应会影响垂直柱打印的外形轮廓，同时对内部微观组织及其力学性能也会产生显著影响。图 8.10 为不同喷射频率下一维垂直柱（直径约为 1.2mm）的外观形貌及顶部区域微观组织（铝微滴温度为 1173K，基板温度为 300K，垂直堆叠 40 颗微滴）。当微滴喷射频率为 1Hz 时，垂直柱为明显珠串状外形轮廓，其顶部区域主要由细微枝晶组织构成（图 8.10（a））。背散射照片（图 8.10（b））显示，该区域内第二相晶粒尺寸较小且弥散分布。当喷射频率增大至 3Hz 时，垂直柱高度减小，顶部径向直径增大，说明沉积过程中其顶部后沉积的微滴与前沉积微滴界面处形成微熔池，导致凝固组织明显粗化。第二相占比减少，但尺寸明显增大，分布也不均匀（图 8.10（c）和（d））。如图 8.10（e）和（f）所示，当喷射频率继续增大至 7Hz 时，垂直柱变得更短、更粗，顶部区域形成类似铸态组织的枝晶网状结构。综上所述，喷射频率越高，热累积效应越明显，微观组织粗化和成分偏析越严重。

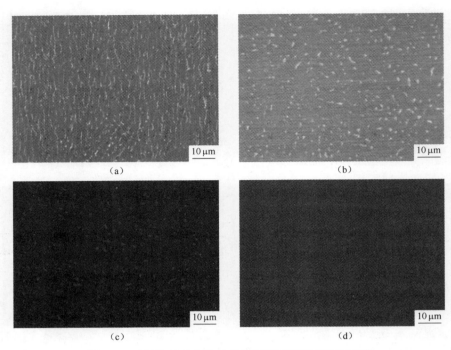

图 8.9 不同热循环次数下首颗沉积铝微滴背散射照片

(a)零次;(b)一次;(c)两次;(d)三次。

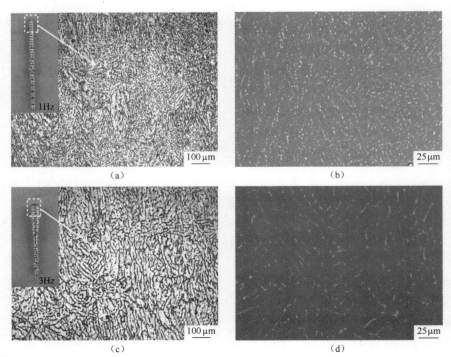

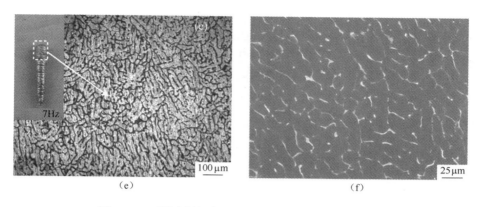

图 8.10　不同喷射频率下垂直柱外观形貌及内部组织：
(a)1Hz 金相组织；(b)1Hz 扫描电镜背散射；(c)3Hz 金相组织；(d)3Hz 扫描电镜背散射；
(e)7Hz 金相组织；(f)7Hz 扫描电镜背散射。

铝微滴沉积的垂直柱在不同位置处界面结合有所不同(图 8.11)。首颗和第二颗微滴间的接触界面处存在明显的冷隔线和界面间隙(图 8.11(a))，第二颗和第三颗微滴间的冷隔线不很明显(图 8.11(b))，第三颗与第四颗微滴间基本已无冷隔缺陷存在，局部放大图可以观察到穿越接触界面的共有晶粒(图 8.11(c))。可见，沉积微滴间界面结合状况会随着垂直高度的增加而有所改变。

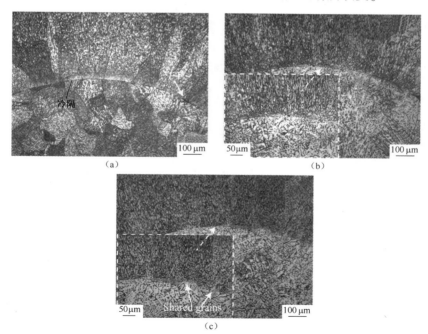

图 8.11　连续堆叠成形垂直柱不同位置界面结合情况
(a)首颗与第二颗结合处；(b)第二颗与第三颗结合处；(c)第三颗与第四颗结合处。

由于热累积效应,垂直沉积柱状件的微观组织和相成分在高度方向上也会存在差异(图 8.12)。距基板 20mm 处,凝固微滴内有较大的定向柱状晶区,非定向等轴晶仅存在于微滴结合区附近,且可观察到些许残留的冷隔线(图 8.12(a))。距基板 50mm 处,沉积微滴与垂直柱顶部温度差减小,晶粒定向生长趋势减弱,使得非定向等轴晶数量增多(图 8.12(b))。

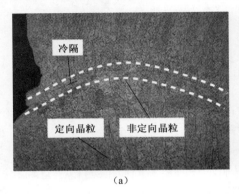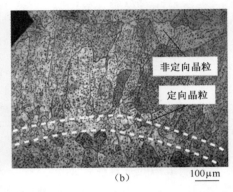

(a)　　　　　　　　　　　　　　(b)

图 8.12　垂直柱不同高度微观组织

(a)距基板 20mm;(b)距离基板 50mm。

(注:打印条件,铝微滴温度为 1173K,直径约为 1mm,基板温度为 623K,喷射频率为 1Hz。)

垂直柱不同位置的第二相分布情况显示(图 8.13),距基板 20mm 处主要存在大量圆形颗粒和少量针状组织,但尺寸较小且均匀弥散于铝基体内(图 8.13(a))。随着垂直沉积高度的增加,熔体冷却凝固过程相对缓慢,导致第二相晶粒明显粗化,并呈现出一定的连续分布趋势,偏聚现象加剧(图 8.13(b))。

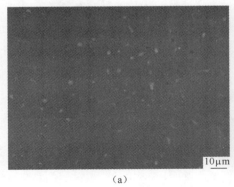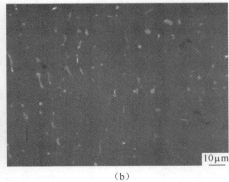

(a)　　　　　　　　　　　　　　(b)

图 8.13　垂直柱不同高度背散射图像:

(a)距离基板 20mm;(b)距离基板 50mm。

(注:打印条件,铝微滴温度为 1173K,直径约为 1mm,基板温度为 623K,喷射频率为 1Hz。)

微滴的热累积效应不仅影响其微观组织形态,也会影响其局部力学性。这里,对沉积的柱状件不同高度处进行微观显微硬度检测(图 8.14),试验中采用 HXP-

1000TM/LCD 型自动转塔触摸屏显微硬度计测量试样局部维氏硬度,显微硬度计荷载设置为 200g,加载时间 15s,每个目标位置取 5 点测量,除去最大值和最小值后,取剩余硬度值平均作为最终测定结果。测试显微硬度时两相邻测试点之间或者测试点与边缘处需至少相隔 3 倍压痕对角线长度距离。结果显示,随着沉积高度的增加,平均显微硬度呈现先增后减的趋势,在垂直柱下部微滴结合区域的压痕点显微硬度多为波谷值,这是由于冷隔线和界面间隙缺陷所致。测试结果表明,当垂直高度增加时,新沉积微滴凝固时间变长,微滴间结合状况有所改善,显微硬度波动减小,但热累积效应使其内部晶粒长大,该区域显微硬度有一定下降。

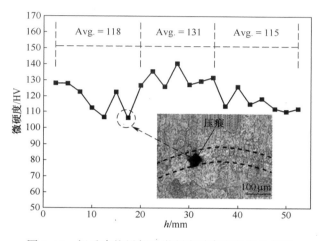

图 8.14　铝垂直柱局部显微硬度随高度的变化规律
（注:打印条件,铝微滴温度 1173K,直径约为 1mm,基板温度为 623K,喷射频率 1Hz。）

8.1.2　均匀铝微滴沉积线条组织形貌演化过程

均匀铝微滴连续打印线条线层的过程中,微滴水平搭接时的传热面不是一个平面或平缓曲面,而是由下层基板(或已凝固的微滴)与同层相邻微滴共同组成的近"L"形的复合曲面,故铝微滴水平打印的微观组织与垂直打印柱体的沉积有所不同。

在水平搭接的两铝微滴接触界面区域(图 8.15(a)),由于竞争选择性生长作用机理,使形成于接触界面的枝晶生长方向不尽相同,有些枝晶向微滴内部不断延伸,有些则逐渐停止生长。在金属熔体凝固过程中,胞晶和共晶组织的生长方向平行于热流方向,枝晶组织生长方向为热流方向最为接近的择优取向。当两微滴相接触形成晶内结合时(图 8.15(b)),边界处外延生长明显,取向不利的结晶组织很快会停止生长,而取向有利(结晶方向与温度梯度(散热)方向一致)的结晶组织持续生长(铝为面心立方结构,其择优取向晶向簇为 $\langle 100 \rangle$ [5]),最终使得向熔体内部延伸的结晶组织取向基本一致。

图 8.16 为水平打印的第二颗铝微滴的微观组织。与在基板上沉积的单颗微

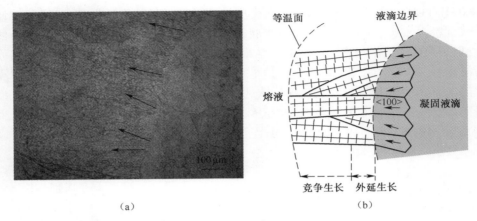

（a）　　　　　　　　　　　　　（b）

图 8.15　水平搭接两铝微滴接触区竞争生长

（a）接触区微观组织；（b）竞争生长示意图。

滴内部组织类似,也为细微枝晶组织（图 8.16（a））。不同的是,该搭接微滴内部组织生长方向并不统一,接近基板处的枝晶组织垂直向上生长（图 8.16（b））,而靠近相邻微滴处的枝晶组织水平生长（图 8.16（c））。上述两区域微观组织向熔体内交汇,最终沿斜向上生长（图 8.16（d））。

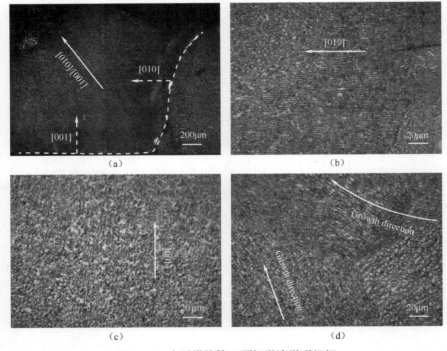

图 8.16　水平搭接第二颗铝微滴微观组织

（a）整体形貌；（b）右部水平生长组织区；（c）下部垂直生长组织区；（d）左上部不同生长方向组织交汇区。

图 8.17 为水平搭接铝微滴内部枝晶组织转向生长过程示意图。水平搭接微滴的沉积表面是由下方接触基板表面与同层微滴相接触界面共同组成的复合曲面,高温熔体内大部分热量通过下方接触界面传出,该区域组织生长方向为垂直向上([001]方向)。同层接触界面也为新沉积微滴提供了结晶所需的过冷度和生长基底,该区域结晶组织生长方向为[010]晶向。随着凝固前沿的不断推移,熔体内等温面曲率逐渐减小,从初始的近"L"形慢慢过渡为平缓的弧线,最大温度梯度方向(即传热方向)也随之逐渐偏转。结晶组织通过竞争生长不断调整生长方向,最终在微滴上部形成沿[001]/[010]夹角方向生长的微观组织。

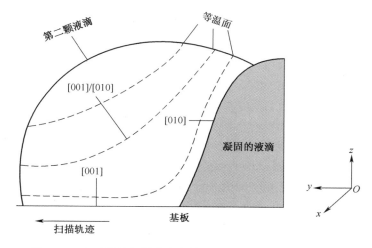

图 8.17 水平搭接铝微滴内部枝晶组织转向生长过程示意图

将水平搭接的一维线条沿纵向剖开,以观察其内部组织的变化情况,图 8.18 为第三颗与第四颗微滴搭接处的形貌。可以看出,其微观组织均为细微枝晶组织,与图 8.16 中所示第二颗微滴微观组织基本相同,说明每颗微滴凝固结晶条件非常

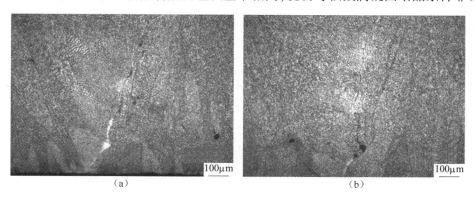

(a)   (b)

图 8.18 一维水平铝线条内不同位置微观组织

(a)第三颗微滴;(b)第四颗微滴。

接近。另外,新沉积微滴所携带的大部分热量直接通过下方接触界面传入基板,使其对相邻侧搭接的微滴细微枝晶组织的粗化作用并不明显。

8.2　金属微滴熔合状态对铝合金打印件的影响

在实体零件打印过程中,金属微滴散热条件有所变化,其凝固行为与上述单颗沉积或线条沉积过程不同,所形成的微观组织也有差别。本节重点讨论 3D 打印过程中微观组织形貌演化机理。

8.2.1　熔合状态对铝合金制件微观组织形貌的影响

为了研究方便,采用表 8.1 所列工艺参数,打印 7075 铝合金长方形件。试验中,取三组不同的铝微滴喷射温度和基板预热温度的参数组合,分别表示为 Set 1、Set 2 和 Set 3。

表 8.1　长方形铝合金件打印工艺参数

参数	数值	参数	数值	
微滴直径 D_d/mm	0.5	X-扫描步距 W_x/mm	0.8	
喷射压力 P/kPa	60	Y-扫描步距 W_y/mm	1	
沉积频率 f/Hz	1	微滴温度 T_d/K	Set 1	1123
			Set 2	1373
沉积距离 H_d/mm	10~20		Set 3	1423
		基板温度 T_{sub}/K	Set 1	423
基板材质	Cu		Set 2	573
			Set 3	623

在 Set 1($T_d = 1123K$,$T_{sub} = 423K$)条件下打印的铝合金件如图 8.19(a)所示,其局部放大图如图 8.19(b)所示。可以看出:打印件外轮廓清晰;但表面较粗糙,熔滴间的相互熔合不佳。对打印件内部微观组织形貌进行进一步观察(图 8.20),

5mm　　　　　　　　　　　　　2mm

（a）　　　　　　　　　　　　（b）

图 8.19　Set 1($T_d = 1123$ K,$T_{sub} = 423K$)条件下铝合金打印件外观

（a）整体形貌;（b）局部放大。

可见熔滴结合区域残有明显冷隔线,冶金结合不好。此外,由于沉积熔滴凝固速率较快,微滴尚未完全铺展便已凝固,没有充足的时间填充相互接触微滴间的间隙,导致熔滴结合区域出现大量孔洞和间隙。采用排水法测试此打印件的致密度约为 95%。

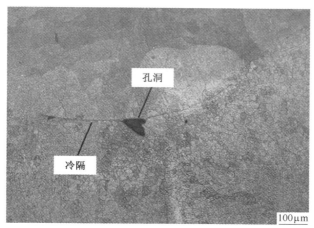

图 8.20　Set 1($T_d = 1123K$, $T_{sub} = 423K$)条件下铝合金打印件内部微观组织

在 Set 2($T_d = 1373K$, $T_{sub} = 573K$)条件下进行铝合金件打印(图 8.21(a)),可以看出,其外形轮廓较为清晰,说明提高热参数并未对熔滴喷射和沉积稳定性产生大的影响。打印件表面局部放大图(图 8.21(b))显示,沉积熔滴在碰撞过程中铺展程度明显变大,最终凝固形态相比之前(Set1 条件)平整得多,且各微滴彼此间交错搭接,无明显的间隙或孔洞残留。

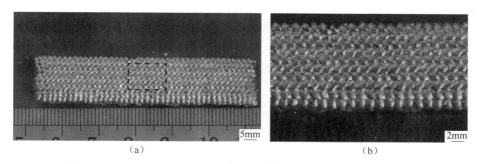

$$(a) \qquad\qquad\qquad\qquad (b)$$

图 8.21　Set 2($T_d = 1373K$, $T_{sub} = 573K$)条件下铝合金打印件外观形貌

(a)整体形貌;(b)局部放大。

进一步观察该制件的内部微观形貌(图 8.22),基本未发现熔滴结合区域的三角孔洞等缺陷,通过排水法测量,其致密度可达 97%。从局部放大图(图 8.22(b))可以看出,该结合区已无冷隔线存在,晶粒边界亦不明显。图 8.22(b)中方框所示结合区域内有宽度约为 20μm 白色亮带形貌,此为两熔滴共有晶粒组织,说明除原有晶间结合外,熔滴相互间接触区域已开始相互熔和形成晶内结合,铝合金打印件

微滴之间的结合强度增加,对改善其机械性能有益。

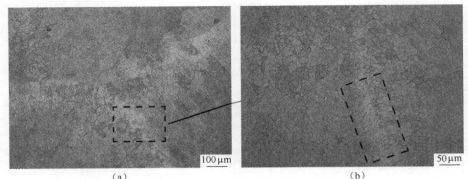

（a）　　　　　　　　　　　　　　　　（b）

图 8.22　图 8.21 中铝合金打印件内部微观组织

（a）整体形貌;（b）局部放大图。

在 Set 3(T_d = 1423K, T_{sub} = 623K)条件下进行铝合金件打印(图 8.23),微滴温度和基板温度进一步升高,过高热参数使得沉积熔滴长时间处于糊状甚至全液态,在表面张力的作用下彼此融合团聚,最终形成不规则的凝固轮廓,外形轮廓模糊,不仅难以保证成形精度,其内部微观组织也为粗大、无方向性的等轴晶组织,在晶界处存在粗大的第二相组织(图 8.24(a)、(b)),从而对打印件整体机械性能不利。制件内部虽无明显孔洞和间隙,排水法测量的致密度达 98%,但打印件的力学性能也不高(σ_b = 228MPa)。

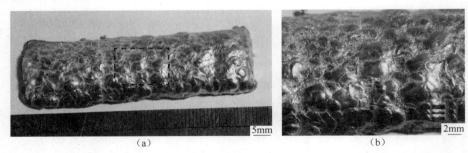

（a）　　　　　　　　　　　　　　　　（b）

图 8.23　Set 3(T_d = 1423K, T_{sub} = 623K)条件下铝合金打印件

（a）外观形貌;（b）局部放大图。

8.2.2　熔合状态对铝合金打印件力学性能的影响

沉积微滴间界面结合方式及相互融合程度对铝合金打印件力学性能有着显著影响。取 Set 1 条件下打印的制件制备力学性能检测试样,可以清晰地观察到试样存在非连续的三角孔洞,规律地分布于打印件结构两层之间(图 8.25(a))。其标距段侧面形貌显示同层的相邻熔滴间也存在明显的间隙缺陷(图 8.25(b))。由此可见,在该温度参数条件下,接触界面熔合不好,存在大量密布的间隙孔洞缺陷,这会极大降低拉伸试样的力学性能(σ_b = 159MPa)。

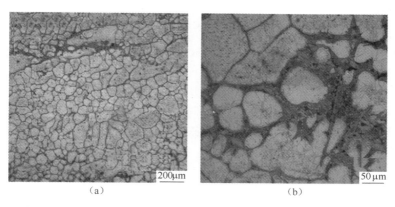

（a）　　　　　　　　　　（b）

图 8.24　Set 3（$T_d = 1423K, T_{sub} = 623K$）条件下铝合金打印件微观组织

（a）低放大倍数照片；（b）局部放大图。

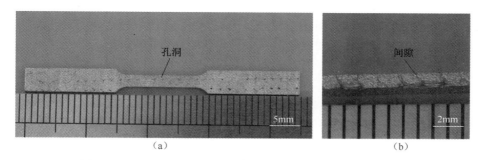

（a）　　　　　　　　　　（b）

图 8.25　Set 1（$T_d = 1123K, T_{sub} = 423K$）条件下铝合金拉伸试样

（a）试样全貌；（b）标距段侧面局部。

图 8.26 和图 8.27 为 Set 2 和 Set 3 条件打印件试样，随着基板和微滴温度的升高，其间隙缺陷减少甚至完全消失，铝微滴接触界面结合状态得以改善，其力学性能也会得以提升（$\sigma_b = 373MPa$）。

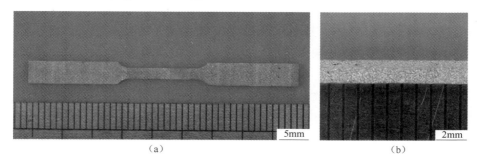

（a）　　　　　　　　　　（b）

图 8.26　Set 2（$T_d = 1373K, T_{sub} = 573K$）条件下铝合金拉伸试样

（a）试样全貌；（b）标距段侧面。

将前面三种热参数条件（Set1、Set2、Set3）下铝合金打印件室温拉伸性能与

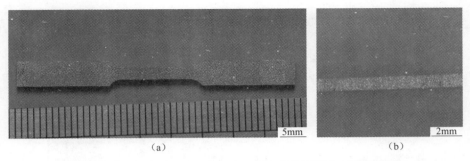

图 8.27　Set 3($T_d = 1423K$, $T_{sub} = 623K$)条件下铝合金拉伸试样

(a)试样全貌;(b)标距段侧面。

7075 铝合金挤压态棒状坯料及同牌号材料铸态性能[6]进行对比(图 8.28),结果显示:三种参数组合中,Set 1 条件下铝合金打印件性能最差,低于其铸态试样;Set 2 条件下的铝合金打印件抗拉强度(373MPa)和延伸率(9.95%)最高,已经接近挤压态棒状坯料的力学性能;当热参数进一步提高(Set 3 条件下)时,试样拉伸性能明显降低,说明过热条件下的微滴熔合会降低制件力学性能。

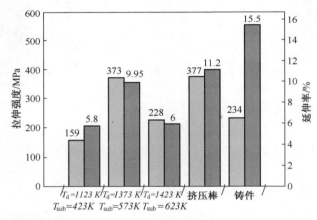

图 8.28　不同热参数条件下铝合金试样力学性能

　7075 铝合金棒状坯料的拉伸试样断口宏观照片(图 8.29(a))显示,断口起伏比较明显,局部区域均匀分布有大量微小韧窝形貌(图 8.29(b)),韧窝边缘突出且明显,说明该试样的断裂失效属于典型的韧性断裂(其合金的延伸率相对较高,可达 11.2%)。

　图 8.30 为 Set 1 条件下拉伸试样的断口形貌。由图可以看出,该试样断口表面大部分区域由大量的定向撕裂棱和无方向性韧窝组成,这与沉积熔滴内部微观组织形貌及其分布特点相吻合。另外,该试样表面韧窝内有微小的第二相颗粒,尺寸为 1~2μm(图 8.31),应是沉积态凝固组织中弥散分布的 T(AlZnMgCu)相。研究表明,当碰撞熔滴和沉积表面温度不能获得良好的冶金结合时,试样断口存在明

（a）　　　　　　　　　　　　（b）

图 8.29　7075 铝合金棒状坯料断口形貌

（a）全貌；（b）局部放大图。

显的拔出曲面和间隙孔洞,说明熔滴间的结合主要是粗糙表面间的机械结合。此情况下,其拉伸性能主要取决于接触界面处孔洞和冷隔线等缺陷的形貌、尺寸和分布情况,而非沉积熔滴内部的凝固组织,即当存在因熔滴结合不好出现内部孔洞时,铝合金打印件整体拉伸性能相对较低,甚至低于内部较致密的铸造铝合金。

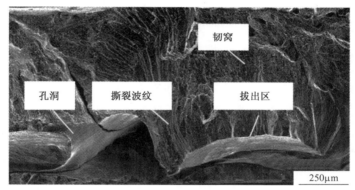

图 8.30　Set 1（T_d = 1123K，T_{sub} = 423K）打印 7075 铝合金拉伸试样断口形貌

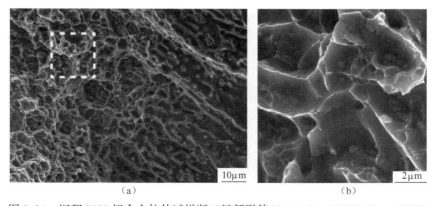

（a）　　　　　　　　　　　　（b）

图 8.31　沉积 7075 铝合金拉伸试样断口局部形貌（Set 1：T_d = 1123K，T_{sub} = 423K）

（a）韧窝与撕裂棱混合形貌；（b）韧窝内第二相颗粒。

图 8.32(a)显示了 Set 2 参数组合下 7075 铝合金拉伸试样的断口形貌,图中几乎看不到如图 8.30 所示的曲面拔出和间隙孔洞等缺陷。从局部放大图(图 8.32(b))可以看出,两相邻熔滴间的结合区域局部重熔现象比较明显,说明热参数提升使得相邻熔滴间的结合状况有所改善,由机械结合转变为强度更高的冶金结合。另外,断口中微小韧窝形貌占据拉伸试样断口的大部分区域,这是因为该热参数下沉积熔滴内定向生长的柱状晶组织减少,非定向等轴晶增多,其断口形貌由之前的界面拔出与塑性穿晶断裂混合类型转变成为单一的韧性穿晶断裂类型。

图 8.32　沉积 7075 铝合金拉伸试样断口形貌(Set 2:$T_d = 1373K$,$T_{sub} = 573K$)
(a)断口全貌;(b)熔滴间结合区域。

图 8.33(a)为 Set 3 热参数条件下成形的铝合金打印件断口形貌,可以看出,拉伸断口平坦,难以分辨单个熔滴轮廓及其凝固组织特征,说明打印件不再以熔滴为独立单元分别凝固,而是形成共同熔池缓慢冷却。从图 8.33(b)可以更清楚地看到,该断口表面属于典型的脆性沿晶断口形貌,这是因为由于热参数的改变(过高)使铝合金打印件凝固组织粗化,第二相在晶界处聚集,拉伸试样受力时沿弱化的晶界断裂失效。在断口块状结构侧面还可以观察到大量的韧窝形貌(图 8.33(c)),说明 Set 3 条件下的铝合金打印件断裂方式从韧性穿晶断裂(Set 2)类型,逐渐转变为韧性穿晶断裂+脆性沿晶断裂的混合类型。

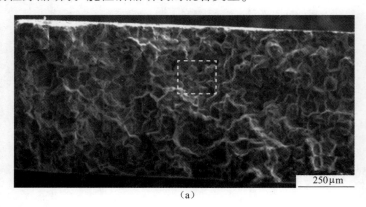

(a)

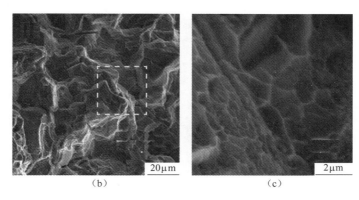

图 8.33　沉积 7075 铝合金拉伸试样断口形貌(Set 3：$T_d = 1423\mathrm{K}$，$T_{sub} = 623\mathrm{K}$)
(a)断口全貌，(b)断口局部放大图；(c)断口沿晶韧窝。

8.3　铝合金打印件内部缺陷形式及其影响因素

由前述研究可知,不当的成形参数极易使零件内部形成孔洞缺陷,从而严重影响其力学性能。铝合金打印件常见的内部缺陷有孔洞和内部裂纹,本节针对这些缺陷的产生及其解决措施进行讨论。

8.3.1　铝合金打印件内部孔洞缺陷

1. 间隙孔洞

内部孔洞主要包括间隙孔洞、气孔和凝固收缩孔洞等,其形成机理各不同,下面分别讨论。

均匀金属微滴喷射沉积时,在同层沉积或上、下层沉积熔滴间的结合区域内,若沉积熔滴不能有效铺展,则会使接触表面间出现未被高温熔液填满的孔隙,称为间隙孔洞(图 8.34)。此类缺陷是打印件内部常见的缺陷形式。其特征为孔洞外形不规则,大多具有尖角特征,内壁粗糙。如果打印件内部出现大量的间隙孔洞会降低其致密度,降低力学性能。因此,提高打印件的力学性能必须改善铝合金熔体的充填能力,消除或尽可能抑制打印件的间隙孔洞。

铝微滴沉积时,温度越高,黏度越低,流动性越好,其沉积至表面后保持液态的时间越长,流动充填性和铺展程度也越好。在不同沉积温度下的打印件内部形貌(图 8.35)显示,在沉积温度为 1173K 时,打印件内部残留多个界面孔洞,致密化程度较低。沉积温度提高至 1223K 时,界面间隙基本消除。故过低的微滴沉积温度易产生间隙孔洞缺陷,适当提高该参数可有效避免此类缺陷产生。

沉积表面温度在很大程度上决定了高温熔滴碰撞后的降温速率和完全凝固后的平衡温度[7]。该参数不仅影响首层沉积熔滴的铺展与凝固过程,同时还影响打

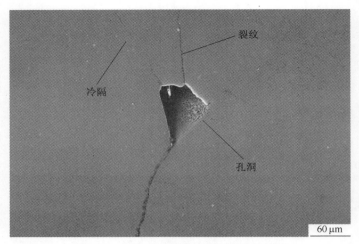

图 8.34　铝合金打印件内部间隙孔洞形貌

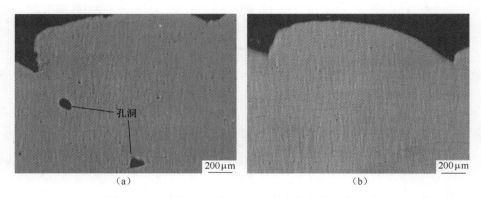

图 8.35　不同沉积温度下 7075 合金打印件内部形貌

(a)沉积温度为 1173K;(b)沉积温度为 1223K。

印件内部热传导效率及沉积微滴表面外形轮廓,对内部孔洞缺陷的形成也有显著影响。

均匀微滴沉积表面可分为初始基板及上一层已凝固微滴表面两种类型。如果初始沉积表面(基板)温度较低,高温熔滴沉积后很快会达到合金的凝固温度而停止铺展,使得高温熔体来不及充分铺展和填充已凝固微滴间隙,导致打印件内部残留较多间隙孔洞(图 8.36(a))。若对基板进行适当预热,可使熔滴有充分铺展、流动和填充时间,能有效抑制间隙孔洞的形成,进而显著提高打印件的致密化程度(图 8.36(b))。但基板预热温度不宜过高,否则就会加剧层间热累积效应,导致在打印过程中微滴层表面温度不断升高,因高于铝合金液相线温度而发生坍塌现象。

搭接率是指相邻熔滴线条之间相互重叠的程度,也是抑制或消除打印件的内部间隙孔洞缺陷的主要参数之一。当熔滴热物理性能一定时,熔滴搭接率主要由沉积微滴(或线条之间)间距决定。不同搭接率下的打印结果(图 8.37)显示,当行

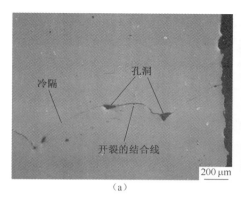

（a）　　　　　　　　　　　　　　　（b）

图 8.36　不同基板温度下打印的铝合金件内部形貌

（a）未预热；（b）预热 200℃。

间距为 1.6mm 时，熔滴搭接率约为 20%，试样内部间隙孔洞缺陷较多。而行间距为 1.4mm 时，熔滴搭接率约为 30%，打印件致密化程度有显著提高。

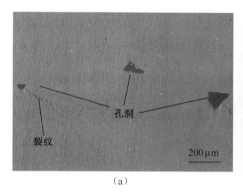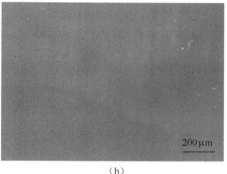

（a）　　　　　　　　　　　　　　　（b）

图 8.37　不同行间距铝合金打印件横截面照片

（a）行间距为 1.6mm；（b）行间距为 1.4mm。

2. 氢气孔洞

铝（合金）由液态向固态转变时，其中溶解的氢气会因溶解度减小而析出，从而形成气孔缺陷，称为氢气孔[8]。此类气孔大多呈规则的球形或椭球形，孔内表面光滑。在均匀微滴喷射沉积过程中，熔滴凝固速率高，氢气的溶解度急剧下降，导致大量氢气析出，若析出氢气不能及时上浮逸出，就会聚集成气泡而残留在凝固组织内形成球形氢气孔。图 8.38 为铝合金打印件制备的拉伸试样，其中夹持端和标距段均残留有规则的气孔缺陷，后者会严重影响试样的力学性能。

均匀微滴喷射沉积过程中潜在的氢源包括氧化膜、表面杂质（油、污、锈、垢）和保护气体内杂质等。由于铝（合金）极易氧化，其表面疏松的氧化膜极易吸潮吸水，进而转化为含水氧化膜（$Al_2O_3 \cdot H_2O$）或水化氧化膜（$Al_2O_3 \cdot 3H_2O$），此类氧化膜在高温条件会分解析出氢。同时，原始坯料表面残留的油污、水分和其他杂质

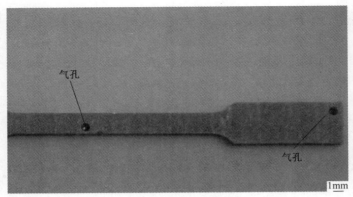

图 8.38 沉积态铝合金拉伸试样气孔缺陷

也会在高温环境中析出大量的氢。另外,环境保护用高纯氩气纯度虽高达到 99.9%～99.999%,但仍会残存少量的氮和水蒸气等杂质,上述潜在氢源均有可能成为形成氢气孔缺陷的来源。

综上所述,在金属微滴按需打印实验中,抑制或消除氢气孔缺陷的关键在于控制潜在氢源,降低铝合金熔体内氢的含量。通过进行铝坯料的前处理工艺(去除氧化皮并清洗),保证低氧环境干燥,选择质量优异的惰性保护气体等,都能有效地控制打印件内部氢气孔缺陷的产生。

3. 缩松

铝微滴沉积打印结果显示,除间隙孔洞和氢气孔缺陷外,铝合金微滴打印件内部还可能出现由凝固收缩所致的缩松缩孔。在传统铸造过程中,由于合金的液态收缩和凝固收缩,往往在铸件最后凝固的部位出现孔洞,容积大而集中的孔洞称为缩孔,细小而分散的孔洞称为缩松。在单颗熔滴的沉积过程中,凝固微滴表面附近会因凝固收缩而形成缩孔或浅坑,合理安排沉积工艺,可通过后续沉积微滴重熔以消除此类孔洞。但在 7075 铝合金等多元合金微滴沉积件内部中,会观察到相对集中、数量多、尺寸小的缩松(图 8.39),此类缩松对制件力学性能的影响还不明了,需进一步研究。

总结之,铝合金打印件内部孔洞缺陷主要包括间隙孔洞、氢气孔和凝固缩松孔洞等。其中间隙孔洞相对而言更常见,对制件性能影响最大,需要通过调节金属材料熔化温度、基板预热温度以及搭接率等工艺参数来消除或抑制。

8.3.2 内部裂纹

除孔洞缺陷外,制件内部裂纹也是成形过程中常见的内部缺陷。此类缺陷会减小制件有效承载面积,形成应力集中,影响制件性能。常见的裂纹缺陷主要有熔合线裂纹和细微热裂纹两种。

1. 熔合线裂纹

熔合线裂纹为连接间隙孔洞、熔滴间界面的裂纹缺陷,其成因主要有如下

图 8.39　铝合金打印件内部凝固收缩孔洞的扫描电镜照片

两种：

（1）冷隔线裂纹。当两接触熔滴间未能出现局部重熔，仅以机械结合方式相互楔合时，将会形成紧密贴合但互不相熔的冷隔线（图 8.40）。冷隔线与晶间冶金结合区域内的连续晶界有着本质区别，不经化学腐蚀便能观察到。由于机械结合强度相对较低，当受凝固收缩或外加应力的作用时，两接触熔滴极易沿其间冷隔面分离而形成宏观裂纹，在外力作用下会迅速扩展而断裂。图 8.41 所示的拉伸断口清楚地显示了两熔滴为融合而展现的自由凝固表面的波纹形貌，其断裂失效主要是沿界面冷隔面的剥离所致。

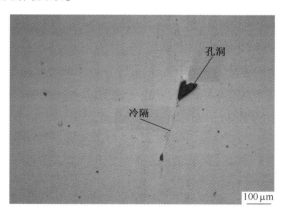

图 8.40　铝合金打印件内部两接触熔滴界面冷隔线

（2）冶金结合区裂纹。仅当两接触熔滴间发生局部重熔时，才能形成冶金结合。冶金结合实质上是通过同质材料的相互扩散而实现的，如扩散不充分，将会影响其界面结合强度甚至形成线裂纹缺陷。如图 8.42（a）所示，接触两熔滴结合区

235

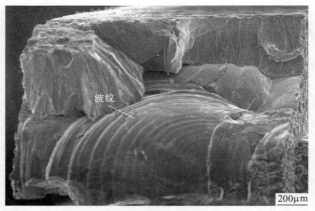

图 8.41　沿冷隔面断裂的沉积态铝合金拉伸试样断口形貌

域中的冷隔线较短,说明微滴局部重熔程度较好,微滴主要以冶金结合为主。从局部放大图(图 8.42(b))可以看出,结合区域存在微小裂纹,这些裂纹通常是应力作用下界面开裂的源头。冷隔线开裂和冶金结合区最终均表现为沿界面延伸的熔合线裂纹,较难区分。但是,后一种裂纹两边常可以观测到原本应相连接的晶粒形状(图 8.43 中箭头所示),说明晶内形成了冶金结合而后又开裂。

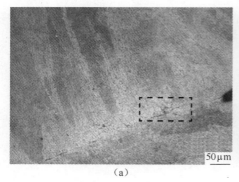
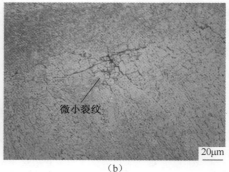

図 8.42　铝合金打印件内部接触两熔滴界面结合区域形貌
(a)结合区域;(b)局部放大图。

　　试验中发现,两种裂纹缺陷的形成和扩展都与热应力效应、熔滴界面结合状态以及微观组织形貌等多个因素有关。

　　(1)热应力效应对裂纹的影响。均匀微滴喷射沉积成形过程属于典型的移动点热源输入过程。一方面,金属微滴的凝固收缩受到下方初始冷态基板(或已凝固微滴层)的约束而形成内应力;另一方面,由于金属微滴的周期性沉积,打印件会不断受到交变热载荷作用而产生内应力。上述两个因素共同作用会导致熔滴打印件内部的缺陷(间隙孔洞、氢气孔、缩孔等)处产生热应力集中,导致裂纹缺陷产生或扩展。对基板进行适当预热可有效降低试样内部温度梯度,缓解或消除成形件内部热应力[9]。

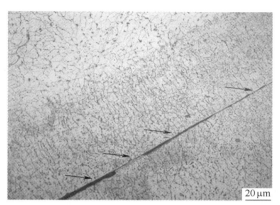

图 8.43　铝合金打印件内部冶金结合界面开裂

（2）熔滴界面结合状态对裂纹的影响。在均匀微滴喷射沉积成形过程中，熔滴重熔状态主要取决于熔滴沉积温度和基板预热温度，当两参数选择不合理时，熔滴表面重熔深度较小甚至仅靠机械楔合作用保持连接，此时在熔滴的结合区域就会残留明显的冷隔线（图 8.44(a)）。此类不良结合缺陷在凝固收缩或热应力等作用下可能会扩展为熔合线裂纹。可通过调节喷射温度和基板预热温度等参数消除熔合线裂纹，从根本上避免因熔合线裂纹开裂而形成的裂纹缺陷（图 8.44(b)）。

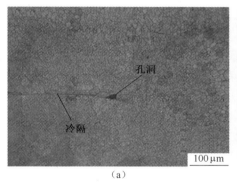 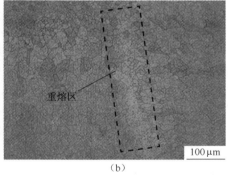

（a）　　　　　　　　　　　　　　（b）

图 8.44　不同重熔条件下铝合金打印件内部形貌
（a）不良重熔状态；（b）重熔状态较好。

（3）晶粒生长方向对裂纹的影响。铝合金沉积件内部每颗微滴组织是以定向生长的柱状树枝晶为主，微滴间不同的生长方向也会导致裂纹[10]产生。图 8.45 为三颗熔滴结合区域的熔合线裂纹。从图中可以看出，此裂纹沿着 A—B 两熔滴界面结合处生长。当其进入三微滴交叉接触区域时，交错层叠的局部组织形貌使其无法沿原方向延伸，而被迫转向 B—C 两熔滴间结合界面。由于转向裂纹的延伸方向与初始应力方向不匹配，结合界面开裂在转向方向上有所减缓且最终被彻底抑制。此时，裂纹有可能发生再次转向（偏转），开始沿着柱状晶生长方向向凝固熔滴内部扩展，换句话说，强方向性的柱状晶连续晶界为裂纹扩展提供了便利路径。由此可见,打破柱状晶的方向性,破坏定向晶界的连续性,减少裂纹延伸路径是抑制熔合线裂纹扩展的主控措施。沉积熔滴顶部转向枝晶组织和打印件内多熔滴交错堆叠的微观组织形貌对提高铝合金打印件的抗裂性有一定作用。

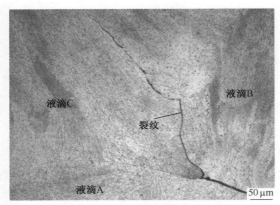

图8.45　铝合金打印件内部裂纹转向

2. 热裂纹

热裂纹是高温金属凝固结晶过程中产生的一种缺陷,多出现于接近固相线的高温区间内。热裂纹是一种常见但又难以完全消除的缺陷,几乎存在于除 Al-Si 系合金外的所有工业变形铝合金中。这是因为此类合金具有大凝固温度区间,较大固液态密度差异以及比较高的热膨胀系数等固有特性。与熔合线裂纹相比,热裂纹的形成原因和影响因素更为复杂。除同样会受热应力效应、熔滴界面结合状态以及微观组织形貌等因素影响外,合金材料固液区间宽度、杂质元素(硫、磷和硅等)含量及偏析,以及相成分组成等都会对热裂纹的形成与扩展产生影响,对于热裂纹的防止措施通常需要根据具体情况来分析确定。

在铝微滴打印件中也常见有热裂纹缺陷(图8.46),与熔合线裂纹相比,热裂纹尺寸相对细微,形貌不规则,多沿枝晶晶界扩展,且有时会出现分枝。热裂纹的形成与铝合金准固态力学性能、微观组织和晶界状态以及凝固过程密切相关。在凝固结晶过程中,合金元素偏析或低熔点共晶组织聚集而成的"液态薄膜"覆盖于晶粒表面,弱化了晶界强度,使其成为材料内部的薄弱地带。金属熔体结晶凝固时,会因体积收缩而产生拉应力,当其超过材料强度,或收缩率超过伸长率时,即会沿上述薄弱区域形成热裂纹缺陷。

综上所述,铝合金打印件中常见裂纹缺陷主要包括熔合线裂纹和热裂纹两种,均会受热应力、重熔温度、金属熔液凝固收缩率等因素的影响。与细微热裂纹相比,熔合线裂纹对打印件的整体力学性能影响更大,在金属微熔滴沉积成形过程中应重点关注此类缺陷的抑制与消除。

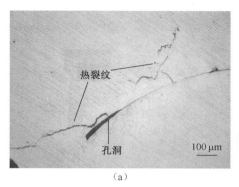
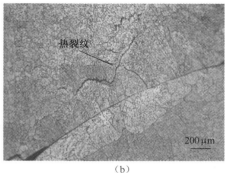

(a)　　　　　　　　　　　　　(b)

图 8.46　铝合金打印件内部热裂纹缺陷形貌

(a)整体形貌；(b)局部放大图(腐蚀后)。

参 考 文 献

[1] Fukumoto M, Nishioka E, Matsubara T. Effect of interface wetting on flattening of freely fallen metal droplet onto flat substrate surface[J]. Journal of Thermal Spray Technology, 2002,11(1): 69-74.

[2] Bennett T, Poulikakos D. Heat transfer aspects of splat-quench solidification: modelling and experiment[J]. Journal of Materials Science, 1994,29(8):2025-2039.

[3] Fukuda H. Droplet - Based Processing of Magnesium Alloys for the Production of High - Performance Bulk Materials[D]. Boston: Northeastern University, 2009.

[4] Xu Q, Lavernia E J. Microstructural evolution during the initial stages of spray atomization and deposition[J]. Scripta Materialia, 1999,41(5):535-540.

[5] Chalmers B. Woodhead Publishing[M]. New York:Springer, 1964.

[6] Tajally M, Huda Z, Masjuki H H. A comparative analysis of tensile and impact-toughness behavior of cold-worked and annealed 7075 aluminum alloy[J]. International Journal of Impact Engineering, 2010,37(4):425-432.

[7] Xu Q, Gupta V V, Lavernia E J. Thermal behavior during droplet-based deposition[J]. Acta Materialia, 2000,48(4):835-849.

[8] 刘静安，谢水生. 铝加工缺陷与对策[M]. 北京：化学工业出版社，2012.

[9] 祝柏林，胡木林，陈俐，等. 激光熔覆层开裂问题的研究现状[J]. 金属热处理，2000(7):1-4.

[10] 黄卫东，林鑫，陈静. 激光立体成形:高性能致密金属零件的快速自由成形[M]. 西安:西北工业大学出版社,2007.

第9章 基于均匀金属微滴喷射的 3D 打印应用前景

与其他增材制造技术相比,均匀金属微滴喷射增材制造技术目前仍处于发展中,尚未形成成熟的技术体系,但其独特的技术优势已经凸显,并正在发挥越来越重要的作用。此章结合本团队已有研究及国内外最新研究进展,对该技术的应用前景进行探讨。

9.1 均匀等径球形金属颗粒制备

金属增材制造、粉末冶金、先进微电子等行业的快速发展,需要尺寸在微米至亚毫米级的等径球形颗粒,以提高成形件尺寸精度、内部质量及其工作效能。

金属微滴喷射技术(连续均匀金属微滴喷射技术或金属微滴按需喷射技术)可实现等径球形颗粒的高效制备。均匀金属微滴喷射技术利用瑞利不稳定原理,对喷射的层流射流施加一定频率的扰动,从而促使射流断裂为均匀微滴流,然后对微滴流进行充电离散,以得到等径球形颗粒;金属微滴按需喷射技术是在金属熔液内部施加一系列等值的脉冲压力,迫使金属熔液从微小喷嘴中喷出,形成均匀等径球形颗粒。

采用均匀微滴喷射方法制备球形颗粒时,由于微滴喷射参数相同,每颗微滴飞行过程温度变化历程相同,故得到的颗粒尺寸均匀、内部组织一致性较高。同时,熔融微滴在飞行过程中,受表面能最小化的驱使而收缩凝固为球形度很高的颗粒。但由于微滴通过微小喷嘴喷射,喷射过程易受到坩埚内部杂质、熔液氧化等因素影响而出现喷射不稳定现象,故对喷射条件要求较为苛刻。

喷射铅锡合金/无铅焊料微滴可制备均匀焊球(图 9.1(a))[1]、打印球格阵列[2,3](图 9.1(b)),用于高密度电子封装或快速钎焊;喷射铝、镁等径球形轻质金属颗粒(图 9.1(c))可作为激光或电子束增材制造原材料,以提高成形尺寸精度和改善成形件内部微观组织一致性;喷射等径球形铜颗粒(图 9.1(d))可成形光子带隙微结构[4,5],用于调制太赫兹波;还可喷射非晶态的铁基合金 $[(Fe_{0.5}Co_{0.5})_{0.75}B_{0.2}Si_{0.05}]_{96}Nb_4$ 等径球形颗粒(图 9.1(e)),用于粉末冶金可以成形出力学性能优异的微小机械零件[6];喷射球形半导体颗粒(图 9.1(f)),可制备球形半导体集成电路或球状微型太阳能电池[7],极大地增加微电路集成度和扩展光电转换的有效面积。

图 9.1　均匀微滴喷射技术制备的等径金属球形颗粒
(a)均匀铅锡合金颗粒;(b)均匀焊点阵列;(c)均匀铝颗粒;(c)均匀铜颗粒;
(d)均匀金属玻璃($[(Fe_{0.5}Co_{0.5})_{0.75}B_{0.2}Si_{0.05}]_{96}Nb_4$)颗粒;(e)均匀锗颗粒。

9.2　微电路打印与封装

微电路个性化、立体化、高密度化及快捷制造的需求剧增,需要个性化微电路立体打印和封装技术与之适应。

采用均匀金属微滴喷射技术在绝缘基板上连续喷射与打印金属微滴(图 9.2(a)),可以成形微电路或微电子器件;也可以通过控制金属微滴与芯片管脚之间的润湿铺展,来实现微电路与芯片管脚的快速钎焊,是个性化微电路快速打印及封装的有效方法之一。

该技术优势在于,通过金属微滴间的冶金结合,可实现导电性良好的微电路快速打印或是直接成形三维微电路。但由于铜、金、银等金属微滴具有较大表面张力,难以润湿胶木板、陶瓷等普通绝缘基板以实现良好结合,需采用能稳定沉积金属微滴的绝缘基板,以实现微电路快速打印。

将均匀微滴喷射技术传统 3D 打印技术结合,可实现立体微电路快速打印(图 9.2(b)),也可直接成形电感线圈、立体天线等微电子器件。同时,定点打印焊料微滴可实现 MEMS 器件立体管脚、LED 管脚以及热敏器件管脚的快速互连。

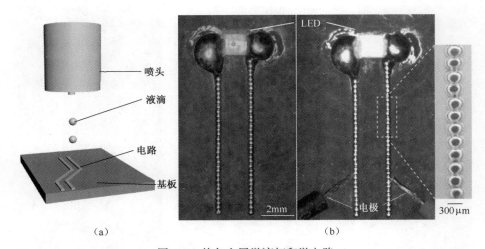

(a)   (b)

图 9.2 均匀金属微滴打印微电路

(a)打印过程示意图;(b)高分子基体(亚克力玻璃)上打印的微电路及导电测试(右侧为点亮的 LED)。

9.3 微米级金属件打印

    机械系统小型化、集成化发展对微米级三维金属器件需求与日俱增,受制于传统微加工技术,微米级金属器件及零件的制备方法及成形效率还有待开发和探究。

    激光向前诱导转移(Laser-Induced Forward Transfer, LIFT)技术可通过喷射沉积金属微滴实现微米级金属件打印,其原理如图 9.3 所示,将超短激光脉冲(纳秒、皮秒甚至飞秒激光脉冲)聚焦在镀于玻璃载体的纳米金属薄膜上,可使薄膜局部熔化并喷射出尺寸为微米级或纳米级的金属微滴,控制此类金属微滴沉积,便可实现微小零件的快速打印。

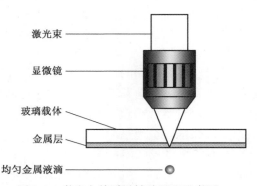

图 9.3 激光向前诱导转移原理示意图

    该技术优点在于聚焦超短脉冲激光可喷射出尺寸为微米级甚至纳米级金属微滴,能打印出尺寸较小、分辨力较高的复杂金属件;成形过程无力的作用,较易成形出大高深比结构。但由于喷射出的金属微滴尺寸小,沉积效率有待进一步提高。另外,现有 LIFT 技术使用的原材料多为纯金属薄膜,成形材料种类还有待进一步扩展。

采用纳秒激光脉冲喷射直径为 $1\sim3\mu m$ 金属微滴,可打印出的直径为 $5\mu m$、高度为 $860\mu m$ 的金微柱(图 9.4(a)和(b))[8],其高径比最大可达 300,此类零件可用于集成电路中的硅孔连接、微传感器连接等领域。喷射金和铂微滴进行联合沉积,能成形出高度仅为 $200\mu m$ 的自由站立式热电偶(图 9.4(c))[9],可用于微流场温度检测。

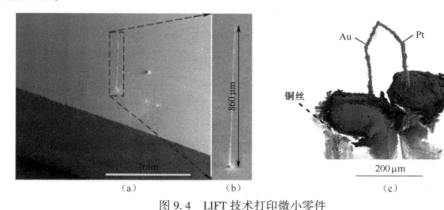

图 9.4　LIFT 技术打印微小零件

(a)直径为 $5\mu m$ 的金微柱[8];(b)金柱的放大图;(c)由金与铂微滴打印的自由站立式微小热电偶[9]。

9.4　微小薄壁金属件打印

微小薄壁金属件具有较高的强度与质量比,在轻质机械系统中有着重要应用,但受制于微小薄壁金属件尺寸小、刚度差等特点,成形件的尺寸精度、形状精度和复杂度还有待进一步提高。

均匀金属微滴喷射技术通过打印金属微滴,可成形出壁厚仅为微滴最大铺展直径的薄壁结构(图 9.5(a)),通过控制微滴的打印轨迹可快速成形出不同形状的薄壁件(图 9.5(b)、(c))。

该技术优点在于微滴沉积过程无力的作用,可成形出高深比大、形状复杂的薄壁零件。但由于微小金属微滴打印方向垂直向下,成形大倾斜角结构时易坍塌,还需采取辅助支撑、多自由度沉积等措施来进一步提高成形零件的复杂度。

微小薄壁金属件在微电子、精密光学系统、航空航天等领域有着广泛的需求:喷射铝、镁微滴可打印轻质桁架结构,用作反射镜镜架,以实现反射镜的快速移动和精准定位;喷射铜、铝微滴可成形大高径比微针肋阵列、密排金属翅片等换热器,可提高星载、空载雷达、聚光太阳能电池等高密度能量源散热效率;喷射铝微滴成形薄壁的喇叭天线和波导件,可减轻卫星雷达天线的整体重量。

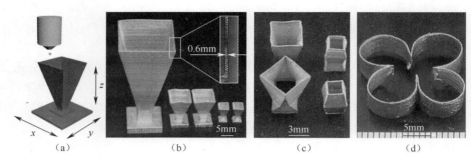

图 9.5　均匀金属微滴打印薄壁件

（a）打印过程示意图；（b）采用均匀金属微滴打印的喇叭波导件；（c）、（d）匀微滴打印的薄壁异形件。

9.5　智能器件 3D 打印

医疗内窥镜系统、工业机器人、深空探测器等先进机械系统的轻量化、小型化以及功能集成化发展，需将机械系统零件结构性能与热、磁、电等特殊功能集成，使零件在承载温度、力等载荷同时，具有外界感知、动作及自适应功能。

均匀金属微滴增材制造技术可在微滴喷射沉积过程中，按照使用需求将传感器、致动器、光电通道以及流体微通道等异质功能单元直接嵌入到基材中（图 9.6（a）），实现多功能件的快速制造。

该技术优势在于可按照需求对零件功能进行裁剪和组合，大大提高零件整体性能。但由于沉积金属熔滴温度较高，会使嵌入功能单元与金属基体间出现孔隙、缺陷、脆弱界面等问题，还需进行深入研究。

图 9.6（b）为功能件成形实例，在打印功能件过程中，柔性地嵌入导线，可实现承力性能与电信号传递功能的集成，提高了打印功能件整体效能。图 9.6（c）为采用金属微滴直接打印的非组装铰接结构，在打印过程中，通过改变铰链和铰链座配合的倾斜角，进而实现铰链副的装配，此过程无需制备支撑结构，是小型化、轻量化连接件快速成形的一种新方法。

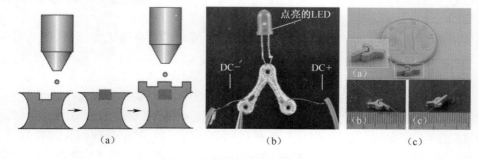

图 9.6　功能件打印原理及示意图

（a）功能单元嵌入过程示意图；（b）嵌入导线的连杆件；（c）直接打印的非组装铰接结构。

参 考 文 献

［1］Ando T, Chun J, Blue C. Uniform droplets benefit advanced particulates［J］. Metal Powder Report, 1999,54(3):30-34.

［2］Liu Q, Leu M C, Orme M. High precision solder droplet printing technology: principle and applications［C］. IEEE,2001:104-109.

［3］Xiong W, Qi L, Luo J, et al. Experimental investigation on the height deviation of bumps printed by solder jet technology［J］. Journal of Materials Processing Technology, 2017(243):291-298.

［4］Takagi K, Masuda S, Suzuki H, et al. Preparation of monosized copper micro particles by pulsated orifice ejection method［J］. Materials Transactions, 2006,47(5):1380-1385.

［5］Zhong S Y, Qi L H, Luo J, et al. Effect of process parameters on copper droplet ejecting by pneumatic drop-on-demand technology［J］. Journal of Materials Processing Technology, 2014, 214(12):3089-3097.

［6］Miura A, Dong W, Fukue M, et al. Preparation of Fe-based monodisperse spherical particles with fully glassy phase［J］. Journal of Alloys and Compounds, 2011,18(509):5581-5586.

［7］Masuda S, Takagi K, Dong W, et al. Solidification behavior of falling germanium droplets produced by pulsated orifice ejection method［J］. Journal of Crystal Growth, 2008,11(310):2915-2922.

［8］Visser C W, Pohl R, Sun C, et al. Toward 3D printing of pure Metals by laser-induced forward transfer［J］. Advanced Materials, 2015,27(27):4087-4092.

［9］Luo J, Pohl R, Qi L, et al. Printing functional 3D microdevices by laser-induced forward transfer ［J］. Small, 2017,13(9):1-5.

内 容 简 介

本书主要阐述基于均匀金属液滴喷射的 3D 打印技术相关的机理,设备与应用,着重分析金属微滴喷射、飞行及沉积碰撞基础理论,介绍金属微滴喷头及成形系统设计与实现,揭示各试验参数对均匀金属液滴喷射过程及制件最终性能的影响机制,探讨微小金属零件、功能件成形新工艺体系,为金属微滴 3D 打印技术的应用奠定基础。

本书对从事金属 3D 打印相关技术研究、开发和应用的科技工作人员有重要的参考价值,对高等院校机械制造及其自动化、材料加工工程等专业研究生也是一本有益的参考书。

This book aims to explore the fundamental, equipment and application of the uniform droplet based 3D printing technology. We start from the theoretical analysis of metal droplet behavior during ejection, flight, and deposition. Then we systematically introduce the design and implementation of the metal droplet generator and printing system. At last, we furture analyze influences of the experiment parameters on metal droplets ejection and mechanical properties of printed metal structures.

This book is a valuable reference for the scholars who work on metal 3D printing and other related areas. It is also beneficial to college graduate students who major in mechanical manufacturing and material processing.